LA
TENUE DES LIVRES

RENDUE FACILE

OU

MÉTHODE RAISONNÉE

POUR L'ENSEIGNEMENT DE LA COMPTABILITÉ

A L'USAGE DES PERSONNES DESTINÉES AU COMMERCE

COMPRENANT

UNE INSTRUCTION PRATIQUE POUR L'APPLICATION
A TOUTE ESPÈCE DE COMPTES, DES RÈGLES DE LA COMPTABILITÉ
EN PARTIE DOUBLE ET EN PARTIE SIMPLE

SUIVIE

d'une nouvelle manière rapide et sûre de calculer les intérêts des Comptes-Courants
de la Méthode du Journal-Grand-Livre
et d'un projet d'établissement de livres pour simplifier
les Écritures de commerce

PAR

EDMOND DEGRANGE PÈRE

NOUVELLE ÉDITION

REVUE AVEC SOIN ET AUGMENTÉE

par ÉDOUARD LEFEBVRE

COMPTABLE

PARIS

GARNIER FRÈRES, LIBRAIRES-ÉDITEURS
RUE DES SAINTS-PÈRES ET PALAIS-ROYAL, 215

LA

TENUE DES LIVRES

RENDUE FACILE

Paris. — Imprimerie VIÉVILLE et CAPIOMONT, 6, rue des Poitevins.

LA

TENUE DES LIVRES

RENDUE FACILE

OU

MÉTHODE RAISONNÉE

POUR L'ENSEIGNEMENT DE LA COMPTABILITÉ

A L'USAGE DES PERSONNES DESTINÉES AU COMMERCE

COMPRENANT

UNE INSTRUCTION PRATIQUE POUR L'APPLICATION
A TOUTE ESPÈCE DE COMPTES, DES RÈGLES DE LA COMPTABILITÉ
EN PARTIE DOUBLE ET EN PARTIE SIMPLE

SUIVIE

d'une nouvelle manière rapide et sûre de calculer les intérêts des Comptes-Courants
de la Méthode du Journal Grand-Livre
et d'un projet d'établissement de livres pour simplifier
les Écritures de commerce

PAR

EDMOND DEGRANGE PÈRE

NOUVELLE ÉDITION

REVUE AVEC SOIN ET AUGMENTÉE

par ÉDOUARD LEFEBVRE

COMPTABLE

PARIS

GARNIER FRÈRES, LIBRAIRES-ÉDITEURS

6, RUE DES SAINTS-PÈRES ET PALAIS-ROYAL, 215

1872

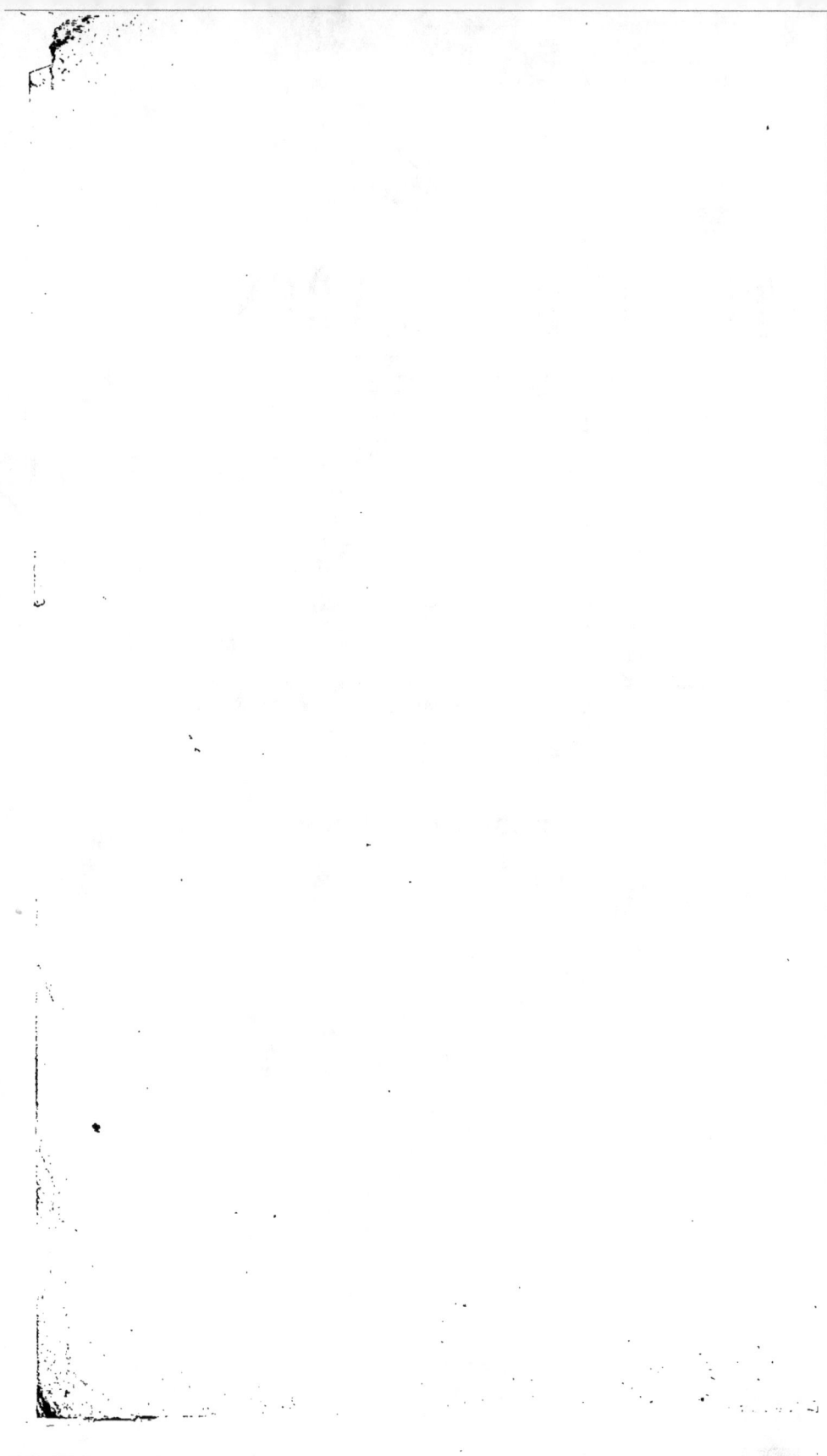

DE LA MANIÈRE

D'ÉTUDIER LA TENUE DES LIVRES

Quelques lecteurs croient trop souvent accélérer leur instruction en parcourant rapidement un ouvrage, et souvent même en voulant en voir de suite les dernières parties. Mais comme on ne peut concevoir les différentes applications d'un principe, qu'autant qu'on le conçoit clairement lui-même; et comme on ne peut entendre des maximes générales, en franchissant les idées élémentaires ou intermédiaires dont ces maximes ne sont la plupart du temps que le résumé, il arrive qu'on n'entend pas les choses les plus simples dans le corps d'un ouvrage, par la seule raison que l'on a négligé de prêter une assez grande attention à celles qui en composent les commencements.

La tenue des livres, réduite à ses vrais principes, est d'une extrême facilité; mais il ne faut pas vouloir embrasser à la fois ses principes et une foule d'objets de détail que le moindre usage fait assez connaître, lorsqu'on passe les écritures. Il ne faut, au contraire, s'attacher d'abord qu'à se bien pénétrer de l'essentiel, qui consiste seulement à savoir trouver les débiteurs et les créanciers des divers articles qu'il faut passer au journal[1].

1. Avant tout, il faut être bien fixé sur l'acception donnée aux mots débiteur, créancier; débiter, créditer; débit, crédit, etc.; il faut donc

1

Pour saisir le principe qui sert à les faire trouver avec la plus grande facilité, il faut se former une idée exacte de l'usage des cinq comptes généraux. Toutes les explications nécessaires pour ces objets sont contenues dans les quinze premières pages, qu'il faut bien entendre avant de passer plus loin ; elles comprennent en entier ce que la théorie des parties doubles offre de particulier. Le reste comprend les applications de la théorie aux divers usages de la pratique.

On trouvera donc, à la suite de ces premières pages, différents exemples sur la manière de passer les articles au journal, conformément aux principes déjà établis.

Il ne faut passer à la lecture d'un nouvel exemple, que quand on a bien compris les précédents. Les cas étant généralisés et combinés par gradation, on sera conduit insensiblement à les résoudre tous avec facilité.

A la suite de ces exemples, on trouvera les explications relatives à la manière de transporter les articles du ournal au grand livre. Il ne faut s'en occuper que lorsque l'on sait bien tout ce qui concerne le journal.

La première partie doit être considérée comme le développement des principes de la tenue des livres, avec leur application à tous les cas du commerce, par le moyen de cinq comptes généraux seulement ; la seconde, comme l'application de ces mêmes principes aux mêmes cas, par le moyen des comptes qui ne sont que des subdivisions des cinq comptes généraux déjà connus ; la troisième, comme une instruction pratique qu'une simple lecture fera assez connaître.

Pour faire avec la plus grande facilité toutes les opérations relatives aux différents comptes qui ne sont que des subdivisions des comptes généraux, il suffira de lire,

---

commencer par lire avec attention l'explication de ces mots, placée au commencement de l'ouvrage.

dans la seconde partie, les explications relatives à l'usage de ces mêmes comptes. Mais il ne faudra passer à la lecture de la seconde partie, qu'après qu'on se sera exercé sur tout ce qui est prescrit dans la première.

Voici comme on devra procéder :

Quand on sera suffisamment préparé par la lecture de la première partie, on pourra extraire de l'ouvrage toute la première section des questions qu'il renferme, et en passer écriture sur un journal, sans voir les raisonnements contenus dans le livre.

Après avoir rempli une ou deux pages du journal, il faudra en transporter les articles au grand livre ; il faudra ensuite continuer le journal, en transporter les nouveaux articles au grand livre ; et ainsi de suite.

On pourra corriger les fautes, si on en a fait, en voyant ces même articles passés sur le journal et le grand livre, placés à la suite de ce traité. Après avoir passé au journal tous les articles proposés pour exemples dans la première partie, et après les avoir transportés au grand livre, on lira d'abord avec attention la seconde partie, et on passera ensuite successivement écritures de tous les articles qui sont proposés dans la deuxième section, comme on l'a déjà fait pour les articles proposés dans la première partie.

On fera ensuite la balance générale de tous les comptes résultant des écritures des deux premières sections d'affaires simulées. Les principes établis numéros 260 et suivants, dirigeront dans cette opération, dont il ne faut s'occuper qu'après avoir passé au journal, et transporté au grand livre les articles relatifs aux propositions qui composent les deux premières sections.

Ce n'est qu'après avoir soldé tous les comptes par balance de sortie, et les avoir rouverts par balance d'entrée, qu'il faut passer écritures des questions qui composent la troisième section des questions proposées.

En observant cette marche, en passant écriture successivement de toutes les opérations proposées pour exemples dans ce traité, on parviendra à connaître la tenue des livres dans tous ses détails; car il contient un cours complet d'opérations, jusqu'à celles relatives à la balance, à une association, à une liquidation de société, et jusqu'à celles de l'ordre le plus compliqué. Mais, encore un coup, il ne faut opérer que successivement, et ne pas vouloir tout faire, tout voir ou tout saisir à la fois.

J'ai traité, dans cette nouvelle édition, des comptes courants portant intérêt; j'ai démontré la manière de les tenir en double colonne, et de régler tous les intérêts qui y sont compris par une seule opération de calcul; j'y ai ajouté plusieurs exemples de divers à divers, afin que les élèves puissent s'exercer sur un plus grand nombre de cas compliqués, et j'ai rectifié les incorrections qui s'étaient glissées dans les éditions précédentes. Aussi celle-ci, outre les avantages de ces corrections, contient beaucoup plus de développements[1].

J'ai ajouté à cette nouvelle édition la manière d'obtenir la balance générale des comptes tous les mois, et le

1. Les personnes qui tiennent à économiser le temps et à se procurer de suite des renseignements clairs et précis, dignes de toute confiance et vérifiés avec le plus grand soin par des hommes compétents, trouveront dans l'ouvrage suivant tous les secours qu'ils peuvent désirer pour les calculs des comptes d'intérêts :

MANUEL DU CAPITALISTE ou COMPTES FAITS DES INTÉRÊTS à *tous les taux, pour toutes sommes, de 1 jusqu'à 366 jours; ouvrage utile aux négociants, banquiers, commerçants de tous les états, trésoriers, receveurs généraux, comptables, généralement aux employés des administrations de finances et de commerce et à tous les particuliers;* par BONNET, ancien caissier de l'Hôtel des Monnaies de Rouen, auteur du *Manuel monétaire.* Nouvelle édition, *augmentée d'une notice sur l'intérêt, l'escompte, etc.,* par M. JOSEPH GARNIER, professeur à l'École supérieure du Commerce, et à l'École impériale des Ponts et Chaussées; revue pour les calculs, par M. X. RYMKIEWICZ, calculateur au Crédit oncier de France. 1 volume in-8°. 6 francs. Chez Garnier frères.

contrôle du journal avec le grand livre, sans les pointer, par l'effet de l'addition des articles du débit et du crédit de tous les comptes ouverts au grand livre et des articles du journal, ainsi que par le moyen d'un compte ouvert à balance distribué en autant de colonnes par débit et par crédit qu'il y a de mois dans l'année [1].

J'y ai ajouté encore une troisième partie, traitant des abréviations dont on fait usage dans la pratique, et dans laquelle j'ai indiqué les cas où elles sont utiles; traitant aussi de la manière d'établir les livres qui conviennent le mieux à chaque nature de commerce, des comptes dont le code de commerce nécessite la création, et de plusieurs détails qui peuvent intéresser les praticiens.

Mais la tenue des livres généralisée, qui comprend le *Traité des comptes en participation*, continuera à former un supplément séparé, afin de ne pas augmenter pour les commençants le volume de la *Tenue de livres rendue facile*, et de faire cependant de cet ouvrage, pour eux comme pour les praticiens eux-mêmes, un corps complet d'instruction digne d'être consulté au besoin.

Lorsque les commençants auront passé écritures de tous les articles renfermés dans la première et la seconde partie de la *Tenue des livres rendue facile*, une simple lecture de la nouvelle méthode pour tenir les livres par le moyen d'un seul registre, suffira pour qu'ils l'enten-

1. Ce procédé nouveau, qui ne change rien à la forme actuelle des livres ni à la manière de les tenir, qui dispense de les pointer, ainsi que de faire les longues recherches dont la balance était autrefois le résultat, élève les parties doubles à un degré de perfection inconnu auparavant, et certainement sera considéré comme l'un des plus grands avantages qu'elles puissent offrir, quoique le mérite de l'invention soit à peu près nul. Je n'ai été porté aux recherches qui m'ont conduit à l'imaginer, que par le désir de simplifier une opération qui était un objet d'effroi pour un grand nombre de comptables, s'il faut en croire M. *Jones*, *de Bristol*, et pour tous un objet de travail aussi long et pénible qu'ennuyeux et rebutant.

dent parfaitement. Elle renferme au surplus l'indication
de plusieurs abréviations utiles qu'il est important de
connaître.

Il en est de même de la tenue des livres généralisée.
La troisième partie ajoutée à la *Tenue des livres rendue
facile* est une instruction pratique qui n'exige qu'une
lecture attentive, lorsqu'on sait bien ce qui est contenu
dans les deux premières parties.

Le *Traité des comptes en participation* indique la manière de passer écritures des opérations de compte à
$\frac{1}{2}$, à $\frac{1}{3}$, à $\frac{1}{4}$, etc., en banque et en marchandises, en un
seul compte, où tous les débours et recouvrements de
chaque agent ou intéressé étranger à la maison dont on
tient les livres, sont inscrits comme simples notes, et
portés dans les colonnes de chacun; dont le solde seulement passe dans les colonnes de la maison dont on tient
les livres, avec les débours et recouvr ments de celle-ci,
au moyen des articles qui sont passés à cette effet en
double partie. Il ne faut s'occuper de cet objet que lorsqu'on connaît parfaitement tout ce qui compose la *Tenue
des livres rendue facile;* et pour concevoir clairement et
sans difficulté la manière de tenir les comptes en participation, il faut passer les écritures proposées pour
exemples; une simple lecture pourrait ne pas suffire[1].

---

1. J'ai traité, dans cette nouvelle édition, des comptes intitulés *tel
mon compte*, tenus sur les mêmes principes que les comptes en participation, pour préparer à l'intelligence de ces derniers. Mais quoique
ce que je dis du compte intitulé *tel mon compte* et de plusieurs autres,
me paraisse assez clair, et tout à fait suffisant pour les personnes qui auront passé écritures des propositions dont j'ai composé le journal,
j'invite les élèves qui voudront s'exercer à la pratique avec le présent
ouvrage, à ne passer écritures que des opérations qui entrent dans la
composition du journal dont je donne le modèle. Après ce travail, et
après avoir fait la balance générale des comptes, une simple lecture
suffira pour qu'on entende sans nulle difficulté ce que je dis de tous les
autres.

En un mot, on peut apprendre à tenir les livres avec les deux premières parties de la *Tenue des livres rendue facile;* et lorsqu'on sait les tenir, on trouve, dans la troisième et dans les deux suppléments, des développements utiles, destinés à initier aux secrets de la tenue des livres perfectionnée par la pratique, c'est-à-dire à faire acquérir les connaissances pratiques d'un teneur de livres exercé.

En démontrant que la tenue des livres est de la plus grande facilité, lorsqu'on sait la réduire à ses vrais principes, et en la mettant à la portée des personnes qui ont l'esprit le moins exercé, j'ai eu en vue de rendre l'usage de tenir les écritures régulières plus général. Si une infinité de personnes qui s'exposent à des poursuites rigoureuses, en cas de malheur, ou à éprouver des pertes considérables, faute d'ordre dans leur comptabilité, conçoivent enfin combien il leur serait aisé d'établir cet ordre, et combien il serait important qu'elles l'établissent; si les jeunes élèves qui seront formés par le moyen de ce livre épargnent un temps précieux, j'aurai atteint le but que je me suis proposé.

E. DEGRANGE.

ABRÉVIATIONS

M^{ses}. G^{les}. ou M. G.	Marchandises générales.
C^{se}. ou C.	Caisse.
Effets à R^{oir}.	Effets à recevoir.
Effets à p^{er}.	Effets à payer.
P^{ts}. et pertes ou P. P.	Profits et pertes.
P^{ble}. ou P.	Payable.
P^{n}. ou P.	Prochain.
C^{t}. ou C.	Courant.
S. C., M. C., L. C.	Son compte, mon compte, leur compte.
P^{r}. % ou P. %.	Pour cent.
Esc^{te}.	Escompte.
T^{x}. ou T.	Tonneaux.
M^{t}. ou M.	Montant.
M. B., S. B.	Mon billet, son billet.

OBSERVATION NÉCESSAIRE.

Les numéros qui sont au commencement des alinéas marquent le rang des articles. Ces mêmes numéros, lorsqu'ils sont placés dans le corps d'un paragraphe, entre deux parenthèses, indiquent les articles qu'il faut revoir pour bien comprendre celui que l'on lit. Par exemple, si on trouve dans le corps de l'ouvrage l'article (100), je veux dire qu'il faut revoir ce que j'ai dit à l'article 100.

Voyez l'explication d'autre part.

EXPLICATION

DES MOTS QU'IL FAUT BIEN COMPRENDRE

POUR ENTENDRE CET OUVRAGE

DÉBITEUR, c'est celui qui doit.

DÉBITER quelqu'un, c'est écrire qu'il doit.

DÉBIT ou DOIT. On met ce mot à la page gauche d'un compte, pour indiquer que tous les articles écrits sur cette page sont dus par la personne pour laquelle ce compte est ouvert.

LE DÉBIT du compte d'une personne, est composé de tous les articles qu'elle doit.

SOLDE DE COMPTE. c'est ce qui manque au débit d'un compte, pour que ce débit soit égal au crédit; ou ce qui manque au crédit. pour être égal au débit. En d'autres termes, c'est ce qu'une personne doit, ou ce qui lui est dû pour fin ou pour solde de compte.

LES NOTES écrites sur le journal, dans lesquelles les personnes qui doivent sont débitées, et celles auxquelles il est dû créditées, sont ce qu'on appelle les ARTICLES DU JOURNAL.

CRÉANCIER, c'est celui à qui il est dû.

CRÉDITER quelqu'un, c'est écrire qu'on lui doit.

CRÉDIT ou AVOIR. On met ce mot à la page droite d'un compte, pour indiquer que tous les articles écrits sur cette page sont dus à la personne pour laquelle ce compte est ouvert.

LE CRÉDIT du compte d'une personne est composé de tous les articles qui lui sont dus.

SOLDER un compte, c'est en rendre le débit égal au crédit; et réciproquement.

Faire la BALANCE de tous les comptes au grand livre, c'est les solder ou les balancer.

Écrire au journal la note détaillée d'une opération de commerce, y passer écriture de cette opération, ou y passer l'article relatif, n'est qu'une même chose désignée par des expressions différentes.

LA

TENUE DES LIVRES

RENDUE FACILE

PREMIÈRE PARTIE

THÉORIE

1. L'art de tenir des notes exactes et bien ordonnées de
toutes les affaires qu'un négociant fait, est ce qu'on appelle la *tenue des livres*, parce que ces notes sont écrites
sur différents livres.

2. En France, tout commerçant est tenu d'avoir un
livre journal, sur lequel il doit écrire jour par jour ses
dettes actives et passives, ses négociations, acceptations
ou endossements d'effets, tout ce qu'il reçoit et paye, à
quelque titre que ce soit, et qui énonce, mois par mois,
les sommes employées à la dépense de sa maison, ses
pertes et bénéfices ; et généralement toutes les opérations
de son commerce, d'une même suite, sans aucun blanc ni
rature, et à mesure qu'elles ont lieu.

3. La loi ne prescrit d'ailleurs aucune manière de tenir[1] ce registre. Les négociants pourraient donc se borner à y écrire une note pure et simple de chacune de leurs

---

1. Tenir les écritures ou tenir les livres d'un négociant, sont des
expressions synonymes dans la langue des teneurs de livres. Passer
écriture d'une opération de commerce, c'est écrire une note détaillée
de cette même opération.

opérations de commerce, et qui en détaillerait toutes les circonstances; ce qui réduirait l'art des teneurs de livres à celui de rédiger un journal d'affaires de commerce.

Mais le but que se proposent les négociants qui tiennent des écritures régulières de toutes leurs opérations de commerce, est moins encore d'obéir à la loi qui leur en prescrit le devoir sous les peines les plus sévères[1], que de connaître eux-mêmes, d'une manière distincte, la quantité des marchandises qu'ils achètent et vendent, l'argent qu'ils reçoivent et qu'ils déboursent, les lettres de change, billets et contrats qu'ils reçoivent et donnent en payement, ou dont ils reçoivent et payent le montant, les bénéfices qu'ils font et les pertes qu'ils éprouvent, ainsi que ce que chacune des personnes avec lesquelles ils font des affaires leur doit, ou ce qu'ils doivent eux-mêmes à chacune de ces personnes.

Il en résulte qu'ils ont adopté les méthodes qui leur ont paru propres à leur faire connaître avec facilité leurs affaires dans tous leurs développements.

Ces méthodes se réduisent à deux, appelées la partie double et la partie simple.

De la Tenue des Livres en partie simple.

4. La tenue des livres en partie simple est moins une méthode qu'une manière de tenir de simples notes de toutes les affaires d'un négociant : elle ne repose sur aucune règle fixe ni générale; et chacun, outre le journal et le grand livre, se sert arbitrairement d'un plus ou moins grand nombre de livres auxiliaires; mais, comme ils ne sont tous que des recueils de notes tenues pour soulager la mémoire, il suffit de les voir une fois pour être capable de les tenir sans difficulté.

---

1. *Voyez* le Code de Commerce. Édition publiée par Roger et Sorel

Il en est de même du journal et du grand livre[1] tenus en simple partie.

Du journal tenu en partie simple.

5. La plupart des personnes qui tiennent leurs livres en partie simple, ne passent sur leur journal que les articles relatifs aux affaires faites à terme; les achats et les ventes au comptant, les payements des billets, les dépenses, etc., n'y paraissent pas. Tous les articles relatifs à ces derniers objets sont portés purement et simplement au livre de caisse, au carnet d'échéances et au livre de marchandises[2].

6. Les articles que l'on passe au journal selon cette méthode, pour les affaires faites à terme, sont d'une extrême simplicité. Dans tous, il ne s'agit que de débiter la personne qui doit l'objet dont il faut passer écriture, ou que de créditer au contraire la personne à qui cet objet est dû.

7. On débite sur le journal à partie simple la personne qui doit, par le moyen de la formule suivante :

Doit JEAN, pour tel et tel objet, etc.

Ainsi le nom du débiteur est précédé du mot DOIT, et le reste de l'article n'est qu'une explication pure et simple de la raison pour laquelle le débiteur doit.

8. On crédite le créancier comme suit :

AVOIR PIERRE, pour tel et tel objet, etc.

1. Le journal est un registre ainsi nommé, parce qu'on y tient note jour par jour de toutes les opérations commerciales que l'on fait.

Voyez art. 25 pourquoi le grand livre est ainsi nommé.

2. *Voyez* la note de la page 12 pour vous former une idée de la manière de tenir ces différents livres; mais remarquez, avant de passer outre, que le journal en partie simple, ne contenant que les opérations faites à terme, est tenu d'une manière contraire aux obligations que la loi impose, et, loin de pouvoir faire foi en justice, expose le délinquant à toutes les rigueurs des lois.

Ainsi le nom du créancier étant précédé du mot AVOIR, qui signifie il est dû à un tel, le reste de l'article n'est qu'une simple explication de la raison pour laquelle il est dû au créancier.

On conçoit que, pour écrire des notes au journal sur des principes aussi simples, il n'est besoin d'aucun précepte ni d'aucune étude ; car, écrire sur un registre *doit un tel,* lorsqu'il est débiteur, et la raison pour laquelle il est débiteur, ou écrire *avoir un tel,* et la raison pour laquelle il est créancier, ne peut, sous aucun rapport, présenter des difficultés.

C'est pourtant en quoi consiste l'art de tenir les livres en partie simple.

Il résulte de ce qui précède :

9. Que dans chaque article du journal tenu en partie simple, le négociant débite la personne qui lui doit, ou crédite, au contraire, la personne à laquelle il doit : et par conséquent que le journal tenu de cette manière ne contient que les débits et les crédits des personnes avec lesquelles il fait des affaires à terme.

Les sommes qu'il reçoit et qu'il paye en argent, sont portées au livre de caisse ; les marchandises qu'il achète et vend sont portées au livre des marchandises ; ses effets à recevoir et à payer sont portés au carnet d'échéances ;

Enfin, ses profits et ses pertes sont portés au livre des profits et pertes, et non au journal, ce qui est contraire aux lois.

Du grand Livre en partie simple.

10. On ouvre un compte par débit et par crédit au grand livre, aux personnes qui sont débitées ou créditées au journal, et on porte au débit du compte de chaque personne, au grand livre, les sommes dont elle est débitée au journal, et au crédit de ce même compte, les sommes dont elle est créditée ; d'où il suit que la tenue

des livres en simple partie a pour objet de tenir des comptes par débit et par crédit, seulement pour chacune des personnes avec lesquelles on fait des affaires à terme.

11. La seule chose qui distingue le grand livre tenu en partie simple, de celui tenu en partie double, est que l'on n'ouvre des comptes sur le premier, que pour les personnes avec lesquelles on fait des affaires[1]; tandis qu'on en ouvre pour les objets, dont on fait le commerce, comme pour les personnes, sur le grand livre tenu en partie double (127).

12. Pour ne pas insister inutilement sur des détails relatifs à la tenue de livres en partie simple, on se bornera à prévenir le lecteur qu'elle ne peut présenter aucune difficulté, même à ceux qui ne l'ont jamais apprise; et que, dans tous les cas, ceux qui connaissent la méthode en partie double, réunissent toutes les connaissances désirables pour tenir les livres d'une manière quelconque.

Il est donc inutile que l'on perde son temps à chercher à apprendre la partie simple, et il faut passer de suite à l'étude de la méthode qui réunit les détails de toutes les autres, et qui repose sur des principes aussi sûrs, aussi généraux, qu'ils sont simples et faciles à saisir et à démontrer[2].

1. Quelques négociants tiennent pourtant sur leurs livres en partie simple un compte de caisse pour l'argent qu'ils reçoivent et qu'ils déboursent. Ils débitent la caisse toutes les fois qu'ils reçoivent de l'argent, et ils la créditent, toutes les fois qu'ils en donnent, comme ils débiteraient ou créditeraient un de leurs débiteurs ou un de leurs créanciers; mais dès lors ce compte tient de la méthode en partie double : et les articles qui lui sont relatifs tiennent de la nature de ceux passés pour la partie double : c'est ce qui a fait donner le nom de partie mixte à cette manière de tenir les livres.

2. Le journal à partie simple, ne contenant pas toutes les opérations de commerce d'un négociant, l'expose par cette désobéissance, à toutes les rigueurs des lois : nul homme honnête et sensé ne peut donc se dispenser désormais de rejeter les parties simples.

De la tenue de Livres en partie double

13. La tenue des livres en partie double a pu long-temps paraître inintelligible et confuse, parce qu'elle ne reposait sur aucune règle fixe [1]; mais aujourd'hui que l'étude en est réduite à l'application d'un principe unique, ou au développement d'une seule idée, d'une clarté et d'une simplicité infinies, il n'y a que les personnes qui ne veulent pas s'en former cette idée qui peuvent y trouver de l'obscurité.

14. Elle diffère de la partie simple, en ce que l'on tient en partie double des comptes par débit et par crédit, pour chaque nature d'objets dont on fait le commerce, comme pour chaque particulier avec lequel on fait des affaires. Un article inscrit au journal en partie double

---

1. Avant la publication de la *Tenue des livres rendue facile*, on employait, souvent sans aucun fruit, des années entières à ce qu'on appelait alors l'étude des parties doubles; de même plusieurs années de pratique, ou plutôt de routine aveugle, ne formaient que des teneurs de livres opérant avec incertitude, et entièrement déroutés lorsqu'ils entraient dans une nouvelle maison de commerce. La raison en était, que, n'étant dirigés par aucune règle fixe, la routine particulière de chaque maison les soumettait, en y entrant, à une sorte d'apprentissage presque aussi pénible que le premier : aussi était-on généralement persuadé qu'on ne pouvait apprendre la tenue des livres que par un long exercice pratique fait dans chaque branche de commerce. Aujourd'hui ce préjugé est détruit; on sait que la tenue des livres repose sur des principes généraux d'une extrême simplicité, qu'on peut l'apprendre en peu de jours, et que, quand on la sait par principes, on est en état de tenir sans difficulté des livres quelconques : j'ai la satisfaction d'avoir opéré ce bien, et je trouve une bien douce récompense dans l'utilité qui résulte de la facilité avec laquelle on s'instruit et on opère actuellement. On n'aurait jamais songé à réformer le système ancien de la comptabilité publique, ou on aurait éprouvé des difficultés insurmontables à y parvenir, s'il avait fallu instruire cent mille employés par des procédés longs, pénibles et incertains ; quelques heures d'étude et quelques jours d'exercice les mettent actuellement en état de tenir les livres des administrations dont ils connaissent déjà les détails.

doit contenir au moins un débiteur et un créancier. Le compte débiteur est celui qui reçoit la valeur qui fait l'objet de l'opération de commerce, et le compte créditeur est celui qui fournit cette valeur.

13. Pour tenir les livres en partie double avec facilité, il faut commencer par se former une idée exacte de l'usage des comptes que chaque négociant tient pour les diverses natures d'objets dont il fait le commerce, comme pour les personnes avec lesquelles il fait des affaires.

On les nomme comptes généraux[1]. Il y en a cinq principaux, sans lesquels il est impossible de tenir les livres en partie double, d'une manière qui embrasse la totalité des affaires d'un négociant.

Des cinq comptes généraux.

Le commerce ayant cinq objets principaux, qui lui servent continuellement de moyens d'échange, savoir : 1° DES MARCHANDISES ; 2° DE L'ARGENT ; 3° DES EFFETS A RECEVOIR ; 4° DES EFFETS A PAYER ; 5° DES PROFITS ET DES PERTES ;

Un négociant qui veut connaître le résultat exact de toutes ses opérations mercantiles, sans exception, est obligé d'ouvrir un compte à chacune de ces cinq classes générales d'objets, afin de le débiter ou de le créditer toutes les fois qu'il reçoit ou qu'il fournit des objets de l'espèce pour laquelle ce compte est ouvert ; ce qui lui fait voir séparément ce qu'il a reçu et fourni en marchandises, en argent, en effets à payer, en effets à recevoir, et ce qu'il a perdu et gagné.

Il en résulte que chaque négociant qui tient un seul

---

1. Chacun en particulier est désigné par le nom particulier de la classe générale d'objets pour laquelle il est ouvert. Chacun pourrait être appelé *compte général*.

2

compte par débit et par crédit, sur ses propres livres pour chaque personne avec laquelle il fait des affaires, comme on le fait en partie simple, en tient, en outre, cinq pour lui-même, dont l'usage est indispensable pour tenir ses livres en partie double. On les nomme COMPTES GÉNÉRAUX, parce qu'ils sont ouverts pour chacune des cinq classes générales d'objets qui servent de moyens d'échange au commerce. Les voici :

1° Celui des MARCHANDISES GÉNÉRALES, qui est établi pour être débité de toutes les marchandises que l'on achète, que l'on reçoit en échange, etc., et crédité de toutes celles que l'on fournit ;

2° Celui de CAISSE, qui est établi pour être débité de tout l'argent que l'on reçoit, et crédité de tout celui que l'on débourse, pour quelque cause que ce soit ;

3° Celui d'EFFETS A RECEVOIR, qui est établi pour être débité de tous les billets de cette espèce que l'on reçoit, et crédité de tous ceux que l'on donne, quelle que soit la cause de leur entrée ou de leur sortie ;

4° Celui d'EFFETS A PAYER, qui est établi pour être crédité de tous les effets que l'on a souscrits, que l'on donne en payement ou que l'on fournit pour toute autre cause, et pour être débité de chacun de ces mêmes billets, lorsqu'on les reçoit après les avoir acquittés, ou dans quelque autre cas que ce soit ;

5° Celui de PROFITS ET PERTES, établi pour être débité de toutes les pertes que l'on éprouve, et crédité de tous les bénéfices que l'on fait

Ces comptes représentent le négociant dont on tient les livres ; ils ne doivent être débités ou crédités que des objets de l'espèce dont chacun d'eux porte le nom, et que dans le cas seulement où ce négociant reçoit ou fournit ces mêmes objets, jamais autrement. DÉBITER ou CRÉDITER le compte de marchandises générales, dans tout autre cas que celui où le négociant dont on tient les livres reçoit ou fournit des marchandises, serait une absurdité dans le système établi.

16. Sous quelques rapports que ces comptes soient envisagés par celui qui veut tenir ses livres en double partie, il doit se bien pénétrer des règles suivantes, qui n'éprouvent aucune exception.

17. LE COMPTE DE MARCHANDISES GÉNÉRALES doit être débité de toutes les marchandises que l'on achète, et crédité de toutes celles que l'on vend.

18. LE COMPTE DE CAISSE doit être débité de tout l'argent que l'on reçoit, et crédité de tout celui que l'on débourse.

19. LE COMPTE D'EFFETS A RECEVOIR doit être débité de tous les billets de cette espèce que l'on reçoit, et crédité de ceux de ces mêmes billets que l'on donne en payement, que l'on négocie, ou dont on reçoit le montant.

20. LE COMPTE D'EFFETS A PAYER doit être crédité de tous les billets que l'on fait en payement, et débité de chacun de ces mêmes billets, lorsqu'on les reçoit après les avoir acquittés, ou dans quelque autre cas que ce soit.

21. LE COMPTE DE PROFITS ET PERTES doit être débité de toutes les pertes que l'on éprouve, et crédité de tous les bénéfices que l'on fait [1].

---

1. Les pertes sont des dépenses; les bénéfices, des revenus, et réciproquement. En comptabilité, on considère toutes les valeurs perdues ou dépensées par l'individu dont on tient les comptes, et toutes celles produites par ses bénéfices ou revenus, comme ayant été reçues et fournies par lui. Le compte de profits et pertes n'a été inventé pour être débité du montant des pertes ou dépenses du négociant dont on tient les livres, et pour être crédité du montant de ces bénéfices ou revenus, que par la raison que toutes les sommes qu'il perd ou dépense, et toutes celles que lui produisent ses bénéfices ou revenus, sont considérées comme ayant été reçues ou fournies par lui. En un mot : *dans tous les cas possibles que présentent les pertes ou dépenses, et les béné-*

22. Enfin, pour se faire une idée exacte de ces comptes [1], il ne faut voir en eux que ceux du négociant dont on tient les livres, et il faut concevoir que débiter l'un de ces comptes, c'est débiter le négociant lui-même, sous le nom de ce compte en particulier.

C'est sur cette invention qu'est fondé l'art de tenir les livres en partie double.

L'usage des comptes généraux étant bien conçu, toute la science de la tenue des livres consiste à savoir passer écriture sur un registre de toutes les opérations de commerce que l'on fait, jour par jour, à mesure qu'elles ont lieu, *en débitant la personne qui reçoit, ou le compte de l'objet que l'on reçoit; et en créditant dans le même article [2], la personne qui fournit, ou le compte de l'objet que l'on fournit.*

23. La manière de passer écriture sur ce registre, de toutes les opérations de commerce que l'on fait en débi-

---

fices ou revenus du négociant dont on tient les livres, il est censé recevoir ou avoir reçu toutes les sommes que ses pertes absorbent, et fournir ou avoir fourni toutes celles que ses bénéfices produisent.

1. Chacun de ces comptes ne doit être chargé que des objets de l'espèce pour laquelle il est ouvert : ainsi on ne doit débiter ou créditer le compte de marchandises générales que quand le négociant dont on tient les livres reçoit ou fournit des marchandises; celui de caisse, que quand le négociant reçoit ou fournit de l'argent; celui des billets à recevoir ou celui des billets à payer, que quand il reçoit ou fournit des billets de la même nature; et enfin celui des profits et pertes, que quand ce même négociant éprouve des pertes ou fait quelques bénéfices. Par ce moyen, le compte de marchandises générales fait voir, dans tous les instants, à un négociant, la totalité des marchandises qu'il a reçues et qu'il a fournies; celui de caisse, la totalité de l'argent qu'il a reçu et qu'il a donné; celui des billets à recevoir, la totalité des billets de cette espèce qu'il a reçus et donnés; celui des billets à payer, la totalité des billets qu'il a faits en payement et de ceux qu'il a retirés; et enfin celui des profits et pertes lui fait voir toutes les pertes qu'il a éprouvées et tous les bénéfices qu'il a faits.

2. *Article.* Voyez l'explication de ce mot; elle est placée en tête de l'ouvrage, avec celle des mots *Débiteur; Créancier,* etc.

tant le débiteur, et en créditant en même temps le créancier, est aussi simple que naturelle : elle consiste à écrire
caractère demi-gros, au commencement de chaque article, que tel individu ou tel objet doit à tel autre individu
ou à tel autre objet la somme dont on passe écriture, ce
que l'on motive par le moyen de la formule suivante :

PIERRE DOIT A JEAN, ou MARCHANDISES GÉNÉRALES DOI-
VENT A DUPUIS, pour tel ou tel objet, ou par telle ou telle
raison, etc.

Et c'est ce que les négociants appellent débiter celui
qui doit, et créditer en même temps l'individu ou le
compte à qui il est dû.

24. L'objet de cette méthode est de tenir ensuite, sur
un livre particulier, un compte par débit et par crédit,
tant pour chacune des personnes avec lesquelles on fait
des affaires, que pour chacun des divers objets et des divers intérêts du commerce que l'on fait. Mais ces comptes
ne doivent être ouverts sur ce second registre que lorsqu'ils sont débités ou crédités sur le premier, dont le second n'est qu'un extrait.

25. Deux registres sont donc nécessaires pour tenir
les livres en partie double.

Le premier, qui est la base de tous les autres, qui doit
être coté et paraphé, et qui fait foi en justice, est celui
sur lequel on écrit jour par jour, sans blanc, rature, ni
surcharge, toutes les affaires que l'on fait, en débitant
la personne ou l'objet qui doit, et en créditant la personne ou l'objet à qui il est dû, le tout en un même
article : on le nomme journal [1].

---

1. Lorsque es parties doubles paraissaient obscures et compliquées,
il pouvait être utile que l'on eût la précaution de passer les articles en
premier lieu sur un brouillon, afin de les transcrire ensuite au net au
journal ; maintenant que l'art de tenir les livres est bien mieux connu,
et qu'il est réduit à l'application d'un seul et même principe d'une extrême facilité, ou peut passer directement les articles au journal sans

Le second n'est autre chose que l'extrait du premier. On y ouvre un compte par débit et par crédit à chaque individu ou à chaque objet qui est débité ou crédité au journal, et on porte au débit et au crédit de ces comptes, la somme dont ils sont débités ou crédités au journal. Ce second registre est vulgairement nommé GRAND LIVRE OU EXTRAIT, parce qu'il est ordinairement du format le plus grand de tous, et parce qu'il n'est aussi, comme on le voit, que l'extrait du journal.

Il y a encore plusieurs autres livres nommés AUXILIAIRES OU D'AIDE, tels que ceux de caisse, de marchandises, de profits et de pertes, le carnet d'échéances, etc.[1]; mais ils ne sont tous que des extraits du journal ou des recueils de notes, faits pour soulager la mémoire. Leur nombre dépend de la volonté ou de la nature des affaires d'un négociant : il suffit de les voir une fois ou d'en sentir la nécessité, pour être capable de les bien tenir.

On doit être déjà convaincu que le journal est le résumé de tous les autres livres, qu'il contient, jour par

---

faire un brouillon, et on peut tenir un simple mémorial au lieu de brouillon. *Voyez* (30) main-courante.

1. *Voyez* le compte de caisse, folio 4 du grand livre ; en supprimant l'indication des débiteurs et des créanciers, il peut servir de modèle du livre de caisse, parce que ce dernier est, à cela près, tenu de la même manière.

Voyez aussi, dans le même objet, le compte de marchandises générales, folio 1 du grand livre, et celui de profits et pertes, folio 5 du grand livre.

Voyez encore, à la fin du grand livre, folio 16, le modèle d'un carnet d'échéances.

On tient la plupart de ces livres par débit et crédit, c'est-à-dire, on écrit sur la page à main gauche du livre de caisse ou de celui de marchandises, etc., l'argent ou les marchandises que l'on reçoit ; et sur la page à main droite, l'argent ou les marchandises que l'on fournit : et il en est de même des autres livres. Le livre de factures n'est que la copie des factures des marchandises que l'on achète et que l'on vend, etc.

jour, toutes les affaires du négociant, que les comptes
généraux et ceux des particuliers avec qui l'on fait des
affaires, n'en sont que des extraits.

Le journal, en un mot, est la base de tout le système
de la comptabilité en partie double.

DU JOURNAL

*Le journal est un registre sur lequel on écrit, jour par
jour, toutes les opérations commerciales que l'on fait.*

On y passe écriture de chaque opération en débitant
l'individu ou le compte général[1] qui doit la somme dont
il s'agit dans cette opération, et en créditant par le même
article l'individu ou le compte général à qui cette somme
est due.

26. Ainsi la maxime suivante est le principe fonda-
mental de la tenue des livres en partie double : CHAQUE
ARTICLE DU JOURNAL DOIT CONTENIR LE DÉBITEUR ET LE
CRÉANCIER DE LA SOMME DONT ON Y PASSE ÉCRITURE.

On débite seulement la personne qui doit en un
article, et on crédite celle à laquelle il est dû en un
autre, sur le journal en partie simple; mais ce qui constitue essentiellement la méthode en partie double, c'est
que l'individu ou le compte qui doit la somme dont on
passe écriture doit être débité, et que celui à qui cette
somme est due doit être crédité en un même article :
chaque article que l'on écrit au journal en partie double
en contient donc deux de ceux de la partie simple, et
c'est ce qui a fait donner à cette méthode le nom de
PARTIE DOUBLE.

Après avoir débité le débiteur et crédité le créancier

---

1. Le compte de marchandises générales, de caisse, ou d'effets à recevoir, etc., est ce qu'on entend ici par un compte général.

(23), le reste de chaque article ne doit être que le simple exposé de l'affaire dont on passe écriture.

La seule difficulté qu'offre la tenue des livres en double partie, consiste donc uniquement à savoir trouver le débiteur et le créancier des articles que l'on doit passer au journal, c'est-à-dire, à savoir reconnaître quel est l'individu ou le compte général qui doit être débité, et quel est celui qui doit être crédité.

Pour trouver le débiteur et le créancier avec la plus grande facilité, il faut, avant tout, se former une idée exacte des cinq comptes généraux que les négociants ouvrent aux cinq classes générales d'objets dont ils font le commerce, comme pour les personnes avec lesquelles ils font des affaires (15). Il faut observer ensuite que, puisqu'en outre des cinq comptes généraux que chaque négociant tient pour les différents objets dont il fait le commerce, il en tient un pour chacune des personnes avec lesquelles il fait des affaires, afin de débiter ou créditer le compte de chacune de ces personnes, toutes les fois qu'elle reçoit ou qu'elle fournit une valeur quelconque; il en résulte que la méthode en partie double établit des comptes pour tous les sujets des opérations commerciales que l'on fait.

Selon cette méthode, on ne peut donc débiter une personne ou l'un des comptes généraux, sans créditer une autre personne, ou un des autres comptes généraux; car il est impossible que l'un des individus avec lesquels on fait des affaires, reçoive une valeur quelconque, sans qu'elle lui soit fournie par un autre, ou sans qu'on la lui fournisse; et que l'on reçoive soi-même un objet quelconque sans en donner un de la même valeur, en échange, ou sans en devoir la valeur à la personne qui l'a fourni, ou au compte de profits et pertes, lorsque cet objet est le produit d'un bénéfice ou d'une perte quelconque (21).

D'où il suit évidemment: *qu'il ne peut y avoir de débi-*

teur sans créancier, c'est-à-dire qu'on ne peut débiter une personne ou l'un des comptes généraux, sans créditer une autre personne ou l'un des autres comptes généraux.

Lorsque l'usage des cinq comptes généraux est bien senti par la personne qui veut apprendre à tenir les livres en double partie; lorsqu'elle conçoit aussi clairement qu'il ne peut y avoir de débiteur sans créancier, et que chaque article du journal doit contenir l'un et l'autre (26), il ne lui reste plus qu'à se pénétrer du principe qui sert à faire trouver, avec une extrême facilité, le débiteur et le créancier de tous les articles possibles.

27. Observons, avant d'établir ce principe, qu'un individu ne peut devoir une somme quelconque que dans le cas où il en a reçu la valeur; qu'ainsi un individu qui ne reçoit rien ne doit rien; mais que, quand il reçoit un objet, quel qu'il soit, il en doit la valeur.

Également qu'il ne peut être dû à une personne une somme quelconque que dans le cas où elle en a fourni la valeur; qu'ainsi il n'est rien dû à une personne qui ne fournit rien; mais que, quand elle fournit un objet, quel qu'il soit, la valeur lui en est due.

Voici donc le principe sur lequel l'art de la tenue des livres en double partie est fondé.

28. *L'individu qui reçoit, ou le compte de l'objet que l'on reçoit, doit être débité; et l'individu qui fournit, ou le compte de l'objet que l'on fournit, doit être crédité.*

29. Lorsqu'on veut passer un article quelconque au journal, il ne faut donc qu'examiner quel est l'individu qui reçoit la somme dont il s'agit de passer écriture, afin de l'en débiter; et quel est celui qui fournit cette même somme, afin de l'en créditer; ou qu'examiner quel est l'objet que l'on reçoit ou que l'on fournit soi-même, afin de débiter ou de créditer le compte ouvert à cette sorte d'objet.

Le débiteur et le créancier, ou les débiteurs et les créanciers d'un article étant une fois débités et crédités, le reste ne doit plus être qu'une explication pure et simple de l'affaire dont on passe écriture.

Faisons maintenant l'application de cette théorie aux divers usages de la pratique.

PRATIQUE

DE LA MANIÈRE DE PASSER LES ÉCRITURES AU JOURNAL [1]
MAIN-COURANTE.

PREMIÈRE SECTION

1º Exemples sur les ACHATS et les VENTES.

1er *Janvier* 1867.

50. J'ai acheté de Pierre dix tonneaux de vin rouge à 300 fr. le tonneau, payable dans le courant. 3,000 fr.

[Dans cet exemple, je reçois les marchandises que j'achète ; donc, le compte de marchandises générales

---

1. Toutes les affaires qui vont être détaillées et proposées pour exemple, composeraient un livre que certains négociants tiennent, et qu'ils appellent *mémorial* ou *main-courante*, et pourraient servir de modèle de ce livre, si les raisonnements ajoutés à chaque article ne s'y trouvaient pas. Supprimez donc ces raisonnements, et vous aurez le modèle du livre appelé mémorial, sur lequel certains négociants écrivent une note détaillée de toutes leurs opérations de commerce.

Lorsque l'on tient note au mémorial de toutes les affaires que l'on fait, on passe les écritures en double partie au journal d'après le mémorial. Lorsque les notes sont distribuées dans différents livres auxiliaires, tels que celui de *caisse*, *d'achats* et *ventes*, etc., on passe les écritures au journal d'après ces différents livres qui ne sont que des subdivisions du mémorial, qui peut les comprendre tous ; ou d'après les factures, effets acquittés, acceptés, souscrits, et d'après les lettres et dépêches, etc. Dans ce cas les différents livres, factures, effets, lettres, etc., doivent être conservés pour au besoin justifier de la sincérité des écritures passées au journal.

doit être débité (17). Pierre me les fournit; donc il doit en être crédité (28). Je passe alors l'article au journal comme suit :]

MARCHANDISES GÉNÉRALES DOIVENT A PIERRE 3,000 fr. pour dix tonneaux de vin rouge, de Médoc, qu'il m'a vendus à 300 francs le tonneau ; payable à trois mois. . . . . 3,000 fr.

51. *Nota.* On ne trouvera plus à la suite de chacun des exemples suivants, le modèle de l'article qu'il faut passer au journal. Mais on le trouvera en son rang de date, dans le journal, placé à la suite du présent ou vrage.

Il sera en outre placé, à la suite de chaque exemple, un numéro qui sera celui de l'article qu'il faut aller voir au journal sous ce même numéro.

——————— *2 Janvier.* ———————

52. J'ai acheté de Dupré vingt tonneaux de vin blanc, à 200 francs, payable en mon billet à son ordre, à six mois, ci . . . . 4,000 fr.

[Ici je reçois des marchandises; donc le compte de marchandises générales doit être débité (17). Dupré me les fournit; donc il doit être crédité (28). La promesse que je lui fais de le payer en mon billet, n'est qu'une des conditions de l'affaire que je fais avec lui : il sera mon créancier jusqu'à ce que j'aie affectué cette promesse.] Je passe alors l'article au journal, comme suit : (327).

55. Le numéro 327, placé ci-dessus entre deux parenthèses, est celui du rang de l'article passé au journal. Voyez donc, sur le f° 1 du journal, l'article écrit sous le n° 327 : *vous trouverez ce numéro au journal, avant le premier des deux traits entre lesquels on écrit la date de chaque opération.* Ainsi le numéro de chaque article précédera la date de ce même article.

——————————— *3 Janvier.* ———————————

54. J'ai acheté de Dupui deux barriques sucre brut, pesant 125 myriagrammes, poids net, à 12 francs le myriagramme, payable en un billet de ville, ci . . 1,500 fr.

Ici je reçois des marchandises; donc marchandises générales doivent être débitées (17). Dupui me les fournit; donc Dupui doit être crédité (28). Je passe alors l'article au journal. J'écris : (328).

Il est évident qu'il ne doit être fait mention du billet de ville, qui doit être le prix de ces deux barriques de sucre, que comme d'une promesse ou d'une convention qui n'est pas encore exécutée.

——————————— *4 Janvier.* ———————————

55. J'ai vendu dix tonneaux de vin rouge à Dupui, à 400 fr. le tonneau, payable à un mois. . . . . 4,000 fr.

[Ici Dupui reçoit le vin que je lui vends ; donc il doit être débité (28). Je fournis ce vin; donc marchandises générales doivent être créditées.] Je passe alors l'article au journal : (329).

——————————— *5 Janvier.* ———————————

56. J'ai vendu à Dupré deux barriques sucre brut, pesant net 135 myriagrammes, à 12 francs le myriagramme, payable en son billet, ci . . . . 1,500 fr.

[Ici Dupré reçoit le sucre que je lui vends, et ne me donne pas le billet qui en doit être le prix ; donc il doit être débité. Je fournis des marchandises; donc marchandises générales doivent être créditées.] Je passe alors cet article au journal : (330) [1].

1. Les écritures relatives aux achats et ventes, dont le prix n'est pas payé lors de la livraison des marchandises, peuvent être abrégées. Voyez le *Nota* de l'article 80.

——————   6 *Janvier*.   ——————

57. Mon père m'a fait présent, ce jour, de vingt tonneaux de vin de Médoc, que j'ai de suite vendu, au comptant, à raison de 1,000 francs le tonneau.

[Je reçois de l'argent, la caisse doit être débitée (18). Les vingt tonneaux de vin dont mon père m'a fait présent et dont je reçois le prix comptant, sont pour moi un pur bénéfice; donc profits et pertes (21) doivent être crédités.] Je passe alors l'article au journal : (331).

Il est évident que je ne fournis pas le vin qui me produit 20,000 francs, c'est mon père qui le fournit; mais comme il me le donne, je ne dois pas l'en créditer; je dois créditer le compte de profits et pertes, parce que ce don est un bénéfice pour moi.

——————   7 *Janvier*.   ——————

58. J'ai acheté au comptant de Dupré douze tonneaux de vin blanc, à 200 francs le tonneau, ci. . . . 2,400 fr.

[Je reçois des marchandises; donc marchandises générales doivent être débitées. Je donne de l'argent; donc la caisse (18) doit être créditée.] Je passe alors l'article au journal : (332).

Il est évident que je ne dois pas créditer Dupré, puisque je ne lui dois rien, attendu que je lui paye le vin qu'il me vend.

——————   8 *Janvier*.   ——————

59. J'ai vendu à Jean douze tonneaux de vin au comptant, à 250 francs le tonneau, ci. . . . . 3,000 fr.

[Je reçois le prix de mon vin, en argent; donc la caisse doit être débitée (18). Je donne des marchandises; donc marchandises générales doivent être créditées.] Je passe alors l'article au journal : (333).

Il est évident que Jean, qui m'a payé mon vin, ne doit pas être débité [1].

═══════════════════ 9 *Janvier*. ═══════════════════

40. J'ai acheté de Dupui mille myriagrammes de savon, poids net, à 9 fr. le myriagramme, et je lui en ai payé le montant en mon billet, à son ordre, à trois mois ci . . . . 9.000 fr.

[Je reçois des marchandises; donc marchandises générales doivent être débitées. Je donne mon billet en payement; donc le compte d'effets à payer (29) doit être crédité.] Je passe alors l'article au journal : (334).

═══════════════════ 10 *Janvier*. ═══════════════════

41. J'ai vendu à Pierre 200 myriagrammes de savon, poids net, à 10 fr. le myriagramme, et il m'a payé en son billet à mon ordre, à trois mois, ci . . . . . 2.000 fr.

[Je fournis des marchandises; donc marchandises générales doivent être créditées. J'en reçois le prix en un billet de Pierre; donc le compte d'effets à recevoir (19) doit être débité.] Je passe alors l'article au journal : (335).

═══════════════════ 11 *Janvier*. ═══════════════════

42. J'ai acheté de Dupré dix tonneaux de vin rouge, à 200 fr. le tonneau, en payement desquels je lui ai donné

---

1. Ceci, loin d'être contraire au principe (28), ne fait que le confirmer; car, Jean qui reçoit mon vin et qui me le paye, ne reçoit réellement aucune valeur dont il me soit redevable. C'est la caisse qui reçoit la valeur du vin que je vends; c'est donc elle qui doit être débitée, et non pas Jean, qui ne me doit rien.

En effet, il est évident qu'il n'y a, quant à lui, aucune valeur reçue de moi ou qu'il m'ait fournie, dont il me soit ou dont je lui sois redevable. Il n'y a, quant à lui, qu'un échange fait avec moi de valeur pour valeur; ainsi rien ne le constitue mon débiteur, ni mon créancier : il en est de même dans les cas où on paye à un particulier le prix de ce qu'il fournit.

un crédit sur Lecoulteux, à Paris, ci . . . . . 2,000 fr.

[Je reçois des marchandises; donc le compte de marchandises générales doit être débité. Lecoulteux en fournit la valeur, puisque j'ai donné un crédit sur lui à Dupré en payement de son vin ; donc Lecoulteux doit être crédité (28).] Je passe alors l'article au journal : (336).

43. *Nota.* Donner un crédit de 2,000 francs à une personne sur une autre, c'est donner à l'une la faculté de recevoir cette somme chez l'autre; dès lors il faut créditer celle qui doit payer, parce qu'un négociant qui charge un de ses correspondants de faire un payement pour son compte, doit considérer ce payement comme fait.

———— *12 Janvier.* ————

44. J'ai acheté de Dupui douze tonneaux de vin blanc, à 280 francs le tonneau, en payement desquels je lui ai donné dix tonneaux de vin rouge, à raison de 240 francs le tonneau, ci . . . . .2,400 fr.

[Je reçois des marchandises et j'en donne en retour; le compte de marchandises générales doit donc être débité et crédité.] Je passe alors l'article au journal : (337).

———— *13 Janvier.* ————

45. J'ai acheté de Martin 29 tonneaux de vin, à 400 francs le tonneau, que je lui ai payés comptant, sous l'escompte de 3 pour cent, ci. . . . . 11,600 fr.

[Je reçois des marchandises; donc le compte de marchandises générales doit être débité. La caisse fournit l'argent que je donne à Martin; elle doit être créditée (18) ; mais la caisse ne fournit pas toute la valeur de ces marchandises, puisque je les paye sous l'escompte de 3 pour cent, c'est-à-dire, en retenant 3 pour cent sur le prix de leur valeur : alors je vois que je fais un bénéfice ; car retenir 3 pour cent sur une somme que l'on payerait en entier à une époque plus reculée, c'est faire un bénéfice de 3 pour cent; le compte de profits et pertes doit donc être crédité (21).] Je passe alors l'article au journal : (338).

———————————— 14 *Janvier.* ————————————

46. J'ai vendu à Pierre 29 tonneaux de vin, à 440 francs le tonneau, qu'il m'a payés en argent, sous l'escompte de 3 pour cent, ci . . . . 13,200 fr.

[Je vends des marchandises ; donc le compte de marchandises générales doit être crédité de la valeur de ces marchandises. L'acheteur, qui me paye comptant, retient un escompte de 3 pour cent sur la valeur de mon vin, et me donne le reste en argent; le compte de caisse doit donc être débité de l'argent que je reçois, et celui de profits et pertes de l'escompte ; car les 3 pour cent que Pierre retient sur la valeur de mon vin sont pour moi une perte.] Je passe alors l'article au journal : (339).

47. Dans ces deux derniers exemples (45), (46), il faut considérer : 1° Que quand je paye comptant, sous l'escompte, je donne de l'argent, et je fais un bénéfice qu'on est convenu de m'accorder : 2° que, quand on me paye comptant, sous l'escompte, on me donne de l'argent, et je fais une perte que je suis convenu de supporter.

On pourrait éviter de passer écriture de ces articles de profits et pertes, en passant écriture de chaque achat ou de chaque vente au prix seulement qu'on débourse ou qu'on reçoit en argent comptant, c'est-à-dire, sans aucun égard pour l'escompte retenu ou accordé : alors l'article serait passé ainsi : CAISSE à MARCHANDISES GÉNÉRALES, ou au contraire, MARCHANDISES GÉNÉRALES à CAISSE, et ne comprendrait que la somme effectivement reçue. La tenue des livres est l'art de tenir note, par les moyens les plus courts, de toutes les opérations que l'on fait; conséquemment toutes les abréviations qui n'ôtent rien à la clarté des écritures peuvent être adoptées dans la pratique. Cependant la première méthode est préférable.

———————— 15 *Janvier.* ————————

48. J'ai acheté de Dupui 10 tonneaux de vin de Médoc, à 1,000 francs le tonneau, et je lui ai fourni ce qui suit en payement dudit vin :

Mon billet à deux mois, de.	2,000 fr.
Un billet de Pierre, à trois mois	2,000
200 myriag., poids net, de savon, à 10 fr.	2.000
En argent, sous l'escompte de 2 pour cent.	4.000
	10.000

[Je reçois des marchandises ; donc le compte de marchandises générales doit être débité. Je donne un billet à payer, un billet à recevoir, des marchandises, de l'argent, et je fais un bénéfice ; car l'escompte que je retiens est un bénéfice : donc effets à payer, effets à recevoir, marchandises générales, caisse et profits et pertes doivent être crédités.] Je passe alors l'article au journal : (340).

———————— 16 *Janvier.* ————————

49. J'ai vendu à Jean 10 tonneaux de vin de Médoc, à 1,200 fr. le tonneau ; et il m'a fourni ce qui suit en payement.

Son billet, à deux mois, à mon ordre, de. .	4,000 fr.
Un de mes billets qu'il m'a remis, ordre de Dupui.	2,000
200 mètres drap commun, à 10 fr. le mètre.	2,000
En argent sous l'escompte de 3 pour cent .	4,000
	12,000

[Je reçois un billet à recevoir, un de mes billets que l'on me remet, des marchandises, de l'argent, et je fais une perte (47) ; donc effets à recevoir, effets à payer, mar-

chandises générales, caisse et profits et pertes doivent
être débités. Je fournis des marchandises pour le tout ;
donc le compte de marchandises générales doit être crédité du tout.] Je passe l'article au journal : (341).

17 Janvier.

50. J'ai pris, au pair, un billet de Jacques, de
10,000 fr., et j'en ai payé le montant compté, ci. 10.000 fr.

[Prendre un billet sur la place, c'est l'acheter ; d'ailleurs je vois que je reçois un billet de Jacques : donc le
compte d'effets à recevoir doit être débité. Je vois aussi
que j'en fournis le montant en argent ; donc la caisse doit
être créditée.] Je passe l'article au journal : (342).

19 Janvier.

51. J'ai négocié, au pair, le billet de 10,000 fr. de
Jacques, et j'en ai reçu le montant, compté, ci. 10.000 fr.

[Négocier un billet, c'est le vendre ; d'ailleurs je vois
que je reçois de l'argent : donc la caisse doit être débitée.
Je fournis un billet à recevoir ; dont le compte d'effets à
recevoir doit être crédité.] J'écris: (343).

20 Janvier.

52. J'ai fait un billet de 10,000 fr., à quatre mois, à
l'ordre d'André, et j'ai fait négocier ce billet pour mon
compte, sous l'escompte de 3 pour cent, ci . . 10,000 fr.

[Négocier un de mes propres billets, c'est le vendre
pour de l'argent. D'ailleurs je vois que je reçois de l'argent ; donc la caisse doit être débitée : et que je fais une
perte (47) ; donc le compte de profits et pertes doit être
débité. Je fournis mon billet : donc le compte d'effets à
payer doit être crédité.] J'écris : (344).

21 Janvier.

53. J'ai pris mon billet de 9,000 francs, ordre de Du-

pui, et j'en ai payé le montant, sous la déduction d'un escompte de 3 pour cent.

[Prendre un de mes propres billets, c'est l'acheter; d'ailleurs je reçois un billet à payer; donc le compte d'effets à payer doit être débité. J'en donne le montant en argent, moins l'escompte; c'est-à-dire, je donne de l'argent, et je fais un bénéfice (47) : donc la caisse et profits et pertes doivent être crédités.] J'écris : (345).

───────────── *22 Janvier.* ─────────────

54. J'ai pris un billet de Bonnafous, de 10,000 fr., à deux mois de ce jour, et j'en ai payé le montant, sous la déduction d'un escompte de 2 pour cent.

[Je prends un billet à recevoir; donc le compte d'effets à recevoir doit être débité. Je donne en argent la valeur de ce billet, moins l'escompte que je gagne; donc la caisse et profits et pertes doivent être crédités.] J'écris : (346).

Nota. Si je négociais ce billet pour mon compte, l'article qu'il faudrait passer au journal serait l'inverse du précédent (54).

55. Si on prenait ou négociait une lettre de change à bénéfice pour la lettre, il ne s'agirait que de passer le bénéfice ou la perte par profits et pertes, et de débiter ou créditer les billets à recevoir de la valeur exprimée dans le billet pris ou négocié. Supposons, par exemple, 1° que nous ayons pris à Paris une lettre de 3,000 fr. à trente jours sur Bordeaux, et à demi pour cent bénéfice pour la lettre. Effets à recevoir doivent être débités des 3,000 fr. valeur exprimée dans cette lettre, et profits et pertes doivent être débités des 15 fr. valeur du change à demi pour cent qu'elle gagne; enfin la caisse doit être créditée de fr. 3015; 2° que nous l'ayons négocié au contraire; la caisse qui en reçoit le prix doit fr. 3,015, savoir : à effets à recevoir fr. 3,000, et à profits et pertes fr. 15.

La méthode indiquée plus loin, à l'article (519), abrége

les écritures, elle comprend les espèces proposées ci-
dessus et tous les cas imaginables, ce qui me dispense de
multiplier les exemples [1].

———————————— 23 *Janvier*. ————————————

56. J'ai vendu et livré à Guillaume 100 myriagrammes, poids net, de savon, à 12 fr. le myriagramme ; mais
Guillaume a péri dans l'incendie qui a consumé toute
sa fortune, ci. . . . . 1,200 fr.

[Guillaume étant mort insolvable, le montant de la
vente que je lui ai faite tourne en pure perte ; donc le
compte de profits et pertes doit être débité. Je lui ai cependant fourni des marchandises ; donc le compte de marchandises générales doit être crédité.] J'écris : (347).

———————————— 24 *Janvier*. ————————————

57. J'ai vendu 200 myriagrammes, poids net, de savon
à Dupré, à 12 fr. le myriagramme ; il m'a donné en
payement un crédit sur Jauge, banquier à Lyon, pour le
montant de ce savon, ci. . . . . 2,400 fr.

[Je fournis des marchandises ; donc le compte des marchandises générales doit être crédité. Dupré, qui les reçoit, me donne en payement un crédit sur Jauge ; Dupré
ne me doit donc plus la valeur de ces marchandises ;
c'est Jauge qui doit me la payer, et qui par là devient
mon débiteur.] J'écris l'article au journal comme il suit :
(348).

———————————— 25 *Janvier*. ————————————

58. Jacob, de Montauban, a expédié à mon adresse,
par mon ordre et pour mon compte, un ballot contenant
dix pièces de draps de diverses couleurs, ensemble

---

1. Il est bon que l'on passe les articles dans l'ordre où ils sont proposés pour exemples, et qu'on ne s'occupe des abréviations qu'après
avoir fait la balance générale des comptes.

198 mètres, montant, à raison de 20 fr. le mètre, à
3,960 fr.; et il a tiré une lettre de change sur moi de pareille somme, à un mois de vue, à l'ordre de Monteau;
laquelle lettre j'ai acceptée, ci . . . . 3,960 fr.

Nota. J'ai déboursé 100 fr. pour les droits de douane,
frais de transport, etc., à l'arrivée de ces draps.

[Je reçois des marchandises qui ont été expédiées à
mon adresse, par mon ordre et pour mon compte; donc
le compte de marchandises générales doit être débité de
la valeur de ces marchandises et des frais. montant ensemble à 4,060 fr. Pour payer ces marchandises, j'accepte la lettre de change de 3,960 fr. qui a été tirée
sur moi par Jacob, de Montauban : or, accepter une lettre de change, c'est s'obliger à la payer à son échéance.
ou c'est souscrire un effet à payer : ainsi le résultat est
pour moi le même que quand je donne un billet à payer;
donc le compte des effets à payer doit être crédité. Je
débourse 100 fr. pour les frais; donc la caisse doit être
créditée.] J'écris : (349).

59. *Les frais de réception, la commission, l'assurance, et
en général les frais quelconques que coûtent les marchandises que l'on reçoit ou que l'on achète, doivent être considérés comme une augmentation du prix que ces marchandises coûtent; et en conséquence le compte des marchandises
générales doit être débité de tous les frais des marchandises
que l'on reçoit.*

———— *27 Janvier.* ————

60. J'ai expédié à Robert, de Paris, un ballot contenant dix pièces de draps de diverses couleurs, ensemble
de 198 mètres, montant, à raison de 22 fr. le mètre, à
4,356 fr., et j'ai tiré une lettre de change sur lui, à un
mois de vue, à l'ordre de Rafin qui m'en a payé la valeur,
sous la déduction d'un escompte de un et demi pour
cent, ci. . . . . 4,356 fr.

[Je fournis le drap expédié à Robert ; donc le compte des marchandises générales doit être crédité de 4.356 fr. Robert ne doit pas être débité, parce que je me rembourse en tirant sur lui une lettre de change de 4.356 fr., à l'ordre de Ratin, qui en recevra la valeur. Cependant Ratin ne doit pas être débité lui-même, parce qu'il me paye, sous un escompte de un et demi pour cent, le montant de la lettre de change que j'ai tirée, à son ordre, sur Robert de Paris. En dernier résultat, je reçois donc le montant de mon drap en argent, moins l'escompte ; c'est-à-dire, je reçois en argent 4.290 fr. 66 cent.; donc la caisse doit être débitée de 4,290 fr. 66 cent. Je perds les 65 fr. 34 cent. que Ratin retient pour l'escompte (17), fixé à un et demi pour cent ; donc profits et pertes doivent être débités de 65 fr. 34 cent.] J'écris : (350).

Nota. Si j'avais acheté au comptant, pour compte de Robert, les marchandises ci-dessus,

Robert, à qui je fais cette expédition, devrait à caisse qui, dans cette supposition, en aurait fourni la valeur.

---

28 *Janvier.*

61. James, négociant de l'Isle-de-France, m'écrit qu'il a expédié à mon adresse une balle de mousseline des Indes, par mon ordre et pour mon compte et risque, sur le navire *le Jason,* ladite balle montant à . 4.000 fr.

[James a expédié, et par conséquent a fourni des marchandises ; donc il doit être crédité. Je n'ai pas encore reçu ces marchandises, mais elles ont été expédiées pour mon compte, c'est comme si je les avais reçues, donc le compte des marchandises générales doit être débité.] J'écris : (35).

---

29 *Janvier.*

62. Sauvage, mon courtier, a acheté pour mon compte 76 tonneaux de vin vieux de Médoc, aux suivants :

A Brai, 12 tonneaux, montant à. . . . 12,000 fr.
A Jean, 10 idem 12,000
A Dupré, 12 idem 12,000
A Pierre, 8 idem 8,000
A Dupui, 34 idem 34,000
             78,000

[Je reçois des marchandises ; donc le compte des marchandises générales doit être débité. Les ci-dessus nommés me les fournissent ; ils doivent être crédités.] J'écris : (352).

———————— 30 *Janvier*. ————————

65. J'ai vendu ce qui suit aux suivants :
A Beaufour. 10 tonn. de vin de Médoc . 12,000 fr.
A Paul . . . 1 idem 1,000
A Dupré. . . 100 myriag., poids net, de
     savon à 12 fr. le myriag. 1,200
A Jean . . . 200 myriag., idem à idem . 2,400
A idem . . . 20 tonn. de vin, à 1,000 le
     tonn. 20,000
A Dupui . . 100 myriag. de savon, à 12 fr. 1,200
A Duparc. . 30 tonneaux de vin : . . . 34,000
A Dupin . . 20 idem. 20,000
           91,800 fr.

[Je fournis des marchandises ; donc le compte des marchandises générales doit être crédité. Les ci-dessus nommés reçoivent ces marchandises ; donc ils doivent être débités.] J'écris : (353)[1].

1. Les personnes qui suivent un cours de tenue des livres par le moyen de ce traité, doivent, à la fin de chaque mois, suivre les procédés indiqués dans la *Balance simplifiée*, (n° 317) afin d'obtenir, par l'addition des débits et des crédits des comptes ouverts au grand livre, et des articles écrits au journal, la balance générale et le contrôle du journal avec le grand livre. *Voyez* pour les détails *la Balance simplifiée*.

64. Voilà un exemple de chaque sorte d'achats et ventes simples. En général, on établit ces sortes d'opérations sur le journal comme on vient de l'indiquer.

Mais il est bon de prévenir ici que certains négociants, au lieu de tenir un compte de marchandises générales, en tiennent un pour chaque espèce de marchandises, et que cela ne change rien à la manière de passer les articles.

Dans ce cas, il s'agit de débiter le compte des sucres, celui des cafés, celui des vins, etc., etc., quand on achète du sucre, du café, du vin, etc.; en un mot, il s'agit seulement de débiter le compte ouvert à chaque espèce de marchandises en particulier, comme l'on débiterait celui de marchandises générales; ce qui revient toujours au même : car débiter les marchandises en général, ou chaque espèce en particulier, c'est la même chose.

65. Il est encore à propos de dire ici que l'on ouvre un compte particulier à chaque immeuble ou propriété quelconque d'un négociant, par exemple, à chaque navire, habitation, terre, maison, contrat, etc., qu'il achète ou qu'il possède; enfin que l'on peut ouvrir autant de comptes généraux ou impersonnels sur ses livres que ses différentes propriétés l'exigent; mais, comme on traitera de ces comptes ailleurs (144 et suivants), il suffit de dire ici qu'il faut en agir, à leur égard, comme l'on agirait à l'égard du compte des marchandises générales, dans le même cas. Ainsi, si l'on achetait de Pierre le navire *le César*, on dirait :

Navire le César doit a Pierre, etc.

Si l'on achetait une maison en ville, rue Désirade, on dirait : Maison en ville, rue Désirade, doit à celui qui vend, ou au compte qui l'aurait payée, etc.

66. Ainsi, de règle générale : *L'objet quelconque que l'on achète ou que l'on reçoit doit au compte qui en fournit la valeur.*

Et quand on vend cet objet, ou quand on le fournit, les comptes qui en reçoivent la valeur la doivent à l'objet vendu, sous quelque nom qu'il ait un compte ouvert ; ce qui revient toujours à ce principe clair et certain : *Le compte qui reçoit est débiteur; celui qui fournit est créancier.*

67. Enfin tout est marchandises ou *valeur* échangeable dans le commerce : les effets à recevoir ou à payer, l'argent, les immeubles, les contrats, le travail, sont des objets que le commerce prend et transmet comme les marchandises. On doit agir à leur égard, lorsqu'on les vend ou qu'on les achète, etc., comme l'on agirait dans le même cas à l'égard du compte des marchandises générales.

Les exemples donnés des divers achats et ventes de marchandises sont donc les mêmes que ceux que l'on aurait pu donner des divers achats et ventes de ces autres objets.

2° Exemples sur les Prêts et les Emprunts.

────────── 1ᵉʳ *Février*. ──────────

68. J'ai prêté à Pierre 1,000 fr. en argent.

[Pierre reçoit et doit être débité. La caisse, qui fournit l'argent, doit être créditée.] J'écris : (354).

────────── 2 *Février*. ──────────

69. Jean m'a prêté 1,000 fr. en argent.

[La caisse qui reçoit de l'argent doit à Jean qui le donne.] J'écris : (355).

────────── 3 *Février*. ──────────

70. J'ai fait à Jean un billet de complaisance de 1,000 francs, c'est-à-dire, je lui ai prêté 1,000 francs en un de mes billets, à 3 mois, qu'il doit donner en payement à quelqu'un.

[Jean, qui reçoit, doit à effets à payer le billet que je lui prête.] J'écris : (356).

————————————————   4 Février.   ————————————————

71. Dupui m'a prêté 1,000 francs, en son billet à mon ordre, à 3 mois.

[Je reçois un effet à recevoir de Dupui; donc le compte d'effets à recevoir doit être débité; et Dupui, qui me le prête, doit être crédité.] J'écris : (357).

————————————————   5 Février.   ————————————————

72. J'ai prêté à Dupré 1,000 francs, que je lui ai fournis en lui donnant le billet de Dupui, à mon ordre.

· [Je donne un billet à recevoir; donc les effets à recevoir doivent être crédités; et Dupré, qui reçoit, doit être débité.] J'écris : (358).

————————————————   6 Février.   ————————————————

73. J'ai emprunté 6,000 francs à Pierre, à l'intérêt de 6 pour cent par an, et il a retenu l'intérêt de trois mois, qui monte à 90 francs.

[La caisse reçoit 5,910 francs en argent; donc la caisse doit être débitée. On me retient 90 francs pour l'escompte; donc profits et pertes doivent être débités de cette perte. Pierre fournit le tout, il en doit donc être crédité.] J'écris : (359).

————————————————   7 Février.   ————————————————

74. J'ai prêté 6,000 francs à Dupui, à l'intérêt de 6 pour cent par an, et j'ai retenu l'intérêt de 6 mois, montant à 180 francs.

Je fournis 5,820 francs en argent; donc il en faut créditer la caisse. Je gagne avec Dupui 180 francs que je retiens; il faut donc en créditer profits et pertes. Dupui

reçoit 6,000 francs; il faut donc l'en débiter.] J'écris :
(560).

─────── 8 *Février.* ───────

75. Pierre m'a prêté 10,000 francs, comme suit :

En son billet, à 2 mois	3,000 fr.
En marchandises, deux tonneaux de vin.	2,000
En argent, déduction faite de l'escompte à 3 pour cent : (47)	5,000
	10,000 fr.

¡Je reçois un billet; donc les effets à recevoir doivent. Des marchandises; donc marchandises générales doivent. De l'argent; donc caisse doit. Une perte; donc profits et pertes doivent être débités. Pierre, qui me donne le tout, doit en être crédité.] J'écris : (361).

─────── 9 *Février.* ───────

76. J'ai prêté à Jean ce qui suit :

En mon billet, à 2 mois.	3,000 fr.
En un billet de Pierre, à M. O., à 2 mois.	3,000
En marchandises, 3 tonneaux de vin. . .	3,000
En argent, sous l'escompte de 3 pour cent	1,000
	10,000 fr.

[Jean, qui reçoit le tout, doit en être débité. Les effets à payer doivent être crédités de mon billet; les effets à recevoir doivent l'être du billet de Pierre ; marchandises générales doivent l'être des marchandises; la caisse doit l'être de l'argent que je donne; et les profits et pertes, de l'escompte que je gagne.] J'écris : (362).

Tels sont les divers exemples de chaque sorte de prêts et d'emprunts. Comme on le voit, les comptes des objets que l'on me prête doivent être débités envers les personnes qui me les prêtent; et les personnes à qui je

prête doivent aux comptes des divers objets que je leur
prête.

Ce qui revient toujours au principe général déjà
établi : (28).

Nota. Si je prêtais à Jean 1,000 francs en espèces pour
compte de Pierre, c'est comme si je les prêtais à ce dernier. Ainsi : Pierre devrait être débité et la caisse
créditée.

Si au contraire Dupui me prêtait 1,000 francs en
espèces pour compte de Guillaume, c'est comme si ce
dernier me les prêtait. Ainsi : caisse devrait être débitée,
et Guillaume crédité.

3° Exemples sur les Payements et Recettes.

──────────── *10 Février.* ────────────

77. J'ai fourni à Dupré mon billet, à son ordre, à 6
mois, en payement de 20 tonneaux de vin blanc qu'il m'a
vendus le 2 janvier, montant à . . . .   4.000 fr.

[Dupré reçoit mon billet, il doit être débité. Je lui
fournis un billet à payer, le compte des effets à payer
doit donc être crédité.] J'écris : (363).

──────────── *11 Février.* ────────────

78. J'ai compté 3,000 francs à Pierre, en payement
des marchandises qu'il m'a vendues le premier janvier
(30), ci . . . .   3,000 fr.

[Pierre reçoit; donc il doit être débité [1]. Je lui donne
de l'argent; donc la caisse doit être créditée.] J'écris :
(364).

──────────── *12 Février.* ────────────

79. Dupui m'a compté 4,000 francs en payement de

---

1. Le premier janvier, le compte des marchandises générales a été
débité et Pierre crédité; il ne reste donc plus qu'à débiter Pierre lorsqu'on le paye.

10 tonneaux de vin, à lui vendus le 4 janvier (35).
Je reçois de l'argent; donc la caisse doit être débitée.
Dupui, qui le donne, doit être crédité[1]. J'écris : (365).

—————————— 13 *Février.* ——————————

86. Dupré m'a fourni son billet de 1,500 francs, à un mois fixe, en payement du sucre à lui vendu le 6 janvier, ci. . . . . 1,500 fr.

[Je reçois un billet à recevoir; donc le compte d'effets à recevoir doit être débité : Dupré me donne ce billet; donc il doit être crédité.] J'écris : (366).

Nota. Dans la pratique on abrége de beaucoup les écritures relatives aux achats et aux ventes dont on ne règle pas de suite le montant[2].

Il suffit pour cela de tenir note, sur le mémorial, de ces achats et ventes, ainsi que des conditions relatives au mode de payement, et d'attendre l'époque où il est effectué, afin de passer écriture de l'achat ou de la vente, et du payement en même temps.

Par ce moyen, chaque article est passé comme si les marchandises achetées et vendues avaient été payées lors de l'achat et de la vente. Ainsi, par exemple, pour les achats : MARCHANDISES GÉNÉRALES doivent aux comptes ouverts aux objets que l'on donne en payement. Pour les ventes : les comptes ouverts aux objets que l'on reçoit en payement doivent à MARCHANDISES GÉNÉRALES.

Les individus auxquels on achète et vend, étant ainsi censés être payés, ou avoir payé lors de l'achat ou de la vente, ne sont ni débiteurs ni créanciers ; ce qui évite la peine d'ouvrir un grand nombre de comptes inutiles, tels

1 Dupui a été débité, le 4 janvier, du vin que je lui ai vendu à cette époque, et le compte de marchandises générales a été crédité; donc Dupui doit être crédité actuellement, parce qu'il me paye.
2. Tels que les articles des numéros (34), (35), (36).

que ceux des personnes avec lesquelles on ne fait que des opérations de ce genre.

——————— 14 *Février*. ———————

81. J'ai donné à Dupui le billet de 1,500 francs de Dupré, à valoir sur le vin qu'il m'a vendu le 29 janvier (62).

[Dupui reçoit, il doit être débité; je lui donne un billet à recevoir, donc le compte d'effets à recevoir doit être crédité.] J'écris : (367).

——————— 15 *Février*. ———————

82. Dupui m'a payé le vin à lui vendu le 4 janvier dernier (35), en me remettant mon billet de 4,000 francs, à six mois, ordre de Dupré, qu'il avait en portefeuille, ci . . . . 4,000 fr.

[Je reçois un de mes propres billets ; donc le compte de billets à payer doit être débité : Dupui me le donne donc Dupui doit être crédité.] J'écris : (368).

——————— 16 *Février*. ———————

83. Pierre m'a fourni un tonneau de vin de Médoc, à raison de 1,000 francs le tonneau, en payement de pareille somme que je lui ai prêtée le premier du courant[1], ci . . . . 1,000 fr.

[Je reçois des marchandises; donc le compte de marchandises générales doit être débité : Pierre me les donne; il doit être crédité.] J'écris : (369).

——————— 17 *Février*. ———————

84. J'ai fourni à Jean un tonneau de vin de Médoc, à raison de 1,000 francs le tonneau, en payement de pareille

---

1. Pierre a été débité et la caisse a été créditée le premier courant (67); il ne reste donc plus qu'à créditer Pierre lorsqu'il paye ce qu'il ne doit.

somme qu'il m'a prêtée le 2 du courant (69), ci. 1,000 fr.

[Je fournis des marchandises; donc le compte de marchandises générales doit être crédité : Jean les reçoit; donc Jean doit être débité.] J'écris : (370).

———————————— 18 *Février*. ————————————

85. Jean m'a compté 1,000 francs, sous l'escompte de trois pour cent, en payement de pareille somme à lui prêtée, le 3 du courant, en mon billet à trois mois, ci . . . . 1,000 fr.

[Je reçois de l'argent et je fais une perte (47) ; donc le compte de caisse et celui de profits et pertes doivent être débités : Jean, qui me fait ce payement, doit être crédité.] J'écris : (371).

———————————— 19 *Février*. ————————————

86. J'ai compté 3,000 francs à Dupui, sous l'escompte de trois pour cent, en payement de pareille somme, qu'il m'a prêtée, le 4 du courant, en son billet, à mon ordre, à trois mois (71), ci.. . . . . 3,000 fr.

[Dupui reçoit le payement que je lui fais ; donc il doit être débité. Je lui donne de l'argent, et je fais un bénéfice (47) ; donc le compte de caisse et celui de profits et pertes doivent être crédités.] J'écris: (372).

———————————— 20 *Février*. ————————————

87. J'ai fait un billet de 400 francs, à six mois, à l'ordre de Dubord, en payement de la prime d'assurance de 4,000 francs de marchandises chargées pour mon compte, sur le navire *le Jason* (61), que ledit Dubord a assurées, à raison de dix pour cent, ci . . . 400 fr.

[Les 400 francs que je paye pour faire assurer les marchandises chargées sur *le Jason*, augmentent le prix de ces marchandises, donc le compte de marchandises générales doit être débité de ces 400 francs : je fournis un de mes billets; donc le compte d'effets à payer doit être crédité.] J'écris : (373).

—————— 21 *Février.* ——————

83. J'ai compté 780 francs à Sauvage, en payement de la commission que je lui devais, à raison d'un pour cent sur les marchandises qu'il a achetées pour mon compte, le 29 du mois dernier (62), ci. . . . . 780 fr.

[La commission que je paye à Sauvage augmente le prix des marchandises qu'il a achetées pour mon compte; donc le compte de marchandises générales doit être débité (59). Je donne de l'argent; donc le compte de caisse doit être crédité.] J'écris : (374).

Nota. On appelle *Fret*, le prix du transport des marchandises par mer; *Voiture*, celui de leur transport par terre. Le fret ou la voiture n'étant qu'une augmentation du prix coûtant des marchandises, lorsqu'on paye le fret ou la voiture de certaines marchandises, il faut débiter le compte des marchandises générales, et créditer les comptes ouverts aux objets que l'on donne en payement.

89. Règle générale. *Le compte des marchandises générales doit être débité du montant des assurances, des commissions, des frais et de tous les débours, de quelque nature qu'ils soient, qui augmentent le prix des marchandises que l'on achète ou que l'on reçoit.*

Il en est de même du fret, de la voiture ou du prix du transport des marchandises.

—————— 23 *Février.* ——————

90. Dubord m'a payé, comme suit, les 4,000 francs de marchandises qu'il avait assurées sur le navire *le Jason*, dont la perte a été constatée, et dont il a été fait acte d'abandon aux assureurs.

4

Il m'a remis mon billet à son ordre, de. .   400 fr.
Il m'a compté   3,600

                                       4,000 fr.

[Je reçois de l'argent et un de mes billets; donc le compte de caisse et celui d'effets à payer doivent être débités. Ce sont les marchandises perdues qui me fournissent ou qui me produisent ce que je reçois, puisque c'est pour me rembourser la valeur de ces marchandises que l'assureur auquel j'en ai fait l'abandon m'en paye le prix; donc le compte des marchandises générales doit être crédité.] J'écris : (375).

91. *Règle générale. Les commissions et les primes que l'on gagne soi-même sur les marchandises que l'on achète et sur celles que l'on assure pour compte d'autrui, et les pertes que l'on éprouve lorsqu'on paye la valeur des objets que l'on a assurés, doivent être passés par profits et pertes, parce que les primes ou les commissions que l'on gagne sont un pur bénéfice; de même que les sommes que l'on paye en remboursement de la valeur des objets assurés sur des vaisseaux qui ont péri, sont des pertes quand on les débourse.* Voyez (119), (120), (121).

——————— 24 *Février.* ———————

92. Bray m'a fourni une lettre de 310 liv. sterling, à deux mois de vue, sur Raymond, de Londres, au change de trente deniers sterling, faisant, ci . . . .   7,440 fr.
[Bray me fournit une lettre sur Londres, donc il doit être crédité. Je reçois un effet à recevoir; donc le compte d'effets à recevoir doit être débité.] J'écris : (376).

——————— 25 *Février.* ———————

93. Robert, de Paris, m'a ordonné de remettre, pour son compte, 7,200 francs à Thomson de Londres, au

change de 31 den. sterl. pour 3 francs; ce que j'ai fait
en remettant audit Thomson la lettre de 310 liv. sterl.
sur Raymond, de Londres, faisant à 31 deniers sterling,
ci . . . .   7,200 fr.

[Je fournis une lettre de 310 liv. sterl., qui m'a coûté
7,440 francs (92), donc le compte de billets à recevoir
doit être crédité de 7440 francs. Thomson, de Londres,
reçoit cette lettre, mais c'est pour compte de Robert, de
Paris; ce n'est donc pas Thomson, c'est Robert qui doit
être débité : d'un autre côté, Robert ne doit être débité
que de 7,200 francs, parce que les 310 liv. sterl. ne valent
que ce prix au change de 31 deniers. Conséquemment je
perds 240 francs; donc le compte de profits et pertes
doit être débité.] J'écris : (377)[1].

———————— 26 *Février*. ————————

94. Bray m'a fourni une lettre de change, à deux mois
de vue, de 5,200 florins, sur James, d'Amsterdam, au
change de 52 deniers de gros, faisant, ci. .   12,000 fr.

[Je reçois un effet à recevoir; donc le compte de billets
à recevoir doit être débité : Bray me le fournit; donc
il doit être crédité.] J'écris : (378).

———————— 27 *Février*. ————————

95. Robert m'a donné ordre de remettre, pour son
compte, 5,200 florins, au change de 50 deniers de gros,
à Powel, d'Amsterdam; ce que j'ai fait en remettant, à ce
prix, audit Powel la lettre de change de 5,200 florins, sur
James, d'Amsterdam, qui m'a été fournie au change de
52 deniers (94), faisant, à celui de 50 den., ci   12,480 fr.

[Je fais une remise de 12,480 francs à Powel, mais c'est
pour compte de Robert; c'est donc ce dernier qui doit

---

1. Pour tous les billets pris ou négociés à perte ou bénéfice, on
devra, dans la pratique, suivre de préférence la méthode abrégée indiquée (n° 518).

être débité de cette somme. Je fournis une lettre de
change tirée sur James ; le compte d'effets à recevoir
doit donc être crédité. Mais comme cette lettre de change
ne m'a coûté que 12,000 francs (94), le compte d'effets à
recevoir ne doit être crédité que de cette somme, et celui
de profits et pertes doit être crédité du bénéfice que je
fais : J'écris (379).

96. Pour abréger les écritures, quelques négociants
débitent le compte d'effets à recevoir du prix coûtant seulement des billets qu'ils prennent ou achètent, et le créditent du prix qu'ils retirent des billets qu'ils négocient
ou vendent, sans aucun égard pour le bénéfice ou la
perte, qu'ils retiennent ou qu'on leur retient sur la valeur portée au corps du billet. Ainsi l'article relatif à
chaque billet ne comprend que la somme donnée pour
l'obtenir ou que celle qu'on a obtenue. Cette méthode
étant très-utile, il en sera traité dans la suite (518).

Mais comme elle n'est qu'un abrégé de la première,
encore suivie chez la plupart des négociants qui ne font
pas exclusivement le commerce du papier ou de la banque, il faut s'exercer sur la première, quoique bien plus
imparfaite : celle-ci étant connue, l'autre le sera également, et on sera toujours assez disposé à le suivre au
besoin.

──────────── 28 *Février.* ────────────

97. Jean m'a fourni ce qui suit, en payement de ce
que je lui ai prêté, le 9 courant (75).

Un de ses billets à un mois.	3,000 fr.
Mon billet, à son ordre, à deux mois, qu'il m'a remis	3,000
Deux tonneaux de vin, à 1,000 fr. le ton- neau	2,000
En argent.	2,000
	10,000 fr.

[Jean qui m'a fait ce payement, doit en être crédité.
Je reçois un billet à recevoir, un de mes propres billets,
des marchandises et de l'argent; donc le compte d'effets
à recevoir, celui d'effets à payer, celui des marchandises
générales et celui de caisse, doivent être débités.] J'écris :
(380).

———————— 29 *Février.* ————————

98. J'ai fourni à Pierre 10,000 francs, comme suit, en
payement de pareille somme qu'il m'a prêtée le 8 courant (74) :

Un billet de Jean, à un mois	3,000 fr.
Mon billet à 15 jours	3,000
Deux tonneaux de vin à 1,200 fr	2,400
En argent	1,600
	10,000 fr.

[Pierre reçoit les objets ci-dessus; donc il doit être débité. Je lui donne un billet de Jean, mon billet, deux
tonneaux de vin et de l'argent; donc les comptes d'effets à recevoir, d'effets à payer, de marchandises générales et de caisse, doivent être crédités.] J'écris : (381).

———————— 1er *Mars.* ————————

99. J'ai acquitté, ce jour, les effets ci-après

La traite de Jacob, de Montauban, sur moi, ordre de	
Monteau, à un mois de vue	3,960 fr.
Mon billet, ordre de Dupui, à 2 mois	1,000
	4,960 fr.

Je reçois les billets que j'acquitte; donc le compte
d'effets à payer doit être débité. Je donne de l'argent;
donc la caisse doit être créditée.] J'écris : (382).

———————— 2 *Mars.* ————————

100. J'ai reçu le montant du billet de Bonafous, échu
ce jour, ci . . . . 10,000 fr.

[Je reçois de l'argent ; donc la caisse doit être débitée. Je donne ou je rends le billet de Bonafous à celui qui m'en paye le montant; donc le compte d'effets à recevoir doit être crédité.] J'écris : (383).

— 3 *Mars.* —

101. J'ai payé à Dupui 34,000 fr. que je lui devais, en lui donnant ordre de tirer des lettres de change jusqu'à la concurrence de cette somme sur Jauge, mon banquier à Lyon.

[Par le moyen de cet ordre, Dupui reçoit ou doit recevoir son payement, ce qui est la même chose pour moi ; il doit donc être débité. Jauge doit effectuer ce payement : c'est pour moi comme s'il l'avait fait (43); il doit donc être crédité.] J'écris : (384).

— 4 *Mars.* —

102. Duparc m'a payé 34,000 francs qu'il me devait, en me donnant ordre de tirer jusqu'à la concurrence de cette somme sur Jange ; mais comme je la dois à ce dernier, je la lui laisse en payement, et lui écris de la passer à mon crédit, ci. . . . . 34,000 fr.

Jange, qui, selon l'ordre de Duparc, devait me compter 34,000 francs, reçoit son payement de pareille somme que je lui devais, puisque je lui laisse celle-ci en compensation ; donc il doit être débité. Duparc me paye ; donc il doit être crédité.] J'écris : (385).

103. Règle générale. *Dans tout payement ou dans toute compensation, celui à qui l'on paye ce qui lui est dû doit être débité, et il faut créditer celui qui paye ce qu'il doit.*

— 5 *Mars.* —

104. J'ai acquitté ce jour un mandat que Dupui a tiré sur moi à vue, ci. . . . . 1,000 fr.

[Dupui a reçu le montant de son mandat, ou l'a fait

recevoir pour son compte; — donc il doit être débité. J'en ai payé le montant en argent; donc la caisse doit être créditée.] J'écris : (386).

————————————— 6 *Mars.* —————————————

165. J'ai fourni à Bray une lettre de change de 10,000 fr. que j'ai tirée, ce jour, à son ordre, sur Lecouteulx, mon banquier, à Paris, ci . . , ... 10,000 fr.

[Bray reçoit la lettre de change que j'ai tirée à son ordre; donc il doit être débité. Lecouteulx, sur qui cette lettre est tirée, en fournit ou en doit fournir le montant, puisqu'il doit l'acquitter; donc il doit être crédité.] J'écris : (387).

————————————— 7 *Mars.* —————————————

166. J'ai fourni à Dupré une lettre de change de 1,000 fr., que j'ai tirée, ce jour, sur Peregaux, de Paris, de l'ordre et pour compte de Beaufour, à valoir sur ce que ce dernier me doit.

[Dupré reçoit une lettre de change sur Paris; donc il doit être débité. C'est Beaufour qui en fournit la valeur, puisque je n'ai tiré ladite lettre sur Peregaux, que par l'ordre et pour compte de Beaufour; donc Beaufour doit être crédité. [J'écris : (388).

————————————— 8 *Mars.* —————————————

167. Dupui m'a fourni un mandat à vue sur Pierre, de 20,000 fr.; ce dernier a retenu 8,000 fr. que je lui devais, et m'a compté le restant, ci . . . . 12,000 fr.

[Dupui me fournit 20,000 francs; donc il doit être crédité. La caisse reçoit 12,000 francs; donc elle doit être débitée. Pierre, en retenant les 8,000 francs que je lui devais, reçoit le payement de cette somme; donc il doit être débité.] (103). J'écris : (389).

—————— 9 *Mars.* ——————

108. Robert, de Paris, m'a donné ordre de compter 20,000 francs, pour son compte, à Jean; ce dernier m'a laissé 12,000 francs à valoir sur ce qu'il me doit, et je lui ai compté le restant, ci . . . . 20,000 fr.

[Je fais un payement de 20,000 francs pour compte de Robert; donc il doit être débité. Je donne 8,000 fr. en argent; donc la caisse doit être créditée. Jean me laisse 12,000 francs en payement de ce qu'il me doit; donc il doit être crédité.] J'écris : (390).

—————— 10 *Mars.* ——————

109. J'ai fait un billet de 6,000 francs, à un mois, à l'ordre de Dupui, en payement de son billet de pareil somme, à la même époque.

[Je reçois le billet de Dupui; donc le compte d'effets à recevoir doit être débité. Je donne en retour un billet à payer; donc le compte d'effets à payer doit être crédité.] J'écris : (391).

—————— 11 *Mars.* ——————

110. Robert, de Paris, m'a fait une remise en une lettre de change de 500 livres sterling, à un mois de vue, et au change de 30 deniers, tirée sur Williams, de Londres, faisant ci . . . . 12,000 fr.

[Je reçois une lettre de change; donc le compte d'effets à recevoir doit être débité. Robert me la fournit; donc il doit être crédité.] J'écris : (392).

—————— 12 *Mars.* ——————

111. Robert, de Paris, a tiré une lettre de change de 7,205 francs sur moi, à un mois de vue, laquelle j'ai acceptée en remboursement de la lettre sur Raymond, de Londres, que j'ai fournie audit Robert, et que ce dernier m'a renvoyée, parce qu'elle a été protestée faute de payement; ladite lettre montant à 7,200 francs, prix auquel je la lui avais cédée, à quoi il faut ajouter 5 francs pour frais de protêt et port de lettre, ci . . . . 7,205 fr.

Nota. Cette lettre m'avait été fournie par Bray, pour une valeur de 7,440 francs.

[Robert me renvoie la lettre sur Raymond, de Londres, parce que je dois lui en rembourser le prix, attendu que je la lui ai donnée, et qu'elle n'a pas été acquittée à son échéance; mais, par la même raison, Bray, qui m'a fourni cette lettre, doit m'en rembourser la valeur. Si je reprends cette lettre, ce n'est donc pas pour mon compte, c'est pour celui de Bray; donc Bray doit être débité de 7,445 francs, montant de la somme pour laquelle il me l'a cédée (92), et des frais de protêt. J'accepte la traite de 7,205 francs, de Robert sur moi; c'est comme si je faisais un billet à son ordre; donc le compte d'effets à payer doit être crédité (58) de 7,205 francs. Ce que Bray doit au delà de cette somme est pour moi un pur bénéfice; car ne remboursant, pour la lettre dont il s'agit, que 7,205 francs, tandis qu'on me rembourse 7,445 francs, l'excédant est un pur bénéfice de 240 francs; donc profits et pertes doivent être crédités.] J'écris : (393).

Nota. Ce bénéfice n'est autre chose que la restitution de la perte que j'ai faite lorsque j'ai remis la lettre dont il s'agit à Thomson, pour compte de Robert (93).

————————— 13 *Mars.* —————————

112. La lettre de change que Robert m'a fournie sur Williams, de Londres, ayant été protestée faute d'acceptation, je l'ai renvoyée audit Robert; et j'ai tiré une lettre sur lui à vue, ordre de Magnac, qui m'en a compté la valeur, sous la déduction d'un escompte d'un pour cent.

J'ai tiré cette lettre sur ledit Robert, pour la valeur de ce qui suit :

1° Pour la valeur de celle que je lui renvoie, et dont

les fonds m'ont été remboursés par Magnac, ci.   12,000 fr.

2° Pour l'escompte à un pour cent, gagné
par Magnac, sur la somme ci-dessus   120

3° Pour les frais de protêt et port de lettres
qui m'ont été remboursés par Magnac. . . .   5

    MONTANT de la lettre tirée sur Robert . . 12,125 fr.

[Magnac retenant 120 francs d'escompte sur la traite
ci-dessus, je ne reçois en argent que 12,005 francs; la
caisse doit donc être débitée de cette somme. Je renvoie à
Robert la lettre de 12,000 francs qu'il m'avait fournie sur
Williams; donc le compte d'effets à recevoir doit être
crédité de cette somme; j'ai payé en argent les 5 francs
de frais de protêt; donc la caisse doit être créditée.]
J'écris : (394).

113. On pourrait multiplier à l'infini les exemples;
mais le principe sert à faire passer écritures sans difficulté
de tous ceux qu'on peut proposer. En effet supposons [1] :

1° Que nous donnions ordre à Pierre de payer à Jean
3,000 francs, pour notre compte : il est évident que Jean
reçoit 3,000 francs, et doit en être débité; que Pierre,
qui les fournit, doit en être crédité. J'écris JEAN doit à
PIERRE, etc. [2];

2° Que Pierre nous donne ordre de payer 3,000 francs,
pour son compte, à Dupui, et que nous donnions ordre à
Jean de les payer à Dupui, pour notre compte : il est

---

1. J'ai placé en ce lieu de nouveaux exemples, pour qu'on puisse y
recourir au besoin; mais ils n'offrent que des détails pratiques qu'on
pourrait multiplier jusqu'à l'infini : les commençants feront bien de ne
pas s'en occuper. Qu'ils se bornent d'abord aux articles qui sont passés
au journal; après cela, une simple lecture suffira pour qu'ils entendent
ceux-ci.

2. Jean doit à Pierre, etc. : cela ne signifie pas que Jean doit à
Pierre. En effet, cet article étant transporté au grand livre au débit du
compte de Jean, exprime qu'il nous doit 3000 fr.; et au crédit du
compte de Pierre, exprime que nous devons 3000 fr. à ce dernier.

évident que, payer à Dupui 3,000 francs par ordre et pour compte de Pierre, c'est pour nous la même chose que payer ces 3,000 francs à Pierre ; donc c'est pour nous comme si Pierre les recevait lui-même ; donc il est débiteur : Jean fournit ces 3,000 francs, donc il doit en être crédité. J'écris : PIERRE doit à JEAN, etc.

3° Supposons que nous avons reçu en argent, en marchandises, en billets à recevoir ou en billets à payer, de Jean, pour compte de Pierre, une somme de 3,000 francs : il est évident que le compte de caisse, celui de marchandises générales, d'effets à recevoir, ou d'effets à payer, etc., doit à Pierre pour compte duquel Jean nous donne ces 3,000 francs ; car c'est pour nous comme si Pierre nous les donnait lui-même.

4° Supposons que nous payons à Jean 3.000 fr., pour compte de Pierre et en même nature d'effets que dans l'article précédent : il est évident que payer à Jean, pour compte de Pierre, c'est comme si on payait à Pierre lui-même ces 3.000 fr. ; donc Pierre doit à marchandises générales, à caisse, à effets à recevoir, ou à effets à payer, etc.

5° En général : *il faut débiter celui qui reçoit ou pour compte de qui un tiers reçoit le payement qu'on lui fait, ou qu'on charge un tiers de lui faire ; et il faut créditer celui qui nous fait, ou pour le compte de qui on nous fait un payement, ou on le fait à une tierce personne, par notre ordre et pour notre compte.*

6° Supposons que Pierre, l'un de nos correspondants de Bordeaux, ait tiré sur nous, pour notre compte, une lettre de change payable à vue de 3,000 francs, et qu'il l'ait négociée à ½ pour cent perte pour la lettre. Pierre ne doit être débité que des 2,985 francs que lui a produits la négociation ; profits et pertes doivent être débités des 15 francs qui sont la valeur de la perte à ½ pour cent, laquelle est à notre charge ; et la caisse doit être créditée de 3,000 francs.

7° Supposons que Jean, de Bordeaux, ayant un payement à nous faire en espèces à Paris, nous envoie par notre ordre une lettre de change à vue de 3,000 francs sur cette même ville, prise à Bordeaux pour notre compte, à 1 pour cent perte pour la lettre. Le compte de caisse doit être débité des 3,000 francs que nous recevons par le moyen de cette lettre. Jean doit être crédité seulement des 2,970 fr. qu'il a déboursés pour notre compte; et profits et pertes doivent être crédités des 30 francs que nous gagnons sur cette remise.

8° Dans le cas où nous négocierions une lettre de change tirée par nous sur l'un de nos correspondants, et pour son compte, la caisse devrait être débitée du produit de la négociation, et l'individu, pour compte de qui cette lettre est tirée, devrait être crédité de ce même produit.

9° Dans le cas où ayant un payement à faire chez nous en espèces à Jacques, l'un de nos correspondants, nous lui ferions une remise par son ordre en une lettre de change de 6,000 francs, prise pour son compte à $\frac{1}{2}$ pour cent perte pour la lettre; il faudrait débiter Jacques des 5,970 francs qu'aurait coûté la lettre, et en créditer la caisse.

10° Dans le cas où Pierre, de Bordeaux, nous ferait pour son compte une remise de 3,000 francs sur Paris à un mois de vue, en payement de pareille somme qu'il nous devrait en espèces; pour abréger, j'écrirais sur le mémorial une note relative à cette remise, et j'attendrais l'époque de la négociation pour en passer écriture. Alors je débiterais la caisse du produit net de cette négociation, et j'en créditerais Pierre.

11° Si j'avais ordre d'attendre l'échéance, je débiterais les effets à recevoir de la valeur de cette remise, et j'en créditerais Pierre valeur à l'échéance [1].

---

1. Valeur à l'échéance; cela signifie que la somme dont s'agit ne portera intérêt qu'à compter de l'époque où on recevra en espèces le montant de la lettre.

12° *Règle générale. La perte des traites et remises étant toujours à la charge de la personne pour compte de laquelle elle sont négociées, la personne pour compte de qui on négocie des traites que l'on fournit sur elle, ou les remises qu'elle a faites, ne doit être créditée que de leur produit ; et celle qui négocie pour notre compte les traites qu'elle fournit sur nous, ou qui négocie pour notre compte les remises que nous lui avons faites, ne doit être débitée que de leur produit.*

13° Supposons que nous faisions des remises à Pierre, avec ordre de les négocier pour notre compte. On peut débiter Pierre et créditer les comptes ouverts aux objets que l'on donne en payement de ces remises ; ensuite, lorsqu'on reçoit avis de la négociation, on peut débiter Pierre du bénéfice qu'elle a donné, ou le créditer de la perte, s'il y en a, et débiter ou créditer, par contre, profits et pertes [1].

14° Pour abréger, on peut aussi prendre note au mémorial de ces remises, et attendre l'époque où on reçoit [2] avis de leur négociation, pour en passer écriture. Alors Pierre doit être débité de leur net produit, le compte de profits et pertes doit être débité de la perte de la négociation de ces remises, et il faut créditer du tout les individus ou les comptes qui ont fourni la valeur de ces mêmes remises [3].

15° On pourrait encore écrire une note au mémorial, relative à ces remises, en débiter le compte d'effets à recevoir [4], et créditer les comptes ouverts aux objets

1. Cette méthode est la moins usitée.

2. *Voyez* le précédent paragraphe, sous le n° 11, antérieur au précédent n° 12.

3. Cette méthode est la plus courte de toutes ; mais elle est sujette à inconvénient, en ce qu'on laisse en suspens les écritures relatives aux valeurs que l'on donne pour se procurer ces remises, ce qui fait un vide aux comptes de ces valeurs jusqu'à l'époque où on reçoit avis de la négociation.

4. On ne passe pas ici ces articles, pour les effets à recevoir,

qui en fournissent la valeur; et lorsqu'on reçoit avis de la négociation, on pourrait en passer écriture en débitant Pierre du net produit, dont il faudrait alors créditer effets à recevoir.

16° Les différentes méthodes ci-dessus ne sont applicables que dans le cas où le négociant, dont on tient les livres, fait des remises pour son compte à un particulier, avec lequel il est en compte courant, et auquel il ne veut pas ouvrir un compte séparé intitulé : un tel mon compte. Mais lorsque nous chargeons un particulier de faire plusieurs opérations en banque ou en marchandises pour notre compte, il faut pour ces opérations ouvrir un compte, intitulé : *un tel mon compte*, et opérer comme (198).

17° Supposons que nous fassions des remises pour notre compte, avec ordre d'en opérer le recouvrement à l'échéance. Il faut en débiter la personne à laquelle on fait cette remise, valeur à l'échéance, et créditer la personne ou les comptes qui fournissent la valeur de cette remise.

Des Divers à Divers.

114. Quant aux articles que les teneurs de livres appellent des divers à divers, parce qu'il y a plusieurs débi-

par la raison que les élèves sont censés ne connaître encore que le compte d'effets à recevoir; mais voyez (164). Cette méthode est préférable à la précédente, en substituant le compte *de remise ès mains de divers* à celui d'effets à recevoir.

Les élèves qui s'exerceront à la pratique, par le moyen de ce traité, ne doivent passer écriture et s'occuper, dans les commencements, que des opérations proposées pour exemples et inscrites au modèle du journal faisant partie du présent traité; ensuite, lorsqu'ils sauront passer écritures de ces opérations, et qu'ils en auront fait la balance générale, ils pourront s'occuper de ce qui est relatif aux abréviations de la pratique. Une simple lecture pourra leur suffire. Mais il ne faut pas vouloir tout voir, tout faire, tout embrasser à la fois.

teurs et plusieurs créanciers, ils ne sont pas plus diffi-
ciles à passer que les autres; il ne s'agit que d'examiner
quels sont les comptes qui reçoivent pour les débiter, et
quels sont ceux qui fournissent pour les créditer.

EXEMPLES.

14 Mars.

Les suivants m'ont fourni ce qui suit en payement de
ce qu'ils me doivent par compte.

Paul, son billet, à mon ordre, à 2 mois . .	1,000 fr.
Dupré, mon billet, ordre de Pierre, à 15 jours . . . . , ...	3,000
Jean, un tonneau de vin, à 1,400 fr. le tonneau	1,400
Dupui m'a compté, sous l'escompte de 3 pour 100 . . . . , ...	1,600
	7,000 fr.

[Je reçois un billet à recevoir, un billet à payer, des
marchandises, de l'argent, et je fais une perte (17); donc
les cinq comptes généraux doivent être débités; Paul,
Dupré, Jean et Dupui fournissent ce que je reçois, et doivent être crédités.] J'écris : (395).

15 Mars

115. Bonnafous m'a fait un billet de 10,000 fr., à 6 mois,
en payement d'un billet de pareille somme que j'ai fait
ce jour, à son ordre, et payable à la même époque.

Il m'a en outre payé 100 fr. en argent, pour lui avoir
prêté ainsi ma signature.

[Je reçois le billet de Bonnafous et de l'argent; donc le
compte d'effets à recevoir et celui de caisse doivent être
débités. Je donne mon billet, et je fais un bénéfice; car
les 100 fr. que Bonnafous me paye outre la valeur de mon

billet, sont un bénéfice; donc le compte d'effets à payer
et celui de profits et pertes doivent être crédités.] J'écris :
(396).

116. Les divers à divers ne présentent donc aucune
difficulté; il ne s'agit que de débiter les débiteurs les uns
après les autres sans faire aucune mention des créanciers,
et que de créditer ensuite les créanciers les uns après les
autres (114), (115); le montant de ce que doivent les débiteurs étant égal au montant de ce qui est dû aux
créanciers, il est facile de juger que l'article est bien
passé.

On pourrait ne passer qu'un seul article pour toutes les
opérations d'une journée, et ce divers à divers ne présen-
terait aucune difficulté. Par exemple, après avoir écrit le
titre de l'article ainsi : DIVERS A DIVERS, pour ce qui suit,
il faut, en premier lieu, débiter chaque débiteur, à
commencer par le premier qui se présente, dans l'ordre
des opérations; et, lorsqu'on débite un particulier ou
l'un des comptes généraux, il faut détailler, en le débitant, tout ce qui le concerne, et ne faire mention que de
ce qui le concerne. Il faut ensuite créditer les créanciers
de la même manière, alternativement jusqu'au dernier.

En débitant ainsi chaque débiteur l'un après l'autre,
et en ne s'occupant du second débiteur qu'après avoir
bien établi tous les détails relatifs au premier, en observant la même marche pour les créanciers, qu'on ne crédite qu'après avoir débité tous les débiteurs, et que l'un
après l'autre, les divers à divers se réduisent à des opérations très-simples et très-claires, puisqu'il est en effet
aussi facile de débiter cent personnes l'une après l'autre,
et d'en créditer cent autres à la suite de ces premières,
que d'en débiter et créditer une seule.

Il faut seulement observer d'expliquer avec clarté la
raison pour laquelle chaque somme est portée au débit ou
au crédit de chaque débiteur ou créancier; ce qui est

d'autant plus aisé, que, chaque partie d'un divers à divers ayant une explication particulière, elle se réduit à très-peu de mots.

Voyez, à la table des matières, les indications de quelques divers à divers compliqués, où certains individus et certains comptes qui paraissent débiteurs ou créanciers au premier coup d'œil, sont remplacés par d'autres débiteurs ou créanciers. Ces articles, et les explications qui les précèdent, vous donneront l'idée de la manière de réduire aux opérations de l'esprit les plus simples, celles de ce genre qui paraissent au premier coup d'œil les plus compliquées.

Les divers à divers, passés pour une semaine ou pour une année, seraient irréguliers en ce que l'ordre des dates ne serait pas observé conformément à la loi. Il est d'ailleurs préférable pour la clarté des écritures de les passer à mesure qu'elles se présentent. Mais beaucoup de teneurs de livres ne font aujourd'hui qu'un seul article de toutes les opérations de chaque journée; d'autres n'en font qu'un seul chaque jour de toutes les sommes portées au débit et au crédit du livre de caisse tenu par le caissier.

Les divers à divers sont des articles qui en renferment plusieurs en un seul.

117. Voilà un exemple de chaque sorte de recettes et payements ordinaires. Néanmoins on peut recevoir et donner en payement, des meubles, des immeubles, des intérêts sur tel ou tel effet, etc.; mais on sent qu'il ne s'agit pas ici de multiplier les exemples, et que ceux déjà donnés suffisent pour guider dans tous les autres cas; puisque, de règle générale, *il ne s'agit que de débiter celui qui reçoit son payement, et de créditer les comptes des objets que l'on fournit en payement; également, qu'il faut toujours créditer la personne qui paye ce qu'elle doit, et débiter les comptes des objets que l'on reçoit*; ce qui n'est au-

5

tre chose que l'application constante du principe unique
déjà donné (28).

Exemples sur les profits et les pertes.

—————— 16 *Mars.* ——————

118. J'ai vendu pour 60,000 fr. de marchandises appartenant à Dupui, et qui lui ont été payées ; sur laquelle
vente il m'a payé lui-même comptant une commission de
2 pour 100, montant à, ci. . . . . 1,200 fr.

[Ici la vente des marchandises de Dupui ne me regarde,
que parce que je reçois de l'argent pour ma commission ;
donc la caisse doit être débitée : j'ai fait un profit de
1,200 fr., ou je gagne une commission de 1,200 fr.; donc
le compte de profits et pertes doit être crédité.] J'écris :
(396 *bis*).

Si Dupui m'eût payé le montant de cette commission
en ses billets, ce serait le compte d'effets à recevoir qui
aurait dû être débité ; s'il m'eût payé avec un de mes billets, ce serait le compte d'effets à payer ; ou si c'eût été
en marchandises, il aurait fallu débiter le compte de
marchandises générales, etc.

Voyez pour les commissions que je paye moi-même
(88).

—————— 17 *Mars.* ——————

119. Jaure m'a fait son billet de 4,000 fr., à 6 mois, en
payement de la prime de 10 pour 100 de la somme de
40,000 fr. que je lui ai assurée sur le navire *le César*
ci . . . . 4,000 fr.

[Je reçois un billet ; donc le compte d'effets à recevoir
doit être débité ; et celui de profits et pertes doit être
crédité de la prime que je gagne.] J'écris : (397).

Pour les primes que je paye moi-même, voyez (87).

── 18 *Mars.* ──

120. Le navire *le César* ayant fait naufrage, j'ai payé à Jaure les 40,000 fr. que j'avais assurés sur ce navire.

[Ici la caisse doit être créditée de l'argent que je donne, et les profits et pertes doivent être débités de cette perte.] J'écris : (398).

Pour les marchandises que j'ai fait assurer, qui sont perdues et que l'on me paye, voyez (90).

── 19 *Mars.* ──

121. J'ai gagné 20,000 fr. à la loterie ou au jeu, ou bien j'ai hérité de cette somme, ou on me l'a donnée en espèces, etc.

[Caisse reçoit et doit être débitée. Ce que j'ai gagné à la loterie, ou ce dont j'ai hérité, ou enfin ce qu'on m'a donné, est un bénéfice; donc profits et pertes doivent être crédités.] J'écris : (399).

── 20 *Mars.* ──

122. J'ai perdu ou on m'a volé, etc., 20,000 fr. en argent.

[Profits et pertes doivent être débités de cette perte. Caisse en fournit le montant, et doit être créditée.] J'écris : (400).

Si j'eusse perdu ou gagné autre chose que de l'argent le compte qui aurait fourni ce que j'aurais perdu devrait être crédité, et le compte qui aurait reçu ce que j'aurais gagné aurait dû être débité.

── *Dudit.* ──

123. J'ai dépensé 3,000 fr. en argent pendant les trois mois derniers.

[Ma dépense est une perte, donc les profits et pertes doivent être débités, et la caisse doit être créditée. J'écris : (401).

—————— **21 Mars.** ——————

124. J'ai reçu 1,000 francs en espèces pour la pension de mon apprenti qui mange chez moi.

[Caisse qui reçoit doit à profits et pertes; car cette pension est pour moi un bénéfice, attendu que je considère ma dépense comme une perte (123). J'écris : (402).

125. J'ai payé à Jean 1,000 fr. en espèces pour une rente que je lui fais.

Il est évident que la rente que je fais à Jean est pour moi une perte, puisqu'il ne m'en doit jamais être restitué la moindre partie; conséquemment, lorsque Jean reçoit ces 1,000 francs de rente que je lui fais, c'est pour mon compte ou à ma charge, et non à la sienne qu'il les reçoit; c'est donc, pour moi, comme si je les recevais moi-même, ou les prenais en caisse et les perdais ou dépensais immédiatement : c'est donc moi qui, par cette raison, dois être débité de ces 1,000 fr. sous le nom du compte ouvert à mes profits et pertes. D'un autre côté, comme c'est moi qui fournis en espèce ces 1,000 fr., j'en dois être crédité sous le nom de caisse. Plus brièvement : une rente dont je m'acquitte est pour moi une perte dont le compte de profits et pertes doit être débité, et la caisse doit être créditée, puisque je paye cette rente en espèces.

Pierre me paye en espèces une rente de 1,000 fr.

Je reçois 1,000 fr. en espèces; donc la caisse doit être débitée : en me les donnant ou en les versant dans ma caisse, Pierre n'y verse qu'une somme qui m'appartient; c'est donc comme si je l'y versais moi-même; c'est donc moi qui dois en être crédité sous le nom du compte ouvert à mes profits et pertes, parce que cet argent, étant le montant d'une rente qui m'appartient, n'est autre chose pour moi qu'un bénéfice.

Néanmoins il est bon de prévenir ici que la plupart des négociants, au lieu de tenir un compte de profits et pertes seulement, en tiennent un pour chaque espèce de pertes ou de bénéfices en particulier, comme pour les commissions, assurances, dépenses, etc.; ce qui ne change rien à la manière de passer les articles. Dans ce cas, il ne s'agit que de créditer le compte de commission, celui d'assurance, etc., lorsque l'on gagne une commission ou une prime d'assurance, etc.; en un mot, il ne s'agit que de débiter ou créditer le compte ouvert au genre de profits et de pertes que l'on fait, comme l'on aurait débité ou crédité celui de profits et pertes.

On traitera de ces comptes ailleurs en particulier; bornons ici nos exemples simples, et observons que, dans aucun cas, le principe ne souffre aucune exception; c'est-à-dire que

126. *La personne qui reçoit, ou le compte de l'objet que l'on reçoit, doit toujours à la personne qui donne ou au compte de l'objet que l'on donne.*

DU GRAND LIVRE

127. Ayant enseigné à passer les articles au journal, il reste à enseigner la manière de les transporter au grand livre.

On y ouvre en premier lieu un compte à chaque objet qui est débité ou crédité au journal.

Par exemple, les cinq comptes généraux étant débités ou crédités au journal, de même que Pierre, Jean, Guillaume, etc., on ouvre les cinq comptes généraux par débit et par crédit au grand livre, ou on en ouvre également un à Pierre, ainsi qu'à Jean et qu'à Guillaume, etc.

Enfin, à mesure que l'on passe ensuite les articles au journal, et que l'on y débite ou crédite de nouveaux débiteurs ou créanciers, on leur ouvre des comptes au grand livre.

Manière d'ouvrir les comptes au grand livre.

128. Chaque folio du grand livre est composé de deux pages de front ou de regard, c'est-à-dire, l'une à côté de l'autre ; savoir, l'une à gauche et l'autre à droite. Pour y ouvrir un compte, on écrit en gros, sur la page à main gauche, le nom de la personne ou de l'objet pour lequel on veut avoir un compte ; et en tête de cette même page on écrit le mot *doit*, pour indiquer que l'on y transportera tous les articles dont ce compte est débité au journal. On écrit également en gros le mot *avoir*, en tête de la page à droite de ce même compte, pour indiquer que l'on y transportera tous les articles dont il est crédité au journal.

129. Préparer ainsi un compte (128) pour une personne ou pour un objet quelconque, c'est ce qu'on appelle ouvrir un compte à cette personne ou à cet objet. Voyez le modèle de celui de Roberston, f° 6 du grand livre, pour vous faire une idée de la manière dont tous les comptes y sont ouverts.

130. Chaque compte étant ainsi préparé et bien distingué par son nom particulier, il ne reste plus qu'à y transporter tous les articles dont il est débiteur ou créancier au journal, sur lequel il y a des préparatifs à faire avant d'effectuer le rapport.

Digression sur les préparatifs qu'il faut faire aux articles du Journal avant de les transporter au grand livre.

131. Avant de transporter un article du journal au grand livre, on met dans la marge de cet article du journal, devant le nom de l'individu ou de l'objet qui est débité, le numéro du folio du grand livre sur lequel le compte de ce débiteur est ouvert; on tire ensuite un petit trait de plume sous ce numéro, et on place au-dessous celui du folio sur lequel le compte du créancier est ouvert.

Voyez, folio 1 du journal, le premier article, en date du premier janvier. Le numéro 1, placé en marge au-dessus du petit trait de plume, est celui du folio du grand livre sur lequel le compte de marchandises générales est ouvert, et le numéro 11, placé au-dessous, est celui du folio du grand livre sur lequel le compte de Pierre est ouvert. Ainsi le folio du débiteur est dessus, et celui du créancier est dessous le petit trait de plume.

Voyez les folios 1 et 11 du grand livre; vous y trouverez, en effet, les comptes de marchandises générales
et de Pierre.

152. Lorsqu'il y a un seul débiteur et plusieurs créanciers dans un article, il faut mettre le numéro du folio du
débiteur devant le nom du débiteur, avec un petit trait
de plume au-dessous, et mettre ensuite le numéro du
folio de chaque créancier devant chaque créancier. Voyez
au journal l'article (338).

153. Lorsqu'il y a plusieurs débiteurs et un seul créancier, il faut mettre le folio de chaque débiteur devant
chaque débiteur, et faire un petit trait de plume sous le
dernier débiteur ; ensuite, il faut mettre le folio du
créancier sous ce trait de plume. Voyez au journal l'article (339).

154. Enfin, lorsqu'il y a plusieurs débiteurs et plusieurs créanciers, ou pour un divers à divers, il faut
mettre le folio de chaque débiteur devant chaque débiteur, observant de faire un petit trait de plume sous le
dernier, et de mettre ensuite le folio de chaque créancier devant chaque créancier. Voyez au journal l'article (426).

155. Chacun de ces numéros est mis dans la marge
du journal pour indiquer le folio du grand livre sur
lequel le compte de chaque débiteur et de chaque créancier est ouvert.

Ils sont encore très-utiles, parce que lorsque la somme
due par le débiteur est portée au débit de son compte au
grand livre, on fait un point à côté du numéro du
folio de ce même compte, dans la marge du journal,
pour marquer qu'elle est transportée; et après avoir
transporté au crédit d'un compte la somme dont il est
crédité au journal, on fait aussi un point à côté de son
folio.

156. Enfin, parce qu'ils servent à vérifier, en cas d'erreurs, si tous les articles du journal sont bien transportés au grand livre. Alors une personne nomme chaque débiteur et chaque créancier du journal, et y marque d'un point le numéro du folio de chacun de ceux dont une autre personne trouve le débit ou le crédit bien transporté au grand livre, sur lequel elle fait également un point devant chaque article : *c'est ce qu'on appelle pointer les livres.*

OBSERVATIONS.

137. Comme chaque article du journal contient le débiteur et le créancier de la somme pour laquelle il est passé, on ne peut transporter cette somme au débit du compte ouvert au débiteur sans la transporter au crédit du compte ouvert au créancier.

Il n'y a donc pas non plus de débiteur sans créancier au grand livre, d'où résulte cette règle générale :

138. *Lorsqu'on porte une somme au débit d'un compte au grand livre, il faut porter la même somme au crédit d'un autre.*

139. Pour transporter chaque article du journal au grand livre, il faut donc porter au débit de chacun des comptes qu'on y a ouverts, la somme dont chacun d'eux y est débité dans l'article du journal que l'on transporte, et à leur crédit toutes celles dont chacun d'eux y est crédité.

La seule difficulté de cette opération consiste dans l'arrangement des diverses parties des articles que l'on transporte.

Manière de transporter au grand livre, et d'y arranger les diverses parties d'un article.

140. Pour porter au débit ou au crédit d'un compte

au grand livre la somme dont il est débité ou crédité au journal et ses diverses parties, il faut :

1° Placer la date ; savoir : l'année et le mois en marge, et le quantième du jour entre les deux lignes qui touchent la marge ;

2° Mettre au débit, après la marge, le nom du compte à qui le débiteur doit, précédé de la lettre *à ;* ou, si c'est au crédit, mettre le nom du débiteur de la somme que l'on transporte, précédé du mot *par ;*

3° Exprimer brièvement et sur la même ligne pourquoi on débite ou on crédite le compte sur lequel on écrit ;

4° Mettre dans la première colonne qui est au bout de la ligne que l'on écrit, le numéro du folio du journal sur lequel l'article que l'on transporte est établi ;

5° Mettre dans la colonne suivante le folio du grand livre sur lequel se trouve le compte dont on a écrit le nom au commencement de la ligne ;

6° Enfin, mettre la somme à l'extrémité de la ligne dans la colonne des francs et centimes.

Telle est la manière de disposer les diverses parties d'un article que l'on transporte tant au débit qu'au crédit des comptes quelconques du grand livre.

141. La chose essentielle est de bien transporter au débit du compte ouvert à chaque débiteur sur le grand livre, la somme dont il est débité au journal, et de ne pas oublier de porter ensuite au crédit du compte ouvert à chaque créancier la somme dont il est aussi crédité au journal (138).

Exemple de la manière de transporter un article du Journal, dans toutes ses parties, au grand livre.

———————— *1ᵉʳ Janvier* 1867 ————————

MARCHANDISES GÉNÉRALES, A PIERRE, 3,000 francs, pour 10 tonneaux de vin rouge, achetés de Pierre au prix de

300 fr. le tonneau, payable dans le courant, ci 3,000 fr.

Pour transporter cet article du journal au grand livre, ouvrez d'abord un compte à marchandises générales au grand livre, et transportez cet article au débit de ce compte, sur la page à gauche, comme ci-après :

Exemple du débit du compte de Marchandises générales[1].

Janvier 1867.	1°	MARCHANDISES GÉNÉRALES. 2° 3°	4°	5°	DOIVENT. 6°
	1er	A Pierre p. 10 t. vin qu'il m'a vendus.	1	11	3000 fr.

Ouvrez ensuite un compte à Pierre, au grand livre, et transportez cet article au crédit de ce compte, sur la page à droite.

Exemple du crédit du compte de Pierre.

Janvier 1867.	1°	AVOIR 2° 3°	4°	5°	6°
	1er	Par marchand. général. p. 10 t. vin.	1	1	3000 fr.

Voyez, folio 1 du grand livre, le premier article transporté au débit du compte général de marchandises générales, et, folio 11 aussi du grand livre, le premier article transporté au crédit de Pierre, à la date du 1er janvier 1867.

142. Pour chacun des articles passés au journal, voyez

---

1. Les numéros 1°, 2°, 3°, 4°, etc., sont pour faire remarquer les différentes parties de l'article transporté au débit de marchandises générales, et pour ramener à l'article (140).

les folios du grand livre, indiqués par les numéros placés dans la marge de chacun de ces mêmes articles; vous trouverez sur ces folios, au grand livre, les comptes des débiteurs et des créanciers, indiqués par les numéros placés dans la marge du journal; et vous trouverez au débit de chacun de ces comptes les sommes dont ils sont débités au journal; ou au crédit, les sommes dont ils y sont crédités.

En outre, de ce que les numéros placés dans la marge du journal vous feront trouver aisément les comptes des débiteurs et des créanciers dans le grand livre sur les folios indiqués par ces mêmes numéros, et de ce que les numéros placés au-dessus du petit trait de plume vous feront distinguer les comptes des débiteurs de ceux ouverts aux créanciers (132), (133), *la date de chaque article du journal vous fera encore reconnaître le débit de ce même article sur la page gauche du compte du débiteur au grand livre, parce que ce débit y est transporté à la même date; et vous fera également reconnaître le crédit, à la page droite, du créancier, parce que ce crédit y est aussi transporté a la même date.*

Par exemple, pour reconnaître si le débit et le crédit du second article du journal (327) sont exactement transportés au grand livre, voyez le folio 1 de ce dernier registre; vous y trouverez le compte de marchandises générales, et vous trouverez au débit de ce compte, à la date du 2 janvier, l'article dont le compte de marchandises générales est débité sous la même date au journal. Voyez également le folio 9 du grand livre; vous y trouverez le compte de Dupré, et vous trouverez au crédit de ce compte l'article dont Dupré est crédité au journal, sous la même date.

Il en est de même de tous les autres articles du journal qui sont transportés au grand livre.

143. L'utilité du grand livre doit être facile à reconnaître. Les différentes personnes avec lesquelles un négociant fait des affaires, sont débitées et créditées dans divers endroits du journal par ordre de dates, c'est-à-dire, jour par jour, à mesure que les affaires qu'il fait avec elles ont lieu. Les comptes des divers objets dont il fait le commerce sont également débités et crédités à la date de chacun des jours où il reçoit et où il fournit ces mêmes objets. Il en résulte que les différents articles qui lui sont dus par ses débiteurs, et ceux qu'il doit à ses créanciers, sont confondus au journal, ainsi que les différents objets qu'il a fournis et reçus.

Il est donc nécessaire que ce négociant ouvre un compte par débit et par crédit, sur un autre livre, à chacun de ses débiteurs et de ses créanciers, ainsi qu'à chacun des divers objets dont il fait le commerce, afin qu'il puisse voir en particulier ce qui lui est dû par chaque personne avec laquelle il a fait des affaires, ou ce qu'il lui doit lui-même, ainsi que tout ce qu'il a reçu et fourni de chaque sorte d'objets.

C'est ainsi qu'en débitant le débiteur et créditant le créancier à mesure qu'on passe écriture de chaque opération au journal, et qu'en transportant ensuite les articles au grand livre, *le dépouillement de toutes les écritures s'opère journellement sur ce dernier registre, en autant de comptes séparés que l'on veut.*

Je ne m'arrêterai pas plus longtemps sur les détails relatifs au grand livre, parce qu'une personne qui ne pourrait pas y transporter les articles du journal, d'après les renseignements que je viens de donner, pourrait l'apprendre en un instant du moindre teneur de livres; et qu'il s'agit moins ici de ces opérations de détail à la portée de tout le monde, que de l'essentiel de l'art de la tenue des livres, qui consiste uniquement à savoir trouver les débiteurs et les créanciers de tous les articles possibles et à les bien passer au journal.

C'est donc ce dernier livre, qui est la base de tous les autres, qui exige seul des principes, de la réflexion et de l'exercice, pour être tenu comme il faut. Si on a bien entendu ce que j'en ai dit et les principes que j'ai posés, le moindre usage pouvant faire acquérir la connaissance des autres, j'aurai atteint le but que je me suis proposé.

DEUXIÈME PARTIE

DES DIVERSES SORTES DE COMPTES ET DE LEURS SUBDIVISIONS ;
DE LA MANIÈRE D'EN FAIRE LA BALANCE GÉNÉRALE, DE
DRESSER LE BILAN OU INVENTAIRE GÉNÉRAL ET DE L'ÉTA-
BLISSEMENT DES LIVRES.

Il y a deux sortes de comptes.

La première comprend ceux ouverts à chaque classe d'objets, ainsi qu'aux bénéfices, pertes, revenus et dépenses dont on veut voir les mouvements en particulier ; en un mot, tous les comptes ouverts aux choses, ou les comptes généraux.

La seconde, ceux ouverts aux personnes, soit en nom individuel ou collectif.

144. Les principes exposés dans la première partie de cet ouvrage, et la connaissance des cinq comptes généraux dont l'usage y est indiqué, suffisent pour qu'on tienne les livres en partie double avec la plus grande facilité, lorsqu'on n'a pas de comptes à rendre sur l'une des branches particulières du commerce que l'on fait.

145. Lorsque l'on a un compte à rendre en particulier sur l'une des sortes d'objets dont on fait le commerce, ou sur une espèce particulière de pertes ou de bénéfices, etc., on ouvre un compte à cette sorte d'objets ou à cette espèce de pertes ou de bénéfices, sous une dénomination propre à le distinguer des autres. Il en résulte qu'outre les cinq comptes généraux dont l'usage est in-

dispensable, on peut en ouvrir d'autant de dénominations que l'on peut former de classes différentes d'objets
de commerce.

146. Mais, comme toutes les sortes d'objets que comprend le commerce sont renfermées dans les cinq classes
générales, dont chacune a un compte ouvert, les comptes
que l'on peut ouvrir à chaque sorte d'objets en particulier
tiennent tous de la nature des cinq comptes généraux.

Il suffit donc d'avoir une idée exacte de ces derniers,
pour avoir celle de tous les autres.

147. Les comptes ouverts aux cinq classes générales
d'objets dont on fait le commerce, et ceux que l'on peut
ouvrir, au besoin, à certaines sortes d'objets en particulier, peuvent également être nommés comptes *généraux*[1].

148. Les comptes généraux sont des comptes ouverts
à toutes les propriétés du négociant dont on tient les livres, et à toutes les particularités de ses affaires : ils le représentent et ne concernent que ce qui lui est particulier.

Le nombre ne peut en être déterminé, parce qu'il est
plus ou moins grand, selon les distinctions que l'on veut
faire des divers objets que l'on possède et des diverses
circonstances du commerce que l'on fait. Mais, dans tous
les cas, l'usage en indique la nécessité ; et il suffit d'en
connaître quelques-uns pour se faire une idée de tous
ceux que l'on peut créer au besoin.

Il y en a de cinq espèces principales, parce qu'ils sont
tous relatifs à chacun des cinq comptes généraux dont
nous avons déjà parlé, ou plutôt parce qu'ils n'en sont
que des branches ou subdivisions, comme on va le voir,
excepté ceux de capital, de balance, et ceux qui leur sont
relatifs, dont il sera traité en particulier.

De même, lorsqu'on a un compte à rendre en particu-

1. On les nomme comptes généraux, comme étant ouverts chacun
pour tous les objets d'une même espèce.

lier sur chaque nature particulière d'opérations faites avec
une même personne, on ouvre un compte séparé pour chaque nature d'opération que l'on fait avec elle, et cela sous
une dénomination propre à la distinguer des autres. Il en
résulte qu'en outre du compte courant d'un particulier,
où se trouvent inscrites toutes les opérations faites avec
lui, on peut lui en ouvrir sous autant de dénominations
que l'on peut faire avec lui d'opérations différentes.

Mais comme l'idée du compte ouvert à un particulier
comprend celle de tous les comptes qu'on peut lui ouvrir,
il suffit d'avoir l'idée du premier pour avoir celle de tous
les autres.

Il en sera traité néanmoins à la suite des développements relatifs aux subdivisions des cinq comptes généraux.

DES COMPTES GÉNÉRAUX.

Subdivision du compte de marchandises générales.

149. 1° Celui des marchandises générales;

2° Celui de sucres, cafés, vins, etc.; car on peut ouvrir
un compte particulier à chaque espèce de marchandises,
si l'on veut, en observant, dans ce cas, de débiter l'un de
ces comptes, au lieu de celui de marchandises générales,
chaque fois que l'on reçoit de la marchandise dont il
porte le nom; et de le créditer chaque fois que l'on en
vend, comme l'on débiterait ou créditerait les marchandises générales;

3° Ceux de fabrique et de frais de fabrication;

4° Ceux de cargaison sur tel ou tel navire;

5° Ceux de marchandises en société,

6° Ceux de marchandises en commission chez tel ou
chez tels, ou de pacotille, de foires, etc.;

7° Ceux de meubles et immeubles; mais ces derniers
seront rangés dans une sixième classe de comptes, dont
il sera traité après ceux de profits et pertes.

Des comptes de fabrique et frais de fabrication.

150. Lorsqu'on fabrique un genre de marchandises quelconques, on ouvre un compte à la fabrique de toiles draps, chapeaux, ou soieries, etc. :

1° On débite ce compte de l'achat des matières premières, des ustensiles, des loyers, des réparations, des journées d'ouvriers, des appointements de commis, intérêts de fonds empruntés, et généralement de tous les débours occasionnés par la fabrique ;

2° On le crédite de la valeur de tous les objets fabriqués et des ustensiles, lorsqu'on les vend ; et, lorsque tout est vendu, on solde par profits et pertes.

On peut tenir en particulier un compte de frais de fabrication ; il doit être débité de tous les frais de ce genre, pour en connaître le montant en particulier.

On le solde par le compte de fabrique à la fin de l'année ; c'est-à-dire on débite la fabrique, et on crédite le compte de frais de fabrication de tous les frais de l'année.

Du compte de cargaison de tel navire.

151. On ouvre un compte à la cargaison, que l'on débite de tout ce que coûtent les marchandises qui la composent, ainsi que des frais qu'elles occasionnent, du fret ou du prix de leur transport, de l'assurance, etc.; et on crédite ce compte du produit de la vente de ces marchandises. On le solde par profits et pertes.

Des comptes de denrées coloniales, créances en Amérique, et des écritures relatives à la vente d'une cargaison et au produit d'un armement, etc.

Voyez la note du n° (245).

Des comptes de marchandises en société.

152. On ouvre un compte à marchandises en société avec tel ou tels, en exprimant, après leurs noms, dans l'intitulé, si c'est de compte à demi ou à tiers, etc.; ensuite,

LORSQU'ON EST CHARGÉ DE L'ACHAT ET DE LA VENTE :

1° On débite l'associé ou les associés, chacun pour leur portion de l'achat; et on crédite le créancier ordinaire, comme caisse, si on a payé comptant; ou le portefeuille, si l'on a fourni du papier, etc.[1];

2° Pour notre portion de l'achat, nous débitons marchandises en société avec tel ou tels, envers le créancier ordinaire;

3° Pour la totalité des frais, nous débitons marchandises en société;

4° Nous créditons marchandises en société du produit de toutes les ventes;

5° Et, quand elles sont finies, nous débitons marchandises en société de notre commission, qui se prend tant sur le produit total de la vente que sur les frais;

6° Nous débitons marchandises en société envers notre associé, ou chacun de nos associés, pour leur portion du net produit de la vente, qui n'est autre chose que le produit de cette vente, dont on a soustrait la commission et les frais;

7° Et enfin, pour notre portion du bénéfice ou de la perte, nous soldons le compte de marchandises en société par profits et pertes; car l'excédant du débit sur le crédit

---

1. Dans tous les articles suivants, nous ne parlerons plus que du débiteur, sans faire mention du créancier; ou, lorsque nous parlerons de ce dernier, nous ne ferons aucune mention du débiteur, parce que lorsque nous désignons l'un des deux seulement, nous entendons qu'il faut débiter ou créditer le débiteur ou le créancier ordinaire; ce qui se trouve naturellement, d'après les principes déjà donnés.

est notre perte particulière, et celui du crédit sur le débit, notre bénéfice [1].

153. LORSQU'ON EST CHARGÉ DE L'ACHAT ET NON DE LA VENTE :

1° On débite chaque associé pour sa part de l'achat et des frais ;

2° Marchandises en société pour la nôtre ;

3° Quand celui qui est chargé de la vente (soit notre associé ou tout autre) nous apprend ce qu'elle a produit, nous le débitons pour notre portion, dont nous créditons les marchandises en société, et nous en soldons le compte par profits et pertes ;

4° Quand la personne chargée de la vente ne connaît que nous, et que nous sommes chargés d'en rendre compte à nos associés, nous débitons cette personne envers chacun de nos associés pour leur portion du net produit dont nous les créditons.

Quand nous sommes chargés seulement de la vente, il faut passer les écritures comme pour le premier cas (152), à l'exception de la commission qui ne nous est pas due.

154. LORSQU'ON EST SEULEMENT CHARGÉ DE LA VENTE :

1° On débite les marchandises en société de notre part du prix de l'achat lorsqu'on nous l'a fait connaître.

2° Nous créditons marchandises en société du produit des ventes ;

1. En effet, si ce que j'ai donné à chaque associé pour sa portion du produit net de la vente, et ce que j'ai payé pour les frais, ce que j'ai dû retenir pour ma commission avec ce que j'ai compté pour ma portion de l'achat, surpasse le crédit des marchandises en société, qui est chargé du montant de la vente de ces marchandises, il est évident que l'excédant ne peut être autre chose que ma portion de la perte ; si, au contraire, le produit de la vente excède tous les articles ci-dessus détaillés, qui composent le débit des marchandises en société, l'excédant ne peut être que mon bénéfice.

3° Pour solder, nous débitons marchandises en société, envers chaque associé, de la part du net produit; et nous soldons par profits et pertes.

155. QUAND ON NE FAIT NI L'ACHAT NI LA VENTE:

1° On débite marchandises en société pour notre portion de ce qu'elles coûtent, dont on crédite le créancier naturel;

2° Quand on nous en apprend la vente, nous créditons ce compte pour notre portion du net produit, dont nous débitons le débiteur naturel, et nous soldons toujours par profits et pertes.

Tels sont tous les cas possibles des marchandises en société.

Au reste, plusieurs négociants se contentent de tenir des comptes courants sur un livre particulier pour ces sortes d'achats et de ventes. Ils les passent par marchandises générales comme les autres; et ce n'est que lorsque les ventes sont consommées, qu'ils débitent ou créditent leurs associés pour solde de ces sortes d'opérations, pendant la durée desquelles ils les débitent ou les créditent d'ailleurs de la manière accoutumée, selon qu'ils leur fournissent quelque chose ou qu'ils en reçoivent un objet quelconque.

Cette dernière méthode supprime beaucoup de comptes particuliers au grand livre; mais elle oblige à tenir des comptes courants, sans lesquels on ne pourrait pas rendre un compte détaillé aux différents associés; ce qui revient à peu près au même travail.

Compte des marchandises en commission[1], ou *chez tel* ou *tels*.

156. Quand nous envoyons des marchandises chez un de nos correspondants, chargé de les vendre pour notre

---

1. Quelques teneurs de livres intitulent ce compte : marchandises

compte, nous ouvrons un compte intitulé : *Marchandises chez un tel.*

1° Nous débitons ce compte du prix coûtant et des frais des marchandises envoyées ;

2° Lorsqu'elles sont vendues, nous le créditons du net produit, et opérons le solde par profits et pertes.

Compte de pacotille.

157. 1° On débite ce compte du prix de l'achat de la pacotille, des frais de chargement, du fret, de l'assurance, de la commission, et généralement de tous les débours que la pacotille occasionne ;

2° On le crédite du produit qu'a donné la vente, et on le solde par profits et pertes.

Nota. Si l'individu, chargé de la pacotille, a retenu sa commission et-les frais qu'il a déboursés, pour abréger on n'en débite pas le compte de pacotille, mais on ne crédite, en ce cas, ce compte que du net produit de la vente.

3° Si l'individu chargé de la pacotille en a employé la valeur en marchandises qu'il apporte en retour, on peut attendre l'époque de la vente de ces marchandises pour passer écritures des valeurs produites par la pacotille, et alors il faut créditer le compte de pacotille du produit de la vente des marchandises apportées en retour.

On solde toujours par profits et pertes.

158. On tient le compte de pacotille en société comme celui de marchandises en société (152 et 153).

Lorsqu'on est chargé de la vente des marchandises apportées en retour, on peut encore ne pas passer les écritures du produit de la vente de la pacotille, et attendre l'époque de la vente des marchandises en retour, pour

en commission chez tel. D'autres, plus brièvement : marchandises chez tel. D'autres : marchandises en commission. Les dénominations sont arbitraires ; ce sont les usages d'un compte sur lesquels il faut savoir se fixer.

passer écritures des valeurs produites par la pacotille ; dans ce cas, comme dans le précédent, il faut créditer le compte de pacotille de la vente des marchandises en retour.

On solde comme (152).

Du compte de telle foire.

159. Lorsqu'on envoie des marchandises dans une foire, on peut ouvrir un compte à cette foire.

1° Ce compte doit être débité de la valeur des marchandises qu'on envoie en foire, des frais de transport et de voyage, etc.;

2° Et crédité de tous les produits des marchandises vendues, et de la valeur de toutes celles invendues.

On le solde ensuite par profits et pertes.

Tous les comptes ci-dessus, et tous ceux que l'on pourrait ouvrir encore sous différentes dénominations, pour distinguer certaines espèces de marchandises, n'étant que des subdivisions du compte de marchandises générales, on débitera et on créditera chacun de ces comptes, comme on eût débité ou crédité celui des marchandises générales, si les premiers n'étaient point ouverts.

160. *Seconde espèce des comptes généraux, ou subdivision du compte de caisse*[1].

Caisse { Argent. Bons à vue. Billets de banque.

---

1. On ne se sert que du compte de Caisse qui comprend les espèces monnayées et les billets de banque, et même les bons à vue reçus comme argent dans les habitudes du commerce. D'ailleurs les règles de la prudence la plus vulgaire recommandent l'encaissement immédiat de toute valeur à vue ; si on conserve par exception des effets à vue, on peut les entrer au compte des effets à recevoir (161).

161. *Subdivision du compte d'Effets à recevoir*.

1° Compte des effets à recevoir;
2°   *Id*. des traites et remises;
3°   *Id*. des lettres de change;
4°   *Id*. des billets de primes, mandats, etc.;
5°   *Id*. des contrats de rentes constituées à recevoir;
6°   *Id*. des contrats de grosse aventure à recevoir.

Du compte des traites et remises.

162. Les traites que l'on tire sur les correspondants, que l'on envoie à l'acceptation pour entrer ensuite en portefeuille, sont des effets à recevoir aussitôt qu'elles sont revêtues de l'acceptation.

Les remises que l'on reçoit de ces mêmes correspondants sont aussi des effets à recevoir.

On peut ouvrir un compte à cette sorte d'effets à recevoir, si on veut en voir les mouvements en particulier; en ce cas :

163. 1° Il faut débiter ce compte de la valeur des traites que l'on tire à l'ordre de soi-même sur ces correspondants, ainsi que des remises que l'on en reçoit, valeur dont on crédite ces correspondants;

2° Il faut créditer ce compte de la valeur de ces mêmes traites et remises, lorsqu'on les donne en payement, lorsqu'on les négocie ou lorsqu'on en reçoit le montant à l'époque de leur échéance ; et il faut débiter la personne à qui on les donne en payement, ou le compte ouvert à l'objet que l'on donne en retour.

Sous ce point de vue ce compte est parfaitement le même que celui d'effets à recevoir.

Observation. Il ne faut pas comprendre dans ce compte les traites qu'on accepte, qui ne sont autre chose que des effets à payer, ainsi que les remises que l'on fait en billets à payer, parce que les traites fournies sur la maison dont on tient les livres, et les remises qui lui seraient faites, c'est-à-dire les effets à recevoir, et les effets à payer, seraient pêle-mêle.

Il n'en est pas de même du compte suivant, qui peut être utilement employés (164).

Du compte des remises ès mains de divers.

164. Lorsqu'un négociant fait des remises pour être négociées pour son compte, les personnes auxquelles il les fait ne lui tiennent compte que du produit de la négociation.

S'il veut passer écriture de ces remises à l'époque où il les fait, et néanmoins s'il se propose de ne débiter les personnes auxquelles il les fait, que du produit de la négociation lorsqu'elles en donneront avis, pour passer provisoirement les articles de ce genre, il faut ouvrir un compte intitulé : *Remises ès mains de divers.*

165. 1° Il faut débiter ce compte de la valeur des remises que nous faisons pour être négociées pour notre compte, et créditer les individus ou les comptes qui fournissent cette valeur ;

166. 2° Il faut créditer ce compte du produit de ces remises, lorsqu'on reçoit avis de leur négociation, et débiter la personne qui a reçu ce produit, ou le compte pour lequel il a été employé ;

3° Lorsqu'on veut solder ce compte, il faut préalablement le créditer de la valeur des remises qui sont encore ès mains de divers, dont on débite le compte de balance. Ensuite on solde par le débit ou le crédit de profits et pertes.

Par ce moyen on passe écritures sans retard de toutes les remises que l'on fait ; on ne débite cependant les personnes auxquelles on fait des remises, que du produit de celles-ci, conformément à l'avis qu'on a reçu de leur négociation, et on évite que les sommes relatives à ces remises ne soient pas les mêmes au débit du compte de ces personnes, et au crédit du négociant dont on tient les livres, lorsque ces personnes lui remettent son compte avec elles.

Du compte de remises de divers.

167. C'est, sous un autre nom, le même que celui d'effets à recevoir.

Du compte de lettres de change, ou du compte de change.

168. C'est, sous un autre nom, le même compte que celui des remises (163).

Lorsqu'un négociant fait, en outre de son commerce, des opérations de banque, et qu'il veut voir en particulier le bénéfice ou la perte de ces opérations, il ouvre aux lettres de change qu'il prend et qu'il négocie un compte particulier, sous le nom de compte de change.

Il débite ce compte, au lieu de celui d'effets à recevoir, du prix coûtant de toutes les lettres de change qu'il prend. Il le crédite du produit de toutes celles qu'il négocie.

Lorsque tout est négocié, on le solde par profit et pertes. Quelques personnes ne tiennent ce compte que pour les lettres de change sur l'étranger. Il est à double colonnes (113), (318).

Du compte des contrats de rentes constituées à recevoir.

169. Lorsque l'on donne une somme à rentes constituées, le débiteur souscrit un contrat que l'on reçoit en retour. Alors :

1° On débite le compte ouvert à contrats de rentes constituées à recevoir du montant du contrat que l'on reçoit, comme on débite le montant d'effets à recevoir, lorsqu'on reçoit un billet;

2° Quand on remet ce contrat, parce qu'on en reçoit le montant, on débite la caisse et on crédite le compte de contrats, etc., comme on crédite celui d'effets à recevoir, quand on reçoit le montant de l'un de ces billets que l'on remet acquitté;

3° On crédite encore ce compte du produit des arrérages de rentes chaque fois qu'on les reçoit, et on solde par profits et pertes.

170. Néanmoins plusieurs personnes préfèrent débiter et créditer profits et pertes du produit de ces arrérages de rentes, comme de toutes les rentes et pensions qu'elle payent ou reçoivent, et que l'on peut considérer comme un bénéfice quand on les reçoit, ou comme une perte quand on les paye, puisqu'il n'en doit rien revenir (125).

Contrats de grosse aventure à recevoir.

171. Ce compte sert à tenir note des contrats que l'on reçoit pour les sommes que l'on prête à la grosse aventure sur des vaisseaux; et comme ces contrats contiennent ordinairement non-seulement l'obligation de la somme prêtée, mais encore de l'intérêt convenu :

1° On débite le compte des contrats de grosse aventure à recevoir, du capital de la somme prêtée et de l'intérêt qui est stipulé dans le contrat que l'on reçoit. On crédite la caisse de la somme prêtée, et profits et pertes de l'intérêt, le regardant déjà comme acquis, puisqu'il est porté au contrat dont on doit passer écriture comme d'un billet à recevoir;

2° On crédite ce compte du produit du contrat, lorsqu'on est payé au retour du vaisseau; et on le solde s'il y a lieu, par profits et pertes.

172. En résumant ce qui précède, tous les billets, promesses ou contrats quelconques, dont on doit recevoir le montant, ne sont donc que des effets à recevoir, et on doit en passer écriture comme pour les effets à recevoir.

Ainsi, tous les comptes ci-dessus étant compris dans celui des effets à recevoir, et ne servant qu'à distinguer certaines espèces d'effets, on débitera l'un de ces comptes chaque fois que l'on recevra l'un des effets dont il porte le nom, et on le créditera lorsqu'on le mettra dehors, soit qu'on le négocie, qu'on le donne en payement, ou qu'on en reçoive le montant à son échéance; en un mot, on opèrera comme pour les effets à recevoir.

Quatrième espèce de comptes généraux : Effets à payer.
Subdivision des effets à payer.

173. Il en existe d'autant d'espèces que de billets à recevoir, et tout ce qui est dit des premiers, doit être entendu des autres; c'est-à-dire que, si on a des comptes différents pour chaque espèce d'effets à payer, on doit créditer l'un de ces comptes chaque fois que l'on donne un des effets dont il porte le nom, et le débiter chaque fois qu'on le reçoit après l'avoir acquitté, ou pour toute autre cause.

Nous avons donc aussi :

1° Compte des effets à payer;
2° *Id.* des traites;
3° *Id.* des lettres de change à payer;
4° *Id.* des billets de prime, mandats, etc., à payer;
5° *Id.* des contrats de rentes constituées à payer;
6° *Id.* des contrats de grosse aventure à payer.

Du compte des traites.

174. Ce compte doit être crédité du montant de toute

les traites que l'on accepte, et débité lorsqu'on retire ces mêmes traites après les avoir acquittées [1].

C'est, sous un autre nom, le même que celui d'effets à payer.

Contrats des rentes constituées à payer.

175. On peut ouvrir ce compte quand on emprunte une somme à rentes constituées, et que l'on souscrit un contrat en faveur du prêteur.

1°. On débite la caisse, et on crédite le compte de contrats de rentes constituées à payer du montant du contrat que l'on a consenti, comme on créditerait celui d'effets à payer, si on avait consenti un billet.

2° Lorsqu'on retire ce contrat après l'avoir acquitté, on débite contrats de rentes constituées à payer comme l'on débiterait effets à payer, lorsqu'on acquitte un billet à payer.

Quant aux rentes que l'on paye, ou les passe par profits et pertes (125 et 170).

Contrats de grosses aventures à payer ou *Contrats de grosse* [2].

176. Lorsque l'on emprunte une somme à la grosse aventure sur un vaisseau, on souscrit un contrat en faveur du prêteur, tant pour l'obligation du payement du principal que de l'intérêt convenu. Alors :

1° On crédite le compte de contrats de grosse aventure à payer, tant du principal que des intérêts portés au contrat ; puis on débite la caisse de la somme que l'on reçoit, et le vaisseau de l'intérêt convenu ;

1. Les lettres de change que nos correspondants tirent sur nous et que nous acceptons, sont ce qu'on appelle des traites; mais accepter une lettre tirée sur nous, c'est nous obliger à l'acquitter à son échéance: les traites que nous acceptons sont donc des effets à payer.

2. Ce terme n'est plus usité aujourd'hui.

2° Lorsqu'on acquitte le contrat au retour du vaisseau, on débite contrats de grosse aventure à payer, comme on débite les effets à payer lorsqu'on les acquitte, et l'on crédite la caisse;

3° Si le vaisseau a péri, on débite toujours le compte de contrats de grosse aventure du montant du contrat pour solde, et on en crédite le vaisseau dont la perte acquitte cette sorte de contrats, et en solde le compte.

Plusieurs négociants se contentent de créditer le prêteur, et de le débiter lorsqu'ils le payent, sans faire usage du compte ci-dessus; mais comme ils ne doivent réellement rien au prêteur quand ils lui ont fait un contrat de grosse aventure, et qu'ils ne doivent même le montant de ce contrat qu'au retour du vaisseau, puisqu'il est de nul effet si le vaisseau périt, je crois la méthode que je viens d'indiquer préférable[1].

177. *Cinquième espèce de comptes généraux.* *Profits et pertes.*

1° Compte de profits et pertes;
2°   *Id.*   de frais généraux;
3°   *Id.*   de dépenses[2];
4°   *Id.*   d'assurances;
5°   *Id.*   de commissions;
6°   *Id.*   d'intérêts;
7°   *Id.*   de rentes;
8°   *Id.*   de successions.

Tous ces comptes, et cent autres encore que l'on pour-

---

1. Quelques teneurs de livres débitent la caisse de la somme empruntée, et en créditent le navire ou l'armement sans passer écriture de l'intérêt convenu. Par ce moyen, si le navire périt, il n'y a pas d'autres écritures à passer; s'il revient à bon port, on le débite de la somme que l'on paye tant pour le capital que pour l'intérêt, et on en crédite la caisse.

2. Personnelles ou de maison.

rait nommer, ne sont autre chose que des distinctions établies entre les différentes natures de bénéfices ou de pertes que l'on peut faire, et dont on veut se rendre compte en particulier, lorsque l'on fait un grand nombre d'affaires relatives à chacun de ces comptes; au lieu que, dans l'usage ordinaire, on en passe tous les articles par profits et pertes.

Du compte de frais généraux.

178. On débite ce compte de tous les frais de comptoir, de magasin, et généralement de tous ceux que l'on fait, dont on crédite le créancier ordinaire; on le crédite du montant des frais qui sont remboursés, et on le solde à la fin de l'année par profits et pertes.

Du compte de dépenses.

179. On débite ce compte de toutes les dépenses de maison que l'on fait, et on le crédite de celles dont on est remboursé, soit par un élève de comptoir, par un employé ou commanditaire, qui payent pension; et on le solde à la fin de l'année par profits et pertes.

Du compte d'assurances.

180. Ce compte sert à voir, en particulier, ce qu'on gagne ou ce qu'on perd à assurer des vaisseaux ou toute autre chose.

Je le crédite de tous les billets de prime, ou de tout ce que je reçois pour les primes d'assurances qui me sont dues; et je le débite de tout ce que je paye, lorsque l'objet assuré est perdu. Je le solde à la fin par profits et pertes.

Plusieurs assureurs ne passent écritures des primes qu'ils gagnent que lorsqu'ils les reçoivent effectivement en argent, et non lorsqu'ils les reçoivent en billets, parce qu'il arrive assez souvent que ces billets ne sont pas payés.

Cela posé :

1° Il faut créditer le compte d'assurances de toutes les primes, seulement lorsqu'on les reçoit en argent ;

2° Il faut débiter ce compte lorsqu'on paye les pertes des vaisseaux qui ont péri.

Encore une fois, il y a plusieurs manières différentes de passer écritures d'une même opération : mais toutes résultent des mêmes principes, et il suffit de bien connaître ces principes, pour être capable d'entendre les différentes méthodes adoptées chez un négociant, d'en créer même de nouvelles au besoin, tandis qu'il faudrait d'énormes volumes pour les détailler.

Du compte de commission.

181. Lorsque l'on fait la commission, on crédite ce compte de toutes celles que l'on gagne ; on le débite des frais de voyage et de tous ceux qu'elle occasionne. On le solde par profits et pertes.

Du compte d'intérêts.

182. Lorsque l'on prête ou qu'on emprunte des sommes à intérêt, on crédite ce compte des intérêts que l'on reçoit, et on le débite de ceux que l'on paye. On le solde par profits et pertes.

Nota. On entend aussi par comptes d'intérêts, les comptes courants que les négociants fournissent à leurs commettants, et qui comprennent les intérêts des sommes qu'ils leur ont avancées, et de celles dont ils ont joui. Il y a maintenant une manière très-simple et très-satisfaisante de tenir ces comptes, que les banquiers et les principaux négociants ont adoptée. J'ai cru devoir contribuer à la répandre, en en donnant un modèle, et en expliquant la nouvelle manière de calculer les intérêts. Voyez le dernier folio du grand livre.

On ne finirait pas, si on voulait détailler tous les

comptes ouverts sous différentes dénominations, et expliquer les divers usages que plusieurs individus leur attribuent, la plupart du temps arbitrairement.

Du compte de successions.

183. Lorsqu'on fait une succession, on peut en passer la valeur par profits et pertes, ou par capital. On ouvre un compte à une succession quand on doit la liquider, ou lorsqu'elle entraine à quelques dépenses; dans ce cas, il faut :

1° Créditer ce compte de tous les objets que l'on reçoit provenant de la succession, de toutes les sommes dues par des débiteurs de cette même succession;

2° Le débiter de tout ce que l'on débourse pour acquitter les charges de la succession, ainsi que de ce que la succession doit à différents créanciers. On solde ce compte par profits et pertes, ou par capital, lorsque la liquidation est achevée.

Compte de rentes.

184. Outre les comptes dont nous avons parlé pour les contrats de rentes, on en ouvre quelquefois un aux rentes mêmes; alors on débite ce compte de toutes les rentes que l'on paye, quelle qu'en soit la nature, et on le crédite de toutes celles que l'on reçoit, on le solde à la fin par profits et pertes; mais plus ordinairement on passe tous ces articles par profits et pertes.

Quant aux rentes viagères, ou quant aux sommes données ou prises à fonds perdu, le principal et les intérêts se passent également par profits et pertes, parce que tout ce qu'on reçoit en pareil cas ne peut être regardé que comme un bénéfice, puisque l'on n'en doit rien rendre; et tout ce que l'on donne, que comme une perte, puisqu'il n'en doit rien revenir.

Quelques négociants font cependant ouvrir des comptes

particuliers aux contrats de rentes viagères ou à fonds
perdu.

Du compte des rentes viagères ou à fonds perdu.

185. On ouvre un compte aux contrats de rente viagère ou à fonds perdu à recevoir.

On débite ce compte du contrat que l'on reçoit, et on
crédite la caisse ou le compte qui fournit le capital que
l'on a placé à rente viagère ou à fonds perdu ; on crédite
ce même compte des rentes que l'on reçoit, et on le solde
par profits et pertes lorsque la rente est éteinte par la
mort du prêteur. Ce compte est d'un usage très-rare,
parce qu'il n'arrive pas souvent qu'un négociant donne
des capitaux à fonds perdu.

On ouvre également un compte aux contrats de rentes
viagères ou à fonds perdu à payer.

On crédite ce compte du contrat que l'on souscrit en
retour de la somme qu'on prend à rente viagère ou à
fonds perdu, comme on créditerait les effets à payer. On
le débite des rentes lorsqu'on les paye ; et on le solde par
profits et pertes, ou par capital, lorsque la rente est
éteinte par la mort du prêteur.

Tels sont les divers comptes qui ne sont que des subdivisions de celui de profits et pertes.

186. On solde le compte de profits et pertes lui-même
par capital (206), parce que les pertes qu'il présente après
que l'on en a soustrait les bénéfices, diminuent d'autant
le capital du négociant, et que les profits dont on a soustrait les pertes, l'augmentent.

187. Outre ces cinq classes générales de comptes, il y
en a encore une sixième ; elle est composée des comptes
ouverts à chacun des immeubles du négociant, et de ceux
ouverts à ses meubles et aux divers intérêts qu'il a dans
des compagnies, etc. ; et, enfin, de ceux de capital et de
balance.

Du compte des immeubles.

Quand on achète une maison, une terre, une habitation, etc., on ouvre un compte à chacun de ces objets en particulier. Par exemple, à maison dans une telle rue, à terre en Saintonge, ou à habitation à la Guadeloupe, ajoutant à l'intitulé le nom propre de l'immeuble; et on débite le compte de la maison, par exemple :

1° De ce qu'elle a coûté ;

2° Des réparations et impositions ;

3° Et on crédite les loyers ou revenus que l'on en retire, de même que ce qu'elle produit quand on la vend.

Il en est de même de tous les autres comptes d'immeubles.

Du compte d'intérêt, ou action sur un objet quelconque.

188. Quand on prend un intérêt, une action ou une obligation dans une compagnie ou sur un objet quelconque, on ouvre un compte à cet intérêt sur tel objet, etc. ou dans telle compagnie, etc.

1° On débite ce compte du prix de l'action ou intérêt ;

2° Des frais qu'elle occasionne ou des versements qu'on effectue ;

3° On le crédite des intérêts qu'elle procure, et de la somme capitale, et des primes, s'il y a lieu, quand on en reçoit le remboursement, ou quand on vend l'action ;

4° Puis on solde par profits et pertes.

Du compte de tel ou tel vaisseau, et de ceux qui lui son relatifs.

189. On ouvre un compte à chaque vaisseau que l'on achète ; on le débite du montant de l'achat et des frais à chaque voyage; on le débite des frais d'armement, mise hors, etc., et on le crédite du montant du fret, du prix du voyage des passagers, etc., puis, quand on vend le vaisseau, on crédite son compte du montant de la vente, et on le solde par profits et pertes.

Du comte d'armement de tel navire.

On ouvre souvent un compte d'armement de tel navire à chaque voyage; on le débite des frais d'armement, et on le crédite de ce qu'il produit, tant pour le fret ou prix du transport des marchandises qu'il contient, que pour le prix du voyage des passagers. On le solde par profits et pertes, ou par le compte du navire même, que l'on crédite du produit net de chaque voyage [1].

Quelques teneurs de livres ne tiennent qu'un seul compte pour le navire, pour l'armement et la cargaison; mais ils le tiennent en doubles colonnes : l'une contient les sommes qui concernent la cargaison; l'autre, celles qui concernent le navire et l'armement. Cette méthode revient à celle déjà indiquée (189, 151).

Il n'est pas inutile de faire observer ici que j'ai supposé que le compte de la gestion du capitaine du navire *la Joséphine*, était rendu en argent de France (245). Dans le cas plus commun, où un capitaine rendrait son compte de gestion en monnaies étrangères, il faudrait en réduire toutes les parties en argent de France, et créditer ou débiter profits et pertes de l'agio gagné ou perdu.

---

1. Un navire perd de sa valeur chaque voyage; d'ailleurs, ce qu'il coûte est un capital qui doit produire un intérêt, s'il n'est pas mal placé; le produit net de chaque voyage peut donc être porté au crédit du compte de chaque vaisseau. Lorsqu'on vend ensuite ce vaisseau, on en porte le prix au crédit de son compte que l'on solde par profits et pertes.

Des comptes en banque [1].

190. Lorqu'on dépose des fonds dans une banque pour y avoir un crédit ouvert, on établit un compte à cette banque, sous le nom de *Banque de France,* ou de *Banque d'Amsterdam,* etc.; et il faut le débiter :

1° Des fonds déposés dans la banque pour laquelle ce même compte est ouvert, ou de l'action qu'on a prise dans cette banque;

2° Des fonds que l'on nous assigne sur elle, c'est-à-dire, que l'on nous donne à recevoir d'elle;

3° Et il faut le créditer des fonds que nous retirons de la banque ou que nous assignons sur elle, et du prix que nous retirons de notre action dans cette banque, lorsque nous vendons cette même action. On le solde par profits et pertes.

Lorsque le compte est ouvert pour une banque étrangère, il doit mentionner les variations de l'agio des valeurs échangées avec elle.

De l'usage des colonnes pratiquées en dedans des colonnes
ordinaires de certains comptes.

191. Les colonnes pratiquées en dedans des colonnes ordinaires de certains comptes sont nécessaires en plusieurs cas.

Par exemple, dans celui où nous devons tenir, en un seul compte, des notes exactes des sommes en monnaies

---

1. Un compte en banque peut être considéré comme étant de même nature que celui d'un individu, c'est-à-dire, comme n'étant autre chose que celui d'un débiteur ou créancier individuel, des fonds qu'on y verse et de ceux qu'on en retire. Je ne le range ici parmi les comptes généraux, que comme étant ouvert à des valeurs négociables appartenant au négociant ou à la maison de commerce dont on tient les livres. Sous un autre point de vue, il pourrait être rangé parmi les comptes personnels.

étrangères, reçues ou fournies pour notre compte par un de nos correspondants étrangers, de la valeur de ces mêmes sommes en argent de notre pays, et du montant des débours et recouvrements que nous avons faits pour les opérations dont nous avons chargé ce correspondant.

Ces colonnes sont encore utiles : 1° lorsque dans un seul compte. nous voulons tenir note des débours et recouvrements faits pour notre compte, par un de nos correspondants non étranger. et de nos propres débours et recouvrements pour les opérations dont il est chargé ; nous évitons alors de passer par profits et pertes le bénéfice ou la perte de ses négociations.

2° Lorsque dans un même compte. nous voulons tenir note tant des débours et recouvrements faits par chaque intéressé à des opérations en participation, que de nos propres débours et recouvrements pour ces opérations; nous déterminons ainsi immédiatement le bénéfice ou la perte qu'elles donnent. en évitant. pendant leur durée. de passer par profits et pertes le bénéfice ou la perte des négociations des intéressés.

3° Lorsque nous voulons éviter de passer par profits et pertes le bénéfice ou la perte que nous faisons sur chaque effet à recevoir. que nous prenons ou que nous négocions. etc. [113. 318].

Du compte à doubles colonnes intitulé TEL OU TELS MON COMPTE. *ou opérations sous tels* [1].

182. Lorsqu'un correspondant étranger est chargé de faire des opérations de banque, etc., pour notre compte

---

1. Ce compte est ouvert pour faire connaître le bénéfice ou la perte de la vente ou de l'achat faits pour M/C de marchandises et de lettres de change, etc. Sous ce point de vue et comme ayant pour objet de me faire connaître le résultat de certaines opérations faites pour M/C, il peut être considéré comme l'un de mes propres comptes ; c'est par cette raison que je le range ici parmi les comptes généraux.

tous ses débours, ses frais, sa commission, et les intérêts
de ses débours sont à notre charge; tous les fonds que
ces opérations produisent sont notre propriété, sans
égard pour le bénéfice ou la perte qui résulte pour nous
des négociations qu'elles occasionnent.

Il est évident qu'il ne peut établir sur ses livres le
compte qui leur est relatif, qu'en monnaie de son pays,
et que c'est en cette monnaie qu'il doit recevoir ou payer,
sans profit ni perte pour lui, le solde que nous lui
devons, ou qu'il nous doit lui-même.

De notre côté, nous devons ouvrir sur nos livres à ce
correspondant, un compte relatif aux opérations dont il
est chargé pour notre compte, intitulé, *tel mon compte,*
ou mieux encore, *opérations sous tel;* afin de débiter ce
compte de tous les débours que les opérations qu'il comprend nous feront faire, de le créditer de tous les produits qu'elles nous donneront, de le débiter ou créditer
de la valeur du solde qui se trouvera dû à notre correspondant, ou qu'il nous devra, au contraire, en dernier
résultat; et de le solder ensuite par profits et pertes.

Pour comprendre dans ce compte les débours et les
recouvrements de notre correspondant, sans compliquer
ni augmenter les écritures, il suffit de pratiquer en
dedans de la colonne ordinaire tant du débit que du crédit, une seconde colonne. On place dans la colonne
intérieure du débit le montant des débours de ce correspondant en sa monnaie, et dans la colonne du crédit, le
montant de ses recouvrements aussi en sa monnaie. Par
ce moyen les sommes portées dans les colonnes intérieures, qui sont celles de notre correspondant, font
connaître ses débours et recouvrements dans tous leurs
détails, et par conséquent le solde final qu'il doit ou
qu'on lui doit; mais elles ne font nullement partie de
notre comptabilité générale. Les articles qui leur sont
relatifs ne sont écrits que pour mémoire, que comme

simples notes, et n'ont d'autre objet que de tenir sous nos yeux le montant du solde que nous devons à notre correspondant, ou qu'il nous doit lui-même.

193. Lorsqu'on veut solder le compte intitulé *tel mon compte,* on commence par balancer les colonnes intérieures, en portant purement et simplement dans l'une ou l'autre la somme de monnaie étrangère qui en opère la balance, précédée de ces mots : *pour balance ou pour solde.*

194. Ensuite on passe écritures en partie double du montant du solde des colonnes intérieures réduit en argent de France, en débitant ou en créditant le compte intitulé *tel mon compte,* en transportant au grand livre le montant de cet article dans les colonnes ordinaires de *tel mon compte,* et en créditant ou débitant par contre ce correspondant en son nom personnel, c'est-à-dire, à son compte courant.

Par ce moyen le solde des débours et recouvrements de notre correspondant, réduit en notre monnaie, passe de ses colonnes dans les colonnes ordinaires; et ces dernières, qui comprennent ce solde avec nos propres débours et recouvrements, font connaître le résultat général des opérations faites pour notre compte.

195. Lorsque les débours et les recouvrements de notre correspondant sont faits par lui en même monnaie que la nôtre, ils sont placés également dans les colonnes intérieures comme ci-dessus, et ces colonnes servent aux mêmes usages que celles d'un correspondant étranger; il n'y a aussi que le montant de ce qui est dû à notre correspondant ou de ce qu'il doit au contraire pour solde qui, après avoir été porté pour balance dans l'une ou l'autre de ces colonnes (193), donne lieu à un article en partie double, comme (194).

Quoique ces indications générales soient assez claires, il va être traité séparément des principes sur lesquels il

faut écrire les notes relatives aux débours et aux recouvrements du correspondant qu'on a chargé d'opérations semblables, et sur lesquels il faut passer les écritures
en partie double relatives aux débours et aux recouvrements que l'on fait soi-même pour ces mêmes opérations.

Du compte intitulé TEL MON COMPTE, *ou opération sous tel.*

Lorsque nous chargeons un correspondant de faire des
opérations pour notre compte, il faut lui ouvrir un compte
à double colonne, intitulé : *tel mon compte*, etc. Règles
générales :

196. *Tous les débours et frais occasionnés par ces opérations doivent être portés au débit de ce compte; savoir
ceux de notre correspondant dans sa colonne, comme simples
notes; les nôtres dans la colonne ordinaire.*

197. *Tous les recouvrements qu'elles occasionnent doivent
être portés à son crédit; savoir : ceux de notre correspondant
dans sa colonne, comme simples notes; les nôtres dans la colonne ordinaire.*

Il en résulte que les comptes tenus sur ces principes
donnent lieu à des écritures en partie double pour nos
propres débours et recouvrements, et le solde dû à notre
correspondant ou qu'il nous doit; et à de simples notes,
tenues pour mémoire, relatives aux sommes portées dans
les colonnes de ce dernier.

Écritures en partie double; ou du compte intitulé TEL MON
OMPTE, *considéré dans les colonnes ordinaires seulement.*

198. Le compte intitulé : tel mon compte ou opérations
sous tel : 1° doit être débité de tous nos débours pour
achat et frais d'expédition des marchandises que nous
adressons pour notre compte à notre correspondant, du
prix coûtant des remises que nous lui faisons, et des
traites que nous acquittons pour le fait de ces opérations;

en un mot, de tous les débours qu'elles nous occasionnent [1].

199. 2° Il doit être crédité de tous les fonds que nous produisent les traites que nous fournissons sur notre correspondant, et la négociation des remises qu'il nous fait; et généralement de tous les recouvrements que nous produisent les opérations faites avec lui.

200. Il doit être débité ou crédité du montant en notre monnaie de la valeur du solde des débours et des recouvrements de notre correspondant, qu'il faut créditer ou débiter en son nom personnel.

Toutes les sommes dont il est ainsi passé écritures en partie double, doivent être placées dans les colonnes ordinaires du débit et du crédit du compte intitulé *tel mon compte*, lorsqu'on transporte les articles du journal au grand livre. Par ce moyen, tous nos débours et le solde de ceux de notre correspondant se trouvent réunis dans la colonne ordinaire du débit; et tous nos recouvrements avec le solde de ceux de notre correspondant s'il doit un solde se trouvent réunis dans la colonne ordinaire du crédit: d'où il suit que l'excédant du montant des sommes portées dans la colonne ordinaire du débit sur le montant des sommes portées dans la colonne ordinaire du crédit, est la perte qui résulte des opérations faites pour notre compte; et que l'excédant du montant des sommes portées dans la colonne ordinaire du crédit sur le montant de celles portées dans la colonne ordinaire du débit, en est au contraire le bénéfice; cela posé:

201. On solde ce compte en le débitant par le crédit des profits et pertes s'il y a bénéfice, ou en le créditant

---

1. Au-dessous de l'article passé à la main courante pour nos débours, relatifs à chaque traite prise ou acquittée, etc., on laisse un espace en blanc pour y écrire, à l'époque où on reçoit avis de leur négociation, la note de ce qu'elles ont produit à notre correspondant; c'est après cet avis de négociation qu'il faut seulement passer l'article au journal.

au contraire par le débit des profits et pertes lorsqu'il y a perte (194).

En transportant cet article du journal au grand livre, on en porte le solde dans la colonne ordinaire du débit ou dans celle du crédit. Mais les remises que nous faisons à ce correspondant, et les marchandises que nous lui expédions ou les traites qu'il fournit sur nous, lui font faire des recouvrements ou lui donnent des produits, et les remises qu'il nous fait ou les traites sur lui et les frais qu'il acquitte pour nous, lui font faire des débours.

On en tient note seulement pour mémoire, sur les principes suivants.

SIMPLES NOTES.

Des notes relatives aux recouvrements faits pour notre compte par notre correspondant.

202. Lorsqu'on reçoit avis de la vente des marchandises envoyées, mais seulement à cette époque, on écrit à la main courante ou au brouillard sur l'espace laissé en blanc à cet effet (*Voyez* la note du n° 198, au-dessous de l'article passé pour l'envoi, une simple note mémorative de ce qu'elles ont produit à notre correspondant qui les a vendues. On passe alors l'article au journal pour la valeur produite.

Puis on transporte dans tous ses détails le produit de cette vente au crédit du compte ouvert au grand livre intitulé *tel mon compte*, en observant de placer le montant de cette vente, ainsi détaillée, dans la colonne intérieure qui est celle de notre correspondant, et en monnaie étrangère, s'il y a lieu.

Lorsqu'on reçoit avis de la négociation des lettres qu'on lui a envoyées antérieurement, on écrit également sur la main courante, dans l'espace laissé en blanc au dessous de chaque lettre de change, lors de l'envoi, la note de ce que cette lettre a produit; puis après avoir passé l'article au journal on transporte cette note au grand livre, en observant de placer le produit de ces lettres dans la colonne intérieure.

Des notes relatives aux débours faits pour notre compte par notre correspondant.

205. Lorsque nous fournissons des traites sur notre correspondant, les articles qui doivent être passés en partie double pour le produit que nous a donné la négociation de ces traites, et les notes qui doivent être tenues pour mémoire seulement des débours qu'elles feront faire à notre corespondant qui doit les acquitter à leur échéance, s'écrivent en même temps. Cela étant,

Simples notes : au-dessous de l'explication relative au produit que nous a donné la négociation de chaque traite fournie sur notre correspondant, avant de passer l'article au journal, il faut écrire une note exprimant quelle est la somme énoncée dans chaque traite, et souligner cette note; on la transporte au grand livre au débit de *tel mon compte*, en observant de placer dans la colonne intérieure la somme énoncée dans chaque traite.

Lorsque notre correspondant nous donne avis qu'il a acheté des marchandises, ou pris des lettres de change pour notre compte, et qu'il nous a fait l'envoi des unes et des autres, les articles qui doivent être passés en partie double pour le prix auquel elles nous reviennent en notre monnaie, et les notes qui doivent être tenues pour mémoire seulement, se passent en même temps. Cela étant :

Dès le moment que nous recevons avis de l'envoi que nous fait notre correspondant des lettres de change qu'il

a prises, et des marchandises qu'il a achetées pour notre
compte, on en passe écriture en partie double, en débitant les marchandises générales et les effets à recevoir
du prix coûtant de ces marchandises et de ces remises, et
en créditant par contre *tel mon compte*, de ce même prix
coûtant, réduit en notre monnaie au cours du change du
jour, s'il se trouve avoir été payé en monnaie étrangère;
en observant, lorsqu'on transporte au grand livre, de
placer dans la colonne intérieure le prix coûtant de ces
marchandises et de ces remises, réduit en notre monnaie[1]. Cela fait,

Simples notes : au-dessous de l'explication relative au
prix coûtant en notre monnaie de chacune de ces marchandises et de ces remises, il faut écrire une note
exprimant quelle est la somme déboursée par notre correspondant, en sa monnaie, pour payer la valeur de ces
mêmes remises et marchandises, et souligner cette note ;
on la transporte au grand livre au débit de *tel mon
compte* (196), en observant de placer dans la colonne
intérieure le montant des débours de notre correspondant.

De cette façon on ne passe écriture de ces marchandises
et de ces remises, qu'à l'époque de la vente dés unes et
de la négociation des autres, en débitant les comptes généraux qui en reçoivent la valeur. On pourrait donc
créditer *tel mon compte* du produit net de la vente et de
la négociation, que l'on place dans la colonne ordinaire
lorsque l'on transporte au grand livre;

Simples notes : et au-dessous de l'explication relative
au prix de la vente ou de la négociation, on peut écrire

---

1. Les marchandises achetées et les traites prises pour M/C., par
notre correspondant, sont des valeurs dont les marchandises générales
et les effets à recevoir doivent être débités pour le prix qu'elles coûtent,
et dont le compte intitulé, *tel M/C*, doit être crédité, puisque ces valeurs me sont produites par les opérations faites avec *tel M/C.*

DOIT			WILLIAMS, DE LONDRES, M/C			
1867				liv. st.		fr.
Janvier.	1		A caisse, ma remise de 500 l. st. à 24 l. st.			12,000
	3		A caisse, id. de marcs banco, 6,500 sur Hamb., à 26 deniers.........			12.000
	4		A caisse, mon envoi de 12 tonneaux de vin.			12,000
Février.	15		*Droits payés à Londres, et frais id....*	13		
	27		*Frais à mes vins et commission......*	37		
	28		*Remise de fl. 11,000 prise à 1 fr. 90..*	1000		
Mars.	15		*Acquis à ma traite de............*	450		
			Prix de 273 yards percale faisant mètres 300...................	50		
	25		A caisse, pour assurance de mes vins...			1,200
	27		A caisse, traite de Williams sur moi....	473		3,000
			Sa remise de fl. 5,400 prise à 1 fr. 90.			
			Commission, frais, intérêts, ports de lettres........................	23	8	
	28		A Williams, pour solde montant à liv. st. 104 à 24 fr...................			2.496
						12,696
	29		A profits et pertes pour solde et mon bénéfice.			6.177
			Liv. st...	2,046	8	48,873

Écritures en partie double.

J'ai débité le présent compte de tous mes débours, dont j'ai crédité la caisse ; je l crédité également de la valeur du solde du débours de Williams que j'en ai créd personnellement.

J'ai soldé en débitant le présent compte et en créditant profits et pertes des 6,177 f dont mes recouvrements surpassent tous les débours à ma charge, et j'ai porté tou ces sommes dans la colonne ordinaire (198).

Simples notes.

J'ai porté tous les débours de Williams au débit du présent compte, mais par simples notes qui sont ici en caractères italiques, afin de les distinguer des articles partie double ; j'ai porté aussi au débit par simple note sa commission, intérêts, fr etc. (204)

Et j'ai porté tous ces débours faits en livres sterling dans la colonne intérie (293).

			liv. st.	fr
Janvier.	19	Ma remise sur Johns. de Londres.....	5,30	
		Net de ma remise de mars tance.		
		6,500, sur Hambourg, à 33 1 2....	517 8	
Février.	27	Produits de mes 12 tonneaux de vin...	800	
	28	Par caisse net de la remise de fl 16800		
		à 55..........................		21,873
	30	Par caisse net de ma traite de liv. st. 150		
		à 24..........................		10,80
Mars.	15	Par caisse produit de 300 m. de percale		
		à 4 fr.........................		1,200
	27	Net de la traite sur moi de fl. 6500 à		
		21 fr..........................	125	
		Par caisse net de la remise de fr 5400		
		à 51 denier...................		12,030
	28	Pour solde des debours de Williams..	104	
		Liv. st...	2,030 8	48,87

Écritures en partie de bise.

J'ai crédité le présent compte du montant de tous les recouvrements que m'ont produits les opérations faites avec Williams ; somme au compte, dont j'ai débité la caisse, et j'en ai porté le montant dans la colonne ordinaire du crédit du présent compte (199).

Simples notes.

J'ai porté au crédit du présent compte, mais comme simples notes seulement, le montant des recouvrements que ces opérations ont fait faire à Williams, en sa monnaie, montant que j'ai placé dans la colonne intérieure (202).

J'ai ensuite ajouté au crédit, colonne intérieure, comme simple note, le solde des colonnes intérieures montant à 104 liv. sterl. (193).

Mais j'ai passé écritures en partie double de ce solde réduit en argent de France. Voyez au débit, l'article en date du 28.

une note exprimant quelle est la somme déboursée par notre correspondant en sa monnaie pour payer ces mêmes marchandises et ces remises, comme ci-dessus (202).

204. Lorsque notre correspondant nous remet le compte des opérations faites pour notre compte, nous y trouvons en outre des articles dont nous avons déjà passé écritures : 1° la note des frais qu'il a déboursés; 2° le montant de sa commission; 3° celui du solde d'intérêt qui lui est dû; 4° ou celui du solde d'intérêt qu'il doit.

Simples notes : on peut se dispenser de passer écritures en partie double de ces frais, intérêts et commissions, et d'en tenir note au journal ; en un mot, on peut porter directement au grand livre comme simple note, au débit du compte intitulé *tel mon compte*, le montant des frais déboursés par notre correspondant, celui de la commission et le solde d'intérêt qui lui est dû.

Dans le cas où il devrait au contraire un solde d'intérêts, on pourrait le porter au grand livre au. crédit du compte intitulé *tel mon compte ;*

En observant dans les deux cas de placer les sommes dans les colonnes intérieures[1].

Lorsqu'il ne s'agit plus que de solder le compte intitulé *tel mon compte,* on balance les colonnes intérieures (193) : après quoi, ce compte étant ainsi réduit à la colonne ordinaire, on le solde par le débit ou le crédit de profits et pertes (194 et 201).

L'usage des colonnes intérieures du compte intitulé *tel mon compte* est absolument le même que celui des colonnes intérieures du compte en participation. En un

---

1. Si on le préférait, on pourrait passer écritures en partie double des frais, commission et solde d'intérêts. En ce cas, le montant en monnaie de notre correspondant n'est pas porté dans ses colonnes, parce qu'il est porté à son compte particulier ou personnel.

mot, le système de ces deux comptes est parfaitement le
même. Pour les exemples et les modèles des écritures à
passer, voyez mon *Traité des comptes en participation*.
Les exemples des opérations pour notre compte, sont les
mêmes que ceux proposés sur les affaires en participation.

J'ai traité séparément des comptes en participation,
afin qu'on ne s'en occupe qu'après que l'on saura tenir
avec facilité les livres en partie double ; et cependant
dant j'ai cru devoir insister ici sur les détails qui se rapportent au compte intitulé *tel mon compte*, pris dans ceux
qui appartiennent aux comptes en participation, pour
préparer à l'usage de ces derniers.

Mais l'explication de l'usage des comptes en participation pourrait être réduite aux termes les plus simples, si
on se bornait à n'écrire les notes des débours et des recouvrements de nos correspondants qu'au grand livre, où
leur montant est placé dans les colonnes intérieures pratiquées pour chacun [1].

*Écritures en partie double, relatives aux sommes à porter
dans les colonnes ordinaires.*

1° Il faut débiter le compte d'affaires en participation,
ou de *tel mon compte*, c'est-à-dire, *d'opérations sous tel*, de
tous les débours qu'elles nous font faire, et le créditer de
tous les produits qu'elles nous donnent.

2° Lorsqu'on veut solder ce compte, il faut préalablement le débiter de ce qui est dû à chaque correspondant

1. Je n'aurais indiqué que cette méthode, préférable par son extrême facilité, si plusieurs praticiens, esclaves de l'imitation, n'écri-
vaient pas auparavant ces notes au journal. Il est évident que, comme
elles n'ont d'autre objet que de nous faire connaître le solde que chaque
correspondant nous doit ou que nous lui devons, elles pourraient, sans
inconvénient, n'être pas portées au journal.

pour solde de ses débours, frais, commissions, intérêts ;
et il faut créditer ce compte, au contraire, de ce que chaque correspondant doit pour solde de ses débours et de ses recouvrements, ainsi que pour solde des intérêts réciproques.

3° Il faut le solder ensuite par profits et pertes.

Simples notes relatives aux sommes à porter dans les colonnes intérieures.

Pour être toujours en mesure de déterminer le solde dû par nos correspondants ou celui qu'on leur doit, il ne s'agit que de tenir note au grand livre, dans leurs colonnes seulement : savoir : au débit, de leurs débours, frais, commissions, intérêts ; au crédit, de leurs recouvrements et des intérêts qu'ils se trouvent devoir, et cela au fur et à mesure qu'on en reçoit avis. En dernier résultat il ne s'agit, après cela (193), que de porter dans l'une ou l'autre des colonnes intérieures, la somme qui en opère le solde, précédée de ces mots : *pour balance ou pour solde*.

Il n'y a que ce solde dont la valeur passe dans les colonnes ordinaires par l'effet d'un article en partie double (201).

Des comptes de constitutions dotales ou légitimaires[1].

203. Quand on constitue une dot ou une légitime, par contrat, à une fille, à un fils ou à un parent, etc., il faut débiter le compte de capital, et créditer celui des contrats de constitution dotale ou légitimaire, etc., à payer.

1. Lorsqu'on constitue une dot, etc., par contrat, on fait une sorte d'engagement à payer ; on doit à cet engagement, et non pas à la personne au bénéfice de laquelle il est fait.

Lorsqu'on acquitte ces constitutions, il faut débiter le compte des contrats de constitution dotale à payer, et créditer le compte des objets que l'on donne en payement.

Lorsqu'on paye une dot de suite en mariant une fille, ou lorsqu'on donne une légitime à un fils, etc., il faut débiter le capital, et créditer le compte des objets que l'on donne en payement.

Quand un négociant se marie et que les parents de son épouse lui payent une dot, il doit débiter la caisse et créditer le compte de constitution dotale de son épouse.

Lorsqu'il restitue le montant de cette constitution, soit après la mort de son épouse décédée sans enfants, ou en cas de divorce, il doit débiter la constitution dotale, et créditer le compte des objets qu'il donne en payement.

Enfin, lorsqu'un négociant reçoit sa propre légitime, il doit débiter le compte des objets qu'il reçoit, et créditer le compte du capital.

Du compte de capital [1].

266. Le compte de capital est le compte personnel du négociant dont on tient les livres.

Ce compte est ouvert :

1° Pour être crédité de la mise de fonds du négociant dont on tient les livres, et des héritages qui lui surviennent, ainsi que des mises de fonds fournies par des associés, dans le cas où il contracterait une association ;

2° Pour être débité des pertes considérables qui lui surviennent ;

1. Ce compte est de même nature que les comptes personnels : je le range ici parmi les comptes généraux, pour faire connaître, sans interruption, tous les comptes du négociant ou de la maison de commerce dont on tient les livres, avant d'entrer dans les détails relatifs aux comptes personnels.

3° Il doit être également débité, chaque année, du total des pertes que le négociant a faites, parce que ces pertes diminuent son capital ; et réciproquement il doit être crédité du total des bénéfices, si le négociant en a fait, parce qu'ils augmentent son capital.

Ce compte peut également servir à solder tous les autres, et à commencer des livres (487).

Du compte de balance.

On le subdivise en deux : l'un intitulé *balance de sortie;* l'autre *balance d'entrée.*

1° Du compte de balance de sortie.

207. Ce compte n'a été inventé que pour réunir à son débit, à la fin de l'année, toutes les parties de l'ACTIF, et à son crédit toutes les parties du PASSIF[1] du négociant dont on tient les livres, y compris ce qui lui est dû personnellement pour remboursement de son capital liquidé.

Il sert à solder tous les autres, à l'exception de ceux qui doivent être soldés par profits et pertes.

Entre les divers comptes généraux, il est par son objet le plus général de tous.

208. Par exemple, pour solder les comptes de tous les débiteurs d'un négociant, on les crédite du montant de ce qu'ils doivent pour solde, et on en débite le compte de balance comme s'ils avaient payé ce montant à une personne nommée Balance.

209. Pour solder les comptes des objets en nature que le négociant possède, tels que les effets à recevoir, l'argent, les marchandises, etc., on crédite chacun de ces comptes, par balance, des objets de leur espèce que le négociant possède, comme s'il avait vendu ces effets à cette même personne.

1. Voyez les notes du n° 287.

210. Pour solder les comptes des créanciers du négociant, on les débite envers balance du montant de ce qui leur est dû pour solde, comme si balance les avait payés.

211. Pour solder le compte des effets à payer, on le débite envers balance du montant de tous les billets à payer qui n'ont point encore été payés et qui sont en circulation, comme si elle les acquittait.

212. Enfin, pour solder le compte de balance et celui de capital, on débite ce dernier compte du montant du capital net du négociant, et on en crédite le compte de balance, comme si une personne nommée Balance avait remboursé ce capital à ce négociant.

213. D'où résultent les règles suivantes :

1° *Le compte de balance doit être débité de tout ce qui est dû au négociant par chacun de ses débiteurs (208); il doit également être débité du montant des effets à recevoir qu'il a en portefeuille, ainsi que de celui de l'argent, des marchandises, des meubles, des immeubles, et généralement de tous les effets ou de toutes les valeurs qu'il possède au moment où il fait sa balance générale (209);*

2° *Et le compte de balance doit être crédité de tout ce que le négociant doit à ses divers créanciers pour solde (210), du montant de tous ses effets à payer qui sont encore dehors (211) et de celui de son capital net.*

En un mot, balance doit être débitée de tout ce qui compose la fortune du négociant, et créditée de tout ce qu'il doit, tant à ses divers créanciers que pour les billets qu'il a faits, ainsi que ce qui lui revient à lui-même pour son capital.

Par ce moyen, le débit du compte de balance fait connaître tout ce que le négociant possède, et le crédit fait connaître tout ce qu'il doit aux autres et ce qu'il doit à son compte de capital ; c'est-à-dire fait connaître toutes les parties de son actif et de son passif, ainsi que le capital net ou liquidé.

Le compte de balance réunit donc à son débit et à son crédit le résultat de tous les autres comptes.

214. Pour se faire une idée nette de l'emploi de ce compte, on peut donc le considérer comme celui d'une personne supposée, à qui tous les débiteurs d'un négociant payent ce qu'ils lui doivent pour solde et à qui tous les effets de ce négociant ont été vendus ; et l'on suppose qu'elle a payé tout ce que le négociant doit à ses créanciers, tous les effets à payer encore en circulation, et au négociant lui-même le montant de son capital.

On ne se sert de ce compte que lorsqu'il s'agit de balancer tous les autres, que l'on ouvre ensuite de nouveau sur les livres par balance d'entrée ; en réunissant de part et d'autre tous les soldes débiteurs et créditeurs, il permet de connaître rapidement les résultats particuliers de tous les autres comptes 213. Il donne enfin le résultat des opérations qu'il centralise, par la comparaison du total de son débit et de son crédit.

2° Du compte de la balance d'entrée.

215. Ce compte n'a été établi que pour servir à ouvrir de nouveau sur les livres tous les comptes précédemment soldés par celui de balance de sortie, dans lequel tous leurs résultats ont été réunis : ainsi, la balance d'entrée suppose nécessairement qu'il en a été déjà fait une de sortie.

216. Pour ouvrir tous les comptes dans leur ordre naturel par le moyen du compte de balance d'entrée, il faut débiter :

1° Chacune des personnes qui doivent au négociant, de la somme qu'elles lui doivent pour solde ; les effets à recevoir, la caisse, les marchandises générales, etc., du montant du solde débiteur de chacune de ces sortes d'objets, et créditer la balance d'entrée du tout (304) ;

2° Il faut débiter la balance d'entrée de tout ce que le négociant doit à chacun de ses créanciers, pour solde, dont on crédite ces mêmes créanciers : de tous les effets à payer qui sont encore dehors, dont on crédite le compte d'effets à payer, et du montant du capital de ce même négociant, dont on crédite le compte de capital (303).

Mais pour mieux faire concevoir l'emploi de ces derniers comptes, il sera traité au long de la manière de faire la balance générale des livres.

Du compte de liquidation.

217. Quelques teneurs de livres ouvrent ce compte dans les cas suivants :

En cas de dissolution de société; lors d'une nouvelle association; ou à l'époque du décès du négociant dont ils tenaient les livres.

Ce compte de liquidation de telle société ou de telle succession, est le même que celui que d'autres teneurs de livres ouvrent à l'ancienne société, à la succession, ou enfin à l'ancien commerce, sous le nom de *succession de tel*, ou sous celui d'*ancien commerce de tel*, etc., ou encore sous toute autre dénomination.

Un compte de cette nature, soit qu'il ait été ouvert sous le nom simple de compte de liquidation ou sous tout autre, est le même que le compte de balance, et n'en diffère que par le nom.

Le compte de liquidation n'est autre chose que le compte de balance sous un autre nom, parce que ce dernier sert à solder tous les autres, afin d'en réunir tous les résultats; et que le compte de liquidation sert aux mêmes usages, la plupart du temps, de même que ceux de succession, ancienne société ou ancien commerce, etc.

On solde tous les comptes au grand livre par le compte de liquidation, comme on les solde par balance, lorsqu'on veut connaître leurs résultats et avoir un compte de liquidation, etc., au lieu d'avoir celui de balance.

Dans tous les cas, il serait cependant préférable, lorsqu'on veut liquider une société ou une succession, etc., de solder tous les comptes susceptibles de porter du bénéfice ou de la perte par le compte de profits et pertes ; de solder ensuite le compte de profits et pertes par celui de capital, en débitant ce dernier compte de ce qui revient à chacun des ci-devant associés pour leur part du capital net de la société, ou de ce qui revient à chaque héritier pour sa part du capital net qui compose l'héritage à partager, dont on crédite chaque associé ou chaque héritier ; et enfin de solder tous les autres par balance.

Par ce moyen, chaque associé ou chaque héritier se trouve crédité de tout ce qui lui revient pour sa part du capital qui était à partager ; s'il survient, dans la suite, quelque perte sur les marchandises, effets ou dettes actives de la société ou de la succession, on peut débiter chaque intéressé de sa part de ces pertes.

En dernier résultat, le compte de liquidation ou de succession, s'il est établi pour servir à solder tous les autres, comme celui de balance, ne me paraît pas préférable à ce dernier, par la raison qu'il est inutile de multiplier les dénominations pour désigner un même compte.

Mais lorsqu'on a fait la balance des anciens livres, selon les moyens ordinaires, on peut ouvrir, si l'on veut, un compte de liquidation de société sur les livres de l'associé ou du gérant chargé de la liquidation, pour débiter ce compte de toutes les pertes qui peuvent survenir pour compte de l'ancienne société, et pour répartir ces pertes à la fin entre les divers intéressés.

Tels sont les comptes généraux dont l'usage est le plus
commun, ou peut être utile; mais, encore une fois, la
connaissance des cinq comptes généraux suffit, et chaque
négociant sera capable d'ouvrir tous les autres comptes
au besoin, ou même d'en créer de nouveaux, parce
qu'ils ne sont tous que des subdivisions des cinq premiers
ou sont de même nature, à l'exception de celui de capital
qui n'est que le compte personnel du négociant et du
compte de balance, qui a pour objet de réunir à son
débit et à son crédit toutes les parties de l'actif et du
passif de ce même négociant distribuées dans tous les
autres comptes, qui à cet effet sont soldés en dernier résultat par celui de balance.

DES COMPTES PERSONNELS.

De la manière de les subdiviser chacun en plusieurs autres,
et d'en comprendre plusieurs en un seul.

Je me bornerai ici à quelques nouvelles indications
générales, et à quelques détails pratiques sur lesquels il
n'est pas nécessaire d'insister.

218. Lorsqu'on fait avec un individu des opérations
de différente nature, dont on veut se rendre raison en
particulier, au lieu d'un seul compte, en lui ouvre
autant de comptes séparés qu'on veut établir de distinctions dans les opérations que l'on fait avec lui.

219. Lorsqu'on fait des affaires avec une maison de
commerce, avec une administration, ou avec une réu-
nion quelconque d'individus opérant en nom collectif,
on ouvre un compte que l'on débite, et l'on crédite
dans les mêmes cas où on débiterait et créditerait
celui d'un individu avec lequel on traiterait les mêmes
affaires. En un mot, on considère ce compte comme ne
différant en rien de celui d'un individu et cette mai-

son ou administration, comme ne présentant autre
chose en comptabilité, qu'un débiteur ou créancier
individuel.

Ainsi, on applique à ce compte toutes les règles que
nous avons posées pour les comptes des particuliers.

226. Lorsqu'on fait des opérations de même nature avec différents individus, à chacun desquels on
ne veut pas ouvrir un compte séparé, quoiqu'ils n'aient
rien de commun les uns avec les autres, on peut comprendre tous les articles qui les concernent dans un seul
compte qu'on leur ouvre en commun; et on débite et on
crédite ce compte dans les mêmes cas où on débiterait
et créditerait chacun des individus pour lesquels il est
ouvert (225).

227. Lorsqu'un négociant fait pour son propre compte
des opérations qui lui font recevoir, de ses facteurs,
ou leur fournir des sommes dont il veut voir en détail
les différents mouvements, on lui ouvre un compte
en son nom personnel, que l'on débite et crédite dans
les mêmes cas où on débiterait et créditerait tout autre
individu[1].

228. Lorsque plusieurs individus forment par leur
association une maison de commerce, on considère la
société qu'ils composent, comme un seul être individuel;
on en tient les livres de la même manière que l'on tient
ceux d'un seul individu, et on considère chaque associé

---

1. Alors il aurait des comptes généraux ouverts pour l'objet général
de ses affaires comme étant maître de la maison; un compte de capital
pour faire connaître son capital liquide, et ses augmentations ou di-
minutions annuelles; plus un compte en son nom personnel pour y
voir les sommes qu'il a reçues et fournies personnellement pour des
opérations spéciales.

Le compte de capital pourrait suffire à tous ces usages, parce
qu'il n'est sous ce nom que le compte personnel du négociant, auquel on ouvre rarement un compte individuel lorsqu'il n'a pas d'associés.

en ce qui le concerne individuellement, comme un correspondant, auquel il faut ouvrir un compte personnel ou autant de comptes personnels séparés, que les opérations faites avec lui peuvent en exiger [1].

En dernier résultat, l'idée du compte ouvert à un individu comprend celle de tous les comptes qu'on peut lui ouvrir.

Elle comprend aussi celle du compte que l'on peut ouvrir à une société, à une corporation, à une administration, etc., avec laquelle on fait des affaires ; ainsi que celle du compte que l'on peut ouvrir en commun à un nombre quelconque d'individus, à chacun desquels on ne veut pas ouvrir un compte en particulier. En un mot : *Quelle que soit la dénomination d'un compte personnel, il faut le débiter de la somme que reçoit la société, l'administration, l'individu, ou l'un des individus dont il porte le nom, et il faut le créditer de la somme que fournit la société, l'administration, l'individu ou l'un des individus qu'il représente.* Ces comptes ne comportent aucune règle spéciale et sont soumis aux mêmes principes généraux que tous ceux que nous avons passés en revue.

Du compte personnel du négociant.

225. Ce compte n'est autre que celui du capital.

Mais dans certaines circonstances il peut être utile de le subdiviser en différents comptes ; c'est ce que nous avons examiné déjà à l'article 224. Ces comptes sont d'ailleurs les mêmes que les suivants.

1. Les livres, les comptes généraux, ainsi que le compte de capital, sont ceux de la société ; et chaque associé a un compte ouvert en son nom personnel, ou a plusieurs comptes personnels comme tout autre individu étranger à la société. Cela posé, la tenue des livres de celle-ci n'a rien qui diffère d'ailleurs de la tenue des livres d'un seul individu.

*Du compte ouvert à chaque associé d'une maison de commerce,
et de ceux dans lesquels on peut le subdiviser.*

Si le capital de la société était indéterminé, et si on
ne voulait avoir qu'un seul compte courant pour chaque
associé, on ouvrirait à chacun le compte suivant :

Du compte intitulé : NOTRE SIEUR TEL.

1º On le crédite du versement primitif de fonds que
notre sieur tel a fait à la société, et de tout ce qu'il fournit ensuite à cette dernière, ou débourse pour elle, ou
est en droit de réclamer d'elle ;

2º On le débite de ce que notre sieur tel reçoit de la
société ou pour compte de la société ;

3º On le crédite à la fin de l'année du solde d'intérêts
dus à notre sieur tel, ou on le débite de celui qu'il doit
au contraire ;

4º On le crédite, à la même époque, de la part des
bénéfices de notre sieur tel, ou on le débite, au contraire, de sa part des pertes ; ce qui étant fait de la même
manière pour chacun des autres associés, balance le
compte de profits et pertes ;

5º Enfin, on solde le compte de notre sieur tel, par
balance.

*Des comptes dans lesquels le précédent peut être subdivisé,
ou des divers comptes de chaque associé.*

Dans une société où chaque associé doit fournir
une part déterminée du capital et où il est nécessaire de voir séparément la mise de fonds, les levées,
les frais de voyage de chacun, on ouvre séparément
un compte à chaque associé et pour chacun de ces
objets.

Du compte intitulé : TEL SON COMPTE DE FONDS.

224. Ce compte n'a pour objet que de faire connaître si chaque associé a fourni la mise de fonds à laquelle il est tenu.

1° On débite ce compte de la mise de fonds que l'associé pour lequel il est ouvert s'est obligé de fournir, et on en crédite par contre le compte du capital;

2° On crédite ce compte des valeurs que cet associé fournit en payement de sa mise de fonds, et on débite les comptes ouverts à ces valeurs;

3° En dernier résultat, on solde ce compte par le débit ou le crédit du compte courant de notre sieur tel.

Du compte intitulé : NOTRE SIEUR TEL, SON COMPTE
DE LEVÉES.

225. Il est souvent convenu que chaque associé a le droit de prendre à la caisse pour sa dépense personnelle une somme limitée à tant par mois ou par année. C'est ce qu'on appelle ses levées, auxquelles on peut ouvrir un compte, si on ne veut pas les porter directement au débit de profits et pertes.

1° A mesure que notre sieur tel fait des levées, on débite son compte de levées;

2° A la fin de l'année on crédite ce compte de la valeur entière des levées allouées à notre sieur tel, dont on débite le compte de profits et pertes (frais généraux).

On solde le compte de levées à notre sieur tel, par le débit ou le crédit du compte courant de ce dernier.

Du compte intitulé : TEL SON COMPTE DE VOYAGE.

226. Lorsqu'un des associés va en voyage pour sa maison, comme lorsque tout autre individu va pour celle-ci en voyage, on lui ouvre un compte de voyage :

1° On débite ce compte de toutes les valeurs remises au voyageur à son départ, du montant des remises qu'on lui fait pendant son voyage, du produit des traites qu'il fournit sur sa maison, de ce qu'il a reçu pour prix des ventes qu'il a faites, ainsi que de ce qu'il a reçu de divers correspondants; et on crédite par contre les comptes généraux ou les comptes des personnes qui fournissent les valeurs qu'il a reçues;

2° On crédite ce compte des remises que fait le voyageur, des achats qu'il fait et dont il paye le prix aux vendeurs, et des payements qu'il fait pour compte de sa maison; des fonds ou des valeurs qu'il apporte à son retour, ainsi que du montant de ses frais de voyage; et on débite par contre les comptes ouverts aux valeurs qu'on reçoit de lui, les correspondants auxquels il a fait des payements, et le compte de frais généraux ou celui de profits et pertes;

3° On solde le compte de voyage par le débit ou le crédit du compte courant du voyageur quand il n'a pas à son retour reçu ou payé le solde de son compte de voyage.

Des divers comptes qu'on peut ouvrir à un même correspondant.

227. Tous les comptes que l'on peut ouvrir à une même personne, ne sont que des subdivisions de son compte courant, qui seul peut tenir lieu de tous les autres.

Du compte intitulé : TEL SON COMPTE.

Lorsqu'on fait pour compte d'un individu des opérations dont les frais et les intérêts des avances qu'elles exigent sont à sa charge, dont les produits sont à son bénéfice, sur lesquelles on prélève une commission, et qui donnent lieu à des mouvements de débit et de crédit que l'on veut séparer de son compte courant, on ouvre à cet individu un compte séparé intitulé : *tel son compte*.

On débite et on crédite ce compte d'après les principes suivants :

1° On le débite du montant de tous les frais occasionnés par les marchandises reçues pour compte de tel[1], du montant des traites qu'on accepte, ou qu'on paye à vue, du prix coûtant des remises qu'on fait, des marchandises qu'on achète, ainsi que des frais qu'elles occasionnent, et généralement de tous les débours que l'on fait, ou dont on se charge pour compte de *tel ;*

2° On le crédite du produit des ventes des marchandises de *tel*, de la négociation de ses remises, ou des traites qu'on fournit sur lui, et cela à l'époque seulement de la vente ou de la négociation, et en général de toutes les valeurs reçues par suite des opérations faites pour compte de *tel ;*

3° Lorsqu'on veut solder le compte intitulé : *tel son compte*, on le débite préalablement du solde d'intérêts qui se trouve nous être dû, des frais dont il n'a pas encore été passé écritures, du montant des ports de lettres, de celui de la commission convenue ; ou on le crédite du solde d'intérêts, si c'est nous qui le devons ; et on le solde par le débit et le crédit du compte courant de *tel.*

Lorsqu'on ne veut pas confondre la vente des mar-

---

1. Lorsqu'on reçoit des marchandises, ou des remises de l'envoi et pour compte de *tel*, on n'en passe écritures qu'à l'époque de la vente ou de la négociation. On passe écritures seulement des frais qu'elles occasionnent, et on se borne à prendre note sur le mémorial, ou tout un autre livre auxiliaire destiné à cet usage, des remises ou des marchandises que l'on reçoit pour compte d'autrui.

chandises pour compte de tel, avec les opérations de banque faites pour son compte, ou encore lorsqu'il s'agit d'un navire expédié par lui à notre adresse, pour en recouvrer le fret, etc., et le réexpédier, etc., on peut ouvrir les comptes intitulés:

Marchandises d'un tel, ou en commission [1].

1° On le débite de tous les débours faits pour frais de réception des marchandises, du montant de nos acceptations et remises faites en payement des marchandises vendues ou en avances sur les ventes à faire, des ports de lettres, du solde d'intérêts, s'il nous est dû, et de notre commission.

2° On le crédite du montant des ventes à l'époque où on les fait, et du solde d'intérêts, si nous le devons.

On solde le compte de marchandises de tel, par le débit ou le crédit du compte courant de ce même *tel*, comme n'étant qu'une subdivision de ce dernier.

Navire d'un tel.

On le débite de tous les débours qu'il occasionne, des frais de la commission, intérêts, etc.; et on le crédite de tous les recouvrements qu'il produit.

On solde tous les comptes semblables, par le débit et le crédit du compte courant du correspondant, pour lequel ils sont ouverts.

Ainsi ils ne servent qu'à débiter et créditer ce correspondant sous différents noms, pour voir séparément les diverses parties de son compte courant avec nous.

Mais il n'en est pas de même du suivant :

---

1. Quelques teneurs de livres intitulent ce compte : marchandises en commission d'un *tel*, etc. Les dénominations sont arbitraires.

Du compte intitulé : TEL MON COMPTE.

Ce compte est l'un des nôtres. Débiter et créditer tel mon compte, c'est débiter et créditer sous ce nom le compte des opérations que ce même *tel* fait pour notre compte, afin de connaître le bénéfice ou la perte de ces opérations. Par cette raison, il est rangé parmi nos comptes. *Voyez* (196).

Les comptes intitulés : *marchandises chez un tel, navire à l'adresse d'un tel*, sont de même nature sous ces divers noms.

Il n'en est pas de même des comptes en participation.

Des comptes en participation.

Lorsqu'on fait des opérations en participation en banque et en marchandises, toutes ces opérations peuvent être considérées comme étant faites pour compte d'une société composée de tous les participants. Cela posé, on ouvre un compte spécial, intitulé : *compte en participation à demi, à tiers ou à quart, etc., avec tels et tels*, pour y inscrire ces opérations.

Sous ce point de vue, ce compte tient de la nature des comptes personnels (219).

Des comptes ouverts en commun à plusieurs individus non associés.

228. On peut comprendre dans un seul compte les articles des comptes particuliers d'un aussi grand nombre d'individus que l'on veut (220). C'est le moyen de centraliser les comptabilités qui comprennent des détails très-nombreux. Par exemple, en supposant que l'État ait cent mille pensionnaires, il peut n'ouvrir qu'un seul compte, au grand-livre, aux cent mille rentiers qui sont en compte avec lui pour leurs rentes, et qui peuvent avoir chacun un compte particulier chez le trésorier général du département où ils ont leur domicile[1].

Pour les comptes de divers débiteurs, *voyez* (499).

De divers débiteurs douteux (504).

De divers débiteurs litigieux (505).

De divers créanciers (504) et (506).

Nous bornerons ici tous les détails que l'on pourrait ajouter sur le plus ou moins grand nombre de subdivisions du compte d'un individu, et des comptes généraux; nous ajouterons seulement ces deux observations :

1° *L'absurde multiplicité des noms différents donnés à un même compte, ou les distinctions bizarres faites de leurs différentes sortes, donnent à la tenue des livres l'aspect d'un dédale obscur, tandis qu'elle mérite seulement quelques jours d'étude spéciale, à cause de l'extrême simplicité de l'explication des cinq comptes généraux et du compte d'un individu;*

2° *La supériorité du système des parties doubles est de centraliser et de subdiviser à volonté les comptes personnels, comme les comptes généraux, pour obtenir le dépouillement général des écritures, par le seul effet de la rédaction des articles écrits au journal, et de leur transport aux divers comptes ouverts au grand livre.*

1. Voyez la note du n° 499.

DE LA MANIÈRE DE PASSER LES ÉCRITURES AU JOURNAL

SECONDE SECTION

OU EXEMPLES DES OPÉRATIONS RELATIVES A QUELQUES-UN DES COMPTES DONT ON VIENT D'INDIQUER L'USAGE.

———————— 22 *Mars.* ————————

229. J'ai acheté de Dubord le navire *la Joséphine*, à trois mâts, de 300 tonneaux, pour la somme de 90,000 fr., que je lui ai payée comme suit :

En ma traite à son ordre, à un mois de vue, sur Lecouteulx, de Paris . . . . 30,000 fr.
Idem, sur James, d'Amsterdam. 30,000
En argent. 30,000
                                          ─────────
                                          90,000 fr.

Je reçois un navire nommé *la Joséphine;* le navire *la Joséphine* doit être débité (189). Je tire une lettre de 30,000 francs sur Lecouteulx; il doit en être crédité (105). J'en tire une pareille somme sur James; il doit également être crédité. Enfin, je verse 30,000 francs; la caisse doit être créditée (403).

———————— 23 *Mars.* ————————

J'ai acheté aux suivants, et j'ai chargé sur mon navire *la Joséphine*, pour en composer la cargaison, les marchandises ci-dessous détaillées :

A BRAY, 200 tonneaux de vin rouge, à 500 francs le

tonneau, payables dans neuf mois. . . . .   100,000 fr.

A Marie BRIZARD, 500 paniers anisette, à
15 francs le panier, idem.   7,500

A MEIDIEU, 1,000 caisses prunes, pesant
ensemble net 2,000 myriagrammes, à 10 fr.
le myriagramme.   20,000

1,000 caisses savon, pesant net 2400 myriagrammes à 12 francs le myriagramme. . .   28,800

                                             _____

                                             156,300 fr.

Ces marchandises composent la cargaison de mon navire ; je débite le compte de la cargaison de *la Joséphine*
(151), et non marchandises générales ; et je crédite Bray,
Marie Brizard et Meidieu, qui me les fournissent (404).

━━━━━━━━━━ 24 *Mars.* ━━━━━━━━━

J'ai assuré à Bonnafé 40,000 francs sur son navire
l'Invincible, pour une prime d'assurances de 10 pour cent,
en payement de laquelle il m'a fait son billet à neuf mois
fixe. . . . .   4,000 fr.

Je reçois un effet à recevoir ; le compte d'effets à recevoir doit être débité. Ce billet est le produit d'une prime
d'assurances que je gagne ; le compte d'assurances doit
être crédité (405).

Nota. On pourrait créditer le compte de profits et
pertes. On a crédité celui d'assurances pour en donner
l'idée.

━━━━━━━━━━ 25 *Mars.* ━━━━━━━━━

J'ai assuré aux suivants, qui m'ont payé la prime en
leurs billets à 7 mois, savoir :

10,000 fr. à Dupré, sur son navire *l'Aglaé*, allant au
                Cap, à 10 du cent de prime qu'il m'a payé en

_____

10,000 fr., *à reporter.*

10,000 fr. *report.*
         son billet à 7 mois.. . . . . 1,000 fr.
10,000 fr. à Bray, sur *le Pollux,* idem.. . 1,000
10,000 fr. à Dupui, sur *la Diane,* idem.. . 1,000

30,000 fr. à 10 du cent.. . . . . 3,000 fr.

Je reçois des billets; le compte des effets à recevoir
doit donc être débité. Je les reçois en payement de
primes d'assurances que je gagne; le compte d'assurances
(180) doit être crédité (406).

——————— 26 *Mars.* ———————

J'ai acheté ce jour de Dupré 60 tonneaux de vin à raison de 1,000 fr. le tonneau, payables à 4 mois. J'ai expédié ce vin à Lecouteulx, de Paris, pour son compte et
risques . . . . 60,000 fr.
Ma commission à 2 pour cent, monte à . 1,200

61,200 fr.

J'envoie 60 tonneaux de vin à Lecouteulx; il doit être
débité. Dupré, qui fournit ce vin, doit être crédité. Le
compte de commission doit être crédité de celle que je
gagne (407).

——————— 27 *Mars.* ———————

229. J'ai dépensé pour frais de commerce, les trois
mois derniers. . . . . 5,400 fr.
Pour la dépense de ma maison.. 3,000

8,400 fr.

Les frais de mon commerce et la dépense de ma maison sont une perte dont je pourrais débiter le compte de
profits et pertes; mais comme je veux en connaître le to-

tal à la fin de l'année, je débite le compte des frais généraux (178), des frais de commerce, le compte des dépenses générales (179), des dépenses de ma maison; et je crédite la caisse qui fournit le tout (408).

——————— 28 *Mars.* ———————

230. J'ai payé en espèces aux suivants, pour frais d'armement de mon navire, savoir :

Au capitaine, pour le rembourser de tous les frais d'armement, gages d'équipage, etc., dont il m'a fourni le compte, et qu'il a payés de ses fonds, ci. . . 40,000 fr.

A Catherine, marchande de volailles, pour
les vivres qu'elle a fournis 2,000
——————
42,000 fr.

Le compte d'armement doit être débité (189), et la caisse qui fournit doit être créditée (409).

——————— 10 *Avril.* ———————

231. J'ai acheté de compte à tiers avec Bray et Dupui :
20 tonneaux de vin rouge, à 1,000 fr. le tonneau,
ci . . . . 20,000 fr.
32 idem, blanc, à 500 fr. ci. 16,000
——————
36,000 fr.

J'ai payé en sus pour frais divers. . . . . 600 fr.
——————
36,600 fr.

J'achète des marchandises de compte à tiers avec Bray et Dupui; ces deux derniers doivent être débités chacun de leur part. Le compte de marchandises en société doit être débité de la mienne (153), et de plus des frais (153). La caisse fournit, elle doit être débitée; enfin, le compte des frais généraux (178) doit être crédité des frais (410).

———————————— 11 *Avril.* ————————————

232. J'ai vendu au comptant, à raison de 600 fr. le tonneau, les 32 tonneaux de vin blanc, achetés de compte à tiers avec Bray et Dupui, ci. . . . . 19,200 fr.

Je reçois de l'argent; la caisse doit être débitée. Je vends des marchandises de compte à tiers; marchandises de compte à tiers (153) doivent être créditées (411).

———————————— 12 *Avril.* ————————————

233. J'ai vendu au comptant, et à raison de 1,200 fr. le tonneau, les 20 tonneaux de vin achetés de compte à tiers avec Bray et Dupui, ci. . . , ... 24,000 fr.

Nota. J'ai déboursé 336 fr. de frais. La vente des marchandises en société étant finie, il faut en débiter le compte pour le montant de ma commission, à 2 pour 100, et le solder.

J'ai reçu de l'argent; la caisse doit être débitée. J'ai vendu les 20 tonneaux de vin, de compte à tiers; les marchandises de compte à tiers (153) doivent être créditées (412).

———————————— 13 *Avril.* ————————————

234. En outre, le compte de marchandises en société doit être débité de ma commission (153) à 2 pour 100 sur la vente, et des frais (153); et le compte de commission (181), ainsi que celui des frais généraux (178), doivent être crédités (413).

———————————— *Dudit.* ————————————

235. Les marchandises de compte à tiers ont produit 41,400 fr., déduction faite des frais de la commission; il revient donc à chacun de mes associés 13,800 fr. pour leur tiers du produit net ; marchandises en société doivent être débitées de ce qui revient à chacun de mes associés pour leur portion du net produit, parce qu'elles ont été crédi-tées de la totalité des ventes, et mes associés doivent être crédités de la part qui leur appartient (414).

———————— *Dudit.* ————————

236. La part de mes associés ne leur ayant coûté que 12,000 fr., et leur produisant 13,800 fr., il est évident qu'ils gagnent chacun 1,800 fr. : je dois donc gagner au-tant. En effet, tous les articles précédents étant passés, le crédit du compte de marchandises en société excède le débit de 1,800 fr., ce qui est ma part du bénéfice. Pour solder ce compte, je débite marchandises en so-ciété, et je crédite profits et pertes (415).

———————— *13 Avril.* ————————

237. Dubord, de Nérac, a acheté 40 tonneaux de vin rouge, à 500 fr. le tonneau, et me les a expédiés pour être vendus de compte à demi avec moi.

Je reçois 40 tonneaux de vin, de l'envoi de Dubord, mais c'est en société avec lui ; je débite donc marchan-dises en société, pour ma part seulement (153), et je cré-dite Dubord (416).

———————— *14 Avril.* ————————

238. J'ai vendu comptant les 40 tonneaux de vin, de compte à demi avec Dubord, à 600 francs le tonneau, ci. 24,000 fr.

Nota. J'ai déboursé 1,000 fr. de frais de tonnelier ou de réception.

Je reçois de l'argent ; la caisse le doit. Je vends des marchandises de compte à demi ; j'en crédite le compte des marchandises de compte à demi (417).

Dudit.

259. J'ai déboursé 1,000 francs; les marchandises en société doivent en être débitées (153), et frais généraux (178) doivent en être crédités (118).

Dudit.

240. Les marchandises ont produit net 23,000 fr.; c'est 11,500 fr. pour Dubord. Je débite les marchandises en société et je crédite Dubord de sa part de leur produit (419).

Dudit.

Dubord a donc gagné 1,500 fr., et je dois avoir autant gagné. Le crédit des marchandises en société excède en effet le débit de 1,500 fr.; je débite marchandises en société pour solde (153), et je crédite profits et pertes (420).

Nota. Mon ami ayant fait l'achat, et moi seulement la vente, la commission n'est due ni à l'un ni à l'autre (153).

15 *Avril.*

241. Dupré a acheté 1,000 caisses prunes d'Entes, de compte à demi avec moi . . . . 20,000 fr.

Étant associé dans cet achat, marchandises de compte à demi avec Dupré doivent être débitées pour ma demie; Dupré doit en être crédité (421).

16 *Avril.*

242. Dupré m'écrit qu'il a vendu 25,000 fr. net les 1,000 caisses de prunes achetées de compte à demi.

La moitié des marchandises vendues par Dupré m'appartenant, je débite Dupré de ma moitié du produit net qu'il me doit, et j'en crédite (155) les marchandises en société (422).

Dudit.

243. Ces marchandises ne m'ayant coûté que 10,000 fr., et ma moitié produisant 12,500 fr., je gagne 2,500 fr. ; je débite les marchandises de compte à demi pour solde, et je crédite profits et pertes (423).

Tels sont tous les cas différents des marchandises en société.

19 Avril.

244. Martel et compagnie nous ont vendu 20,000 bouteilles de vin, en caisse, montant à 20,000 fr., que nous avons chargées sur notre navire *la Joséphine*, et dont il a été omis de passer écriture en son rang de date.

Ledit Martel en a laissé le capital en nos mains, à titre de prêt à la grosse aventure sur notre navire *la Joséphine*, à l'intérêt de 20 pour cent, pour lequel capital et intérêt montant ensemble à 24,000 fr., nous avons consenti en sa faveur un contrat d'emprunt à la grosse, retenu par Brun et son confrère, notaires à Bordeaux.

[Nous avons acheté pour 20,000 fr. de marchandises que nous avons chargées sur notre navire, et qui nous reviennent à 24,000 fr., avec l'intérêt de 20 pour cent ; le compte de cargaison doit en être débité. Nous les payons, en consentant un contrat d'emprunt de grosse aventure à payer, de 24,000 fr. ; le compte de contrats de grosse aventure à payer doit donc en être crédité (176)]. Nous écrivons (424).

245. *Exemple de la manière de passer écriture du compte rendu, par un capitaine de navire, de sa gestion.*

Le compte qu'un capitaine de navire rend de sa gestion contient, au débit, toutes les sommes qu'il a déboursées, et, au crédit, tout ce qu'il a reçu pour compte de l'armateur.

Ce dernier doit en passer écritures, en débitant les comptes de cargaison, d'armement, de marchandises générales, les personnes auxquelles il a été vendu à crédit, etc.; et le compte de caisse, des diverses sommes portées au débit du compte qui lui est remis par le capitaine.

Et il doit créditer les comptes d'armement et de cargaison, etc., des différentes sommes portées au crédit de ce même compte[1].

En un mot, le débit d'un compte semblable indique les divers comptes qui doivent être débités, et le crédit indique ceux qui doivent être crédités sur les livres de l'armateur.

Voyez (page 142) le compte qu'on y a établi sous le n° 246.

---

1. Quelques teneurs de livres suivent une autre méthode pour passer écritures des retours faits par un capitaine, ou des produits d'un armement. Ils ouvrent les comptes suivants :

Des comptes de fonds en Amérique et de : TEL CAPITAINE.

Ces comptes ne servent qu'à établir celui de la gestion d'un capitaine tel qu'il le rend.

Ils n'ont pour objet que d'épargner à l'armateur la peine d'avoir recours au compte rendu par le capitaine sur une feuille volante, et qu'il faut chercher la plupart du temps dans des liasses ou dans des cartons.

1° On débite *tel capitaine, son compte de gestion,* de toutes les ventes et recouvrements de tous genres faits en Amérique par le capitaine, pour compte de l'armateur, et on crédite le compte de *fonds en Amérique.*

2° On crédite *tel capitaine, son compte de gestion,* de tous les retours faits par le capitaine, en marchandises, en créances, et en argent, s'il solde la gestion en numéraire; et on en débite le compte *e fonds en Amérique;* ce qui opère la balance des deux comptes.

On peut tenir ces comptes en doubles colonnes, l'une pour les sommes en monnaies étrangères, et l'autre pour leur valeur en argent de France.

Tous les objets de comptabilité de la cargaison et de l'armement doivent être écrits ensuite sur les livres de l'armateur comme si les deux articles précédents n'y avaient pas été passés, attendu que ces deux articles ne sont passés que pour mémoire, et pour faire figurer le compte de gestion du capitaine sur les livres de l'armateur.

Cela posé, indépendamment des deux comptes précédents, on en ouvre un aux denrées coloniales apportées en retour par le capitaine, et un aux créances en Amérique, produites par les ventes qu'il a faites à terme et dont il rapporte les titres.

On peut tenir ces comptes en doubles colonnes.

Du compte des denrées coloniales.

On ne passe écriture des denrées coloniales apportées en retour par le capitaine, qu'à mesure qu'on les vend, comme on le fait pour les marchandises en commission (156).

1° On crédite le compte des denrées coloniales du produit de toutes celles que l'on vend ;

2° On le débite de tous les droits, frais, fret, etc. ;

3° Lorsque la vente est finie, on en balance le compte en le débitant du solde dont on crédite l'armement et la cargaison, chacun pour la part qu'ils doivent avoir de ces retours, en proportion de ce que la cargaison et l'armement ont rendu en Amérique, chacun en particulier.

Du compte des créances en Amérique.

1° On débite ce compte des créances dont le capitaine rapporte le titre, et on crédite le compte de cargaison ou celui d'armement, selon qu'elles proviennent de l'un ou de l'autre, observant de porter le montant de ces créances, en monnaies étrangères, dans la colonne intérieure du compte des créances, et en dedans de la colonne ordinaire du crédit du compte d'armement ou de celui de cargaison. En effet, ces créances ne feront réellement partie du produit de l'armement et de la cargaison, que lorsqu'on en aura reçu le montant ; jusque-là, elles ne doivent être portées au crédit de ces deux comptes qu'en dedans, et seulement pour mémoire, attendu qu'elles ne font pas partie de leur crédit, et que l'on n'en doit rendre aucun compte aux intéressés avant d'en avoir été payé, à moins que ce ne fût pour leur distribuer ces créances en les partageant avec eux ;

2° On crédite ce compte du produit de toutes les créances lorsqu'on en reçoit le montant, et on débite le compte de l'objet que l'on reçoit, observant de mettre la somme en monnaies étrangères dans la colonne intérieure du crédit du compte des créances en Amérique, et ce qu'elle a produit en argent de France dans la colonne ordinaire ; et observant également de ne pas oublier de porter ce produit en argent de France dans la colonne ordinaire du compte d'armement ou de celui de cargaison, à côté des sommes en monnaies étrangères placées en dedans de ces comptes, et de porter dans la colonne du débit du compte des créances, à côté de chaque somme de monnaies étrangères, ce qu'elle a produit en argent de France ;

3° On solde ce compte par celui de cargaison ou d'armement lorsque les recouvrements sont achevés : s'ils offrent du bénéfice, on débite créances en Amérique du solde en argent de France, et on en crédite l'armement ou la cargaison qui ont produit ces créances, et par conséquent ce bénéfice.

On fait l'inverse si elles offrent de la perte.

Des marchandises et des espèces rapportées par le capitaine.

Lorsqu'un capitaine rapporte des marchandises invendues, on en passe écritures après qu'on les a vendues ou à mesure qu'on les vend.

On crédite le compte de cargaison de leur produit à mesure qu'on les vend, et on débite le compte des objets que l'on reçoit en retour.

Lorsque le capitaine solde son compte de gestion en numéraire, on débite la caisse et on crédite les comptes de cargaison ou d'armement.

Il faut solder ensuite les comptes d'armement et de cargaison.

De la manière de solder les comptes d'armement et de cargaison.

Les ventes des denrées coloniales étant achevées, ainsi que toutes les opérations relatives à un armement, les comptes d'armement et de cargaison ayant été débités et crédités, chacun comme ils doivent l'être du fret et des frais de désarmement, etc. (151, 189), on balance les comptes de cargaison et d'armement, en les débitant pour solde du bénéfice qu'ils produisent, et en créditant profits et pertes pour la part de l'armateur, et chaque intéressé pour sa propre part de ce bénéfice. On ferait l'inverse pour la perte.

246. *COMPTE de vente et net produit de la cargaison et fret d*

ou compte de la gestion de Jea

DOIT[1].

MALLET,

Pour vivres achetés au Cap.	1,400 fr.
Réparations au navire.	500
Pour frais de déchargement.	2,000
Pour achat de 210 milliers café.	120,000
Pour *idem* de 30 futailles indigo.	60,000
Idem de 100 balles de coton.	36,000
Pour marchandises vendues à crédit aux sieurs Andrieu, Lafitte et Bernard.	27,000
Pour *idem* vendues à Dubergier.	7,000
Pour une traite de Durant sur Paujet, à Paris, au 4 février fixe, en payement des marchandises à lui livrées; ladite traite remise au sieur Mallet.	8,000
A lui compté en argent, pour solde. . . .	37,000
	298,900 fr.

Certifié conforme à mes livres, e

---

1. Le compte ci-dessus est celui que le capitaine de mon navire rend d
sa gestion. Les différentes parties du débit de ce compte indiquent celles d
débit de l'article qu'il faut passer au journal. Ainsi, le compte d'armement do
it e débité des vivres achetés au Cap, et des réparations faites aux navires (189)
le compte de cargaison, des frais de déchargement (151) ; celui de marchan
dises générales, du prix coûtant des 210 milliers de café, des 30 futailles in
digo, et des 100 balles coton que le capitaine a achetés et doit me livrer e
retour des fonds qu'il a reçus au Cap, pour mon compte; Andrieu, Lafitte e
Bernard, ainsi que Dubergier, doivent être débités de ce qu'ils me doiver
pour les marchandises à eux vendues à crédit; le compte d'effets à recevo
doit être débité de la traite sur Paujet; et la caisse doit être débitée des fond
qui me sont remis par le capitaine de mon navire.

re la Joséphine, *expédié au Cap par* M. MALLET, *armateur,*
INET, *capitaine dudit navire.*

AVOïR[1].

ateur,

r fret de marchandises chargées pour
ompte de divers. . . . .   35,000 fr.
r passage de quatre passagers.   4,000
r le montant total des marchandises
omposant la cargaison, y compris celles
endues à crédit. 259,900

298,900 fr.

itable sauf erreur ou omission.

Bordeaux, 19 avril 1867.

Jn COMINET, *capitaine.*

. Les différentes parties du crédit du compte ci-dessus composent celles
crédit de l'article qu'il faut passer au journal : ainsi, le compte d'armement
être crédité des fonds reçus au Cap par le capitaine, tant pour le fret dont
reçu le montant, que pour le prix du voyage des passagers (189); et le
pte de cargaison doit être crédité du produit total des marchandises qui la
posent (151), et qui ont été vendues au Cap.
L'article qu'il faut passer pour les différentes parties du débit et du crédit
compte ci-dessus, est un DIVERS A DIVERS. Les parties du débit dudit
pte indiquent les divers débiteurs de l'article qu'il faut passer au journal,
es différentes parties du crédit indiquent les divers créanciers.] J'écris :
ERS A DIVERS (425).

——————————— 20 *Avril*. ———————————

247. J'ai compté ce qui suit au capitaine Cominet :
Pour solde de frais de déchargement. . . . 2,500 fr.
Pour frais de désarmement de marchan-
   dises composant ses retours 4,900
Pour les gages des équipages. 18,000
Pour le prix du voyage dudit capitaine. . . 6,000
                                     31,400 fr.

Le compte d'armement doit être débité des frais de
désarmement, des gages de l'équipage, et du voyage du
capitaine (189) ; le compte de marchandises générales
doit être débité des frais de déchargement (426).

——————————— *Dudit*. ———————————

248. Nous avons évalué à 25,000 fr. le fret des marchandises qui m'ont été apportées en retour par mon navire *la Joséphine*, ci . . . . 25,000 fr.
Le compte des marchandises générales doit être débité
du fret des marchandises que je reçois ; et celui d'armement doit être crédité du prix de ce fret, comme celui
des marchandises appartenant à d'autres particuliers
(427).

——————————— 22 *Avril*. ———————————

249. J'ai reçu 30,000 fr. en espèces pour le fret des
marchandises apportées par mon navire *la Joséphine*,
pour compte de divers, ci . . . . 30,000 fr.
La caisse doit être débitée, et le compte d'armement
crédité (428).

——————————— *Dudit*. ———————————

250. J'ai évalué à 20,000 fr. le fret de la cargaison

que j'ai envoyée au Cap par mon navire *la Joséphine*,
ci . . . . 20,000 fr.

Le compte de cargaison doit être débité (151), et celui
d'armement (189) doit être crédité (429).

─────────── 23 *Avril*. ───────────

251. J'ai reçu 10,000 fr. en espèces, pour le prix du
passage de quatre colons amenés en Europe par mon
navire *la Joséphine*, ci . . . . 10,000 fr.

Le compte de caisse doit être débité, et celui d'armement crédité (430).

─────────── *Dudit*. ───────────

252. Le navire étant désarmé, il faut solder les comptes de cargaison et d'armement.

Le compte de cargaison ayant été débité de l'achat des
marchandises envoyées en Amérique, et crédité de leur
produit total, doit être soldé par profits et pertes (151).

Le compte d'armement ayant été débité de tout ce
qu'il a coûté, et crédité de tout ce qu'il a produit, doit
également être soldé par profits et pertes (431).

─────────── 24 *Avril*. ───────────

253. Les suivants m'ont compté les sommes ci-après
détaillées, dont il a été omis de passer écritures lorsque
je les ai reçues :

Beaufour, 11,000 francs pour solde de son compte,
ci . . . . 11,000 fr.

Dupin, 20,000 fr. qu'il m'a compté pour
solde, ci. 20,000

Oré, 2,400 fr. pour ma traite, à son ordre
et à vue, de pareille somme que j'ai tirée sur
Jauge, de Paris, pour solde du compte cou-

                                        ─────────
        A reporter. . . . 31,000

Report. . . . 31,000 fr.

rant de ce dernier, et de laquelle traite le
sieur Oré m'a payé la valeur au pair, ci . . .   2,400

　　Dupré, 27,680 fr. pour le montant de ma
traite, à son ordre et à vue, de pareille somme,
que j'ai tirée sur Robert, de Paris, pour solde
du compte courant de ce dernier, et de laquelle traite ledit Dupré m'a payé la valeur au
pair, ci. 27.680

61,080 fr.

　　Je reçois ou j'ai reçu de l'argent, dont il a été omis de
passer écritures lorsque je l'ai reçu : la caisse doit être
débitée actuellement; Beaufour et Dupin, qui me payent,
doivent être crédités. Oré ne doit pas être crédité, parce
que je lui fournis une lettre de change au pair, d'une valeur égale à l'argent qu'il me donne ; d'où il suit que je
ne reçois aucune valeur de lui dont je lui sois redevable.
Les effets à recevoir ne doivent pas non plus être débités, parce que la lettre de change que je fournis à Oré,
sur Jauge, de Paris, n'est pas un effet à recevoir existant dans mon portefeuille; c'est purement et simplement
un ordre que je donne audit Jauge de payer, pour solde
de compte courant, la somme de 2,400 fr. : c'est donc
Jauge qui payera cette somme, et qui en doit être crédité. Robert, de Paris, sur lequel je tire également une
lettre de change par ordre de Dupré, doit aussi être crédité (432).

　　254. Je ne multiplierai pas les exemples, par la raison
que ceux que j'ai donnés suffisent, ou sont de la même
nature que ceux que l'on pourrait proposer, et surtout
encore parce qu'il est impossible qu'une personne qui a
bien conçu le principe établi (28) et la manière d'en
faire l'application, puisse être embarrassée dans aucun
cas.

Maintenant que j'ai enseigné à passer les articles au journal, et à les transporter au grand livre, il ne reste plus qu'à enseigner la manière de faire la balance générale des livres.

De la balance générale des livres.

255. Faire la balance générale des comptes du grand livre, c'est en arrêter et solder tous les comptes, afin de connaître le résultat de chacun en particulier et de tous en général.

256. Débiter un compte de la somme qui manque à son débit pour égaler son crédit[1], et créditer un compte de ce qui manque à son crédit pour égaler son débit[2], c'est ce qu'on appelle solder son compte.

257. Pour connaître le résultat de chaque compte, c'est-à-dire ce que chaque compte doit pour solde, ou ce qui lui est dû, il suffit d'additionner les sommes portées au débit et au crédit de chacun.

258. Pour connaître le résultat de tous les comptes ouverts sur les livres d'un négociant, il faut :

1° Solder par profits et pertes tous les comptes qui présentent de la perte ou du bénéfice (177 et suivants); ce qui réunit sur le compte de profits et pertes toutes les pertes ou tous les bénéfices des autres comptes ;

2° Solder le compte de profits et pertes par celui de capital (186); ce qui ajoute au crédit du compte de capital le montant des bénéfices que l'on a faits, ou à son débit le montant des pertes qu'on a éprouvées, c'est-à-dire

---

1. Lorsque le débit d'un compte est inférieur à son crédit, on solde ce compte, ou, en d'autres termes, on en rend le débit égal au crédit, en débitant ce compte de la somme qui manque à son débit pour égaler son crédit, et en créditant un autre compte de cette même somme.

2. Lorsque le crédit d'un compte est, au contraire, inférieur au débit, on crédite ce compte de la somme qui manque au crédit pour égaler le débit, et on débite un autre compte de cette même somme.

ce qui augmente ou diminue le capital que l'on possédait ;

3° Et solder tous les autres comptes par balance (207); ce qui réunit enfin au compte de balance le résultat de tous ces autres comptes, et fait connaître le résultat général ;

Solder ainsi généralement tous les comptes, c'est ce qu'on appelle faire la balance des livres.

259. L'objet d'un négociant qui solde généralement tous les comptes du grand livre, est de connaître tout ce qu'il doit, tout ce qui lui est dû, et le montant de ce qu'il possède en argent, billets, marchandises, meubles, immeubles, etc.; en un mot, est de faire son état de situation.

Mais pour enseigner avec plus de fruit la manière de balancer tous les comptes d'un grand livre, nous allons faire la balance des comptes du grand livre, qui contient toutes les affaires que nous avons supposées.

De la balance générale des livres.

260. Un négociant doit faire la balance de ses livres chaque année, pour savoir au juste l'état de ses affaires. On la fait également lorsque les anciens livres sont pleins, et qu'il s'agit d'en connaître le résultat pour commencer de nouveaux livres, ou lorsqu'il s'agit de connaître les affaires d'un négociant qui a failli, ou lors de son décès, ou lors de la dissolution d'une société, etc.

Préparations nécessaires.

261. 1° Un négociant qui veut solder, à une époque quelconque, tous les comptes établis sur ses livres, doit, avant tout, faire l'inventaire estimatif de tout ce qu'il possède, tant en marchandises, argent, effets à recevoir, qu'en immeubles, etc., et de ce qu'il doit par billets; observant de n'estimer les marchandises et autres effets qu'à des prix modérés, afin de ne leur attribuer que la valeur qu'il pourrait en retirer au cours le plus bas;

2° Il faut qu'il additionne le débit et le crédit de chaque compte du grand livre, comme on le fait à la fin de chaque mois[1], si c'est avant la fin du mois qu'il fait sa balance;

3° Qu'il réunisse sur la feuille des balances de chaque mois, les débits des différents comptes les uns au-dessous des autres, pour connaître le total de ces débits réunis, lequel doit être égal au total des crédits réunis de la même manière sur la feuille des balances et à la somme totale des articles du journal; en un mot, il faut qu'il opère sur les indications données pour simplifier la balance. Voyez (321).

La somme totale des débits du grand livre étant égale à celle des crédits, ainsi qu'à celle de tous les articles du journal, on a la preuve mathématique que tout est bien transporté du journal au grand livre, *sans qu'il soit nécessaire de pointer ces deux registres*, et que tout est en bon ordre au grand livre.

Cela fait, tout est préparé pour que tous les comptes puissent être soldés ou balancés chacun en particulier.

S'il existait la moindre différence, elle ne pourrait venir que d'erreurs commises dans le mois courant; en ce cas, on les redresserait sans peine, en refaisant les additions relatives aux écritures de ce mois seulement, puisque celles relatives aux précédents ont donné des résultats exacts.

262. Comme on le voit, il n'y a rien de plus utile en matière de tenue des livres, que 'a préparation faite

---

1. Ces additions du débit et du crédit de chacun des comptes ouverts au grand livre formaient seules autrefois toute la difficulté de la balance générale, parce qu'on ne les faisait que tous les ans : cette difficulté n'existe plus. Voyez la Balance simplifiée (316 et 321).

265. BALANCE DE					JANVIER.		

DÉNOMINATION DES COMPTES.	FOLIOS DU GR. LIVRE.	DÉBIT.		CRÉDIT.		DÉBIT.	
		fr.	c.	fr.	c.	fr.	
Marchandises générales......	1	139.960	..	139.856	..	140.110	
Effets à recevoir...........	2	26,000	..	12.000	..	53,910	
Effets à payer............	3	11.000	..	21.900	..	18.100	
Caisse...................	4	63.674	66	16.162	..	86,001	
Profits et Pertes...........	5	2,081	31	20.388	..	2.591	
James, de l'île Maurice......	6	......	..	4.600	..	......	
Jean...................	7	22,400	..	12.000	..	31,400	
Jauge, de Lyon............	7	2.400	..	......	..	2.400	
Paul...................	8	1,000	..	......	..	1,000	
Dupui...................	8	5,200	..	35,500	..	15,700	
March. de compte à demi avec Bray et Dupui...........	8	......	..	......	..	......	
Dupré...................	9	2,700	..	16.000	..	7.700	
Robert, de Paris...........	9	......	..	......	..	19,680	
Bray...................	9	......	..	12,000	..	......	
Navire la Joséphine........	10	......	..	......	..	......	
Lecouteulx, de Paris........	10	......	..	2,000	..	......	
James, d'Amsterdam........	10	......	..	......	..	......	
Dubord...................	10	......	..	......	..	......	
Cargaison de la Joséphine...	11	......	..	......	..	......	
Pierre...................	11	......	..	11,000	..	11,000	
Marie Brizard............	11	......	..	......	..	......	
Meydieu...................	11	......	..	......	..	......	
Assurances...............	12	......	..	......	..	......	
Commissions.............	12	......	..	......	..	......	
Frais généraux...........	12	......	..	......	..	......	
Beaufour...............	12	12.000	..	......	..	12,000	
Dépenses générales........	13	......	..	......	..	......	
Armement de la Joséphine..	13	......	..	......	..	......	
Grosse aventure à payer.....	13	......	..	......	..	......	
March. de compte à demi avec Dubord............	13	......	..	......	..	......	
Idem avec Dupré...........	14	......	..	......	..	......	
Andrieu, Lafitte et Bernard...	14	......	..	......	..	......	
Dubergier...............	14	......	..	......	..	......	
Duparc...............	14	31.000	..	......	..	31.000	
Dupin...............	15	20,000	..	......	..	20,000	
		336,116	..	336,416	..	461,956	

FÉVRIER CRÉDIT		MARS DÉBIT		MARS CRÉDIT		AVRIL DÉBIT		AVRIL CRÉDIT	
fr.	c.	fr.	c.	fr.	c.	fr.	c.	fr.	c.
50,356	..	141,510	..	150,356	..	387,410	..	150,356	
39,910	..	93,940	..	61,910	..	101,910	..	61,910	
36,360	..	26,360	..	59,565	..	26,360	..	59,565	
62,112	..	148,861	66	219,507	..	319,141	66	287,507	
21,718	..	65,639	34	48,258	..	72,703	31	171,322	
4,000	..	....		4,000	..	4,000	..	4,000	
24,000	..	34,400	..	37,400	..	34,400	..	37,400	
......	..	36,400	..	31,000	..	36,100	..	36,100	
......	..	1,000	..	1,000	..	1,000	..	1,000	
44,500	..	50,700	..	66,100	..	62,700	..	79,900	
						13,200	..	43,200	
						21,200	..	90,500	
17,500	..	8,700	..	80,500	..	39,680	..	39,680	
		39,680	..	12,000	..	29,445	..	117,210	
31,410	..	17,445	..	131,110	..	90,000	..		
		90,000	..	....		61,200	..	42,000	
2,000	..	61,200	..	12,000	..	....		30,000	
		....		30,000	..			21,500	
		156,300	..			259,900	..	259,900	
28,000	..	22,000	..	28,000	..	22,000	..	28,000	
		....		7,500	..			7,500	
		....		48,800	..			18,800	
		....		7,000	..	7,000	..	7,000	
		....		1,200	..	2,064	..	2,064	
		5,100	..			5,100	..	5,100	
		12,000	..	1,000	..	12,000	..	12,000	
		3,000	..	....		3,000	..	3,000	
		42,000	..	....		124,000	..	124,000	
		....		....				24,000	
						24,000	..	24,000	
		....		....		12,500	..	12,500	
		....		....		27,000	..		
						7,000	..		
		31,000	..	34,000	..	31,000	..	34,000	
		20,000	..	....		20,000	..	20,000	
461,956	..	1,105,566	..	1,105,566	..	1,916,674	..	1,916,674	

chaque mois de la balance générale, par l'effet seul de l'addition des articles portés au débit et au crédit de chaque compte ouvert au grand livre, de ceux écrits au journal pendant la durée du mois, et des débits et crédits réunis de tous les comptes. Par ce moyen, on évite de longues et ennuyeuses recherches, d'autant plus rebutantes, que l'attention la plus soutenue, et l'expérience la plus éclairée, ne pourraient garantir du désagrément de recommencer plusieurs fois ce travail fastidieux, lorsqu'il comprend les écritures et les additions relatives aux affaires de l'année entière. On évite également de pointer le journal avec le grand livre, à l'exception du cas assez rare où les additions faites à la fin du mois ne donneraient pas des résultats exacts.

Selon l'addition faite au grand livre du débit et du crédit de tous les comptes qui y sont établis, et qui ne sont pas déjà soldés, ces comptes sont débiteurs et créanciers, le 24 avril 1867, des sommes portées dans les colonnes du mois d'avril du tableau ci-contre [1], qui porte le n° 263.

265. Voyez le tableau ci-contre (pages 150 et 151).

264. Lorsque le total des débits des divers comptes du grand livre est égal à celui des crédits, il ne s'agit plus que de solder chacun de ces comptes en particulier sur les principes suivants, savoir :

265. 1° Ceux qui présentent en dernier résultat de la perte ou du bénéfice, par profits et pertes (177 et suivants);

266. 2° Celui de profits et pertes, par capital (186);

267. 3° Et tous les autres par balance (207).

---

1. Les sommes portées dans les colonnes du mois d'avril du tableau ci-contre, sont le montant du débit et du crédit de chacun des comptes dont le nom se trouve sur la même ligne, et dont les articles du débit et du crédit ont été additionnés le 24 avril 1867 (321. 324 et 325).

268. Il faut d'abord solder tous les comptes qui ne sont que des subdivisions de celui des profits et pertes (265).

Manière de solder le compte de frais généraux.

PREMIER EXEMPLE.

FRAIS GÉNÉRAUX,	DOIVENT :	AVOIR :
Au grand livre, f° 12.	5400 fr.	1336 fr·

Le compte des frais généraux étant débité de la somme de 5,400 francs, et crédité de 1,336 francs, folio 12 du grand livre (263), le débit des frais généraux excède le crédit de 4,064 francs, et ainsi j'ai déboursé 4,064 francs de frais, qui sont pour moi une perte réelle, puisqu'il ne m'en doit rien revenir; je dois donc débiter profits et pertes de cette perte, et en créditer pour solde le compte de frais généraux (178, 433).

SECOND EXEMPLE.

269. *Manière de solder le compte de commissions.*

COMMISSIONS,	DOIVENT :	AVOIR :
Au grand livre, f° 12.	rien.	2064 fr.

Les 2,064 francs du crédit du compte des commissions sont le total de celles que j'ai gagnées, ou de ce qu'elles m'ont produit; je débite alors les commissions de cette somme, pour en solder le compte, et j'en crédite celui de profits et pertes (434).

TROISIÈME EXEMPLE.

270. *Manière de solder le compte d'assurances.*

ASSURANCES,	DOIVENT :	AVOIR :
Au grand livre, f° 12.	rien.	7000 fr.

Le crédit du compte d'assurances est chargé du total

des bénéfices qu'elles m'ont procurés, ou des primes que j'ai gagnées; j'ai donc gagné 7,000 francs, dont je dois créditer le compte des profits et pertes, et dont il faut débiter celui des assurances pour solde (184, 435).

QUATRIÈME EXEMPLE.

271. *Manière de solder le compte de dépenses générales.*

DÉPENSES GÉNÉRALES,	DOIVENT :	AVOIR :
Au grand livre, f° 13.	3000 fr.	rien.

Les 3,000 francs du débit du compte de dépenses générales, sont le total de celles que j'ai faites, et sont pour moi une perte, puisqu'il ne m'en doit rien revenir : je débite alors le compte de profits et pertes de cette somme (183), et j'en crédite celui de dépenses générales pour solde (436).

272. *Manière de solder le compte de marchandises générales.*

MARCHANDISES GÉNÉRALES,	DOIVENT :	AVOIR :
Au grand livre, f° 1.	387440.	150356

La situation du compte de marchandises générales étant telle que ci-dessus, je vois sur l'inventaire qui a été fait de ce que je possède, quelles sont les marchandises qui me restent (295).

Je vois donc qu'il me reste pour 326,000 fr. de marchandises évaluées au cours actuel, et détaillées sur l'inventaire (295). Je crédite marchandises générales, et je débite le compte de balance de sortie de cette somme (437).

273. Or, les marchandises générales ayant été débitées de toutes celles que j'ai achetées, montant à 387,440 francs, et ayant été créditées de celles déjà vendues, montant à 150,356 fr., de même que de celles qui me restent en magasin, montant à 326,000 francs, lesquelles deux sommes réunies font celle de 476,355 francs ; il est donc évident qu'elles m'ont produit ou me produiront 88,916 francs de plus qu'elles ne m'ont coûté, et par conséquent un profit net de 88,916 francs ; je débite marchandises générales de cette somme pour solde, et j'en crédite profits et pertes (438).

274. *Manière de solder le compte d'un navire.*

NAVIRE *la Joséphine.*	DOIT :	AVOIR :
Au grand livre, f° 10.	90000	rien.

Le navire *la Joséphine* m'a coûté 90,000 francs ; mais il ne vaut néanmoins aujourd'hui que 80,000 francs, d'après l'inventaire estimatif (294). Le compte de balance doit être débité de ces 80.000 francs (209), et le compte du navire doit en être crédité (439).

275. Le compte du navire la *Joséphine,* étant maintenant crédité de la valeur de ce navire, montant à 80,000 francs, et débité de 90,000 francs qu'il a coûté, il est évident que ce compte présente une perte de 10,000 fr. ; je dois donc débiter profits et pertes de cette somme, et en créditer le compte du navire pour solde (440).

276. On solde de la même manière tous les comptes ouverts aux objets qui sont susceptibles de rapporter du bénéfice ou de la perte.

On doit les créditer, par balance, du montant des objets de leur espèce qu'on possède selon l'inventaire, comme dans l'exemple ci-dessus ; et il faut les solder par profits et pertes, pour la perte ou le bénéfice qu'ils présentent.

277. Tous les comptes susceptibles de porter du bénéfice ou de la perte étant soldés, leurs résultats en perte ou en bénéfice ont augmenté le débit ou le crédit du compte de profits et pertes, qui réunit, par ce moyen, les bénéfices et les pertes de tous ces autres comptes : il ne reste donc plus qu'à solder le compte de profits et pertes lui-même, et l'on voit facilement pourquoi on le solde après tous les comptes précédents.

278. *Manière de solder le compte de profits et pertes.*

Profits et pertes,	Doivent :		Avoir :	
Au grand livre, f° 5.	65639 34		165258	»
A frais généraux (268).	4064 »	Par commis. (269).	2064	»
A dép. générales (271).	3000 »	Par assurance (270).	7000	»
A nav. *la Joséph.* (275).	10000 »	Par marc. gén. (273).	88916	»
	82703 34		263238	»

Le compte de profits et pertes ayant été débité de toutes les pertes que j'ai faites, montant à 65,639 fr. 34 cent., et crédité des bénéfices, montant à 165,258 fr. (263); ce compte ayant été débité en outre du solde de chacun des divers autres comptes qui ont présenté de la perte (268, 271, 275), son débit, qui ne s'élevait, dans le principe, qu'à 65,639 fr. 34 cent., s'élève maintenant à 82,703 fr. 34 cent. Ce même compte ayant également été crédité en outre du solde des divers autres comptes qui ont produit du bénéfice (269, 270, 273), son crédit, qui ne s'élevait, dans le principe, qu'à 165,258 fr., s'élève maintenant à 263,238 fr.

Je n'ai donc perdu en total que 82,703 fr. 34 cent., et j'ai gagné 263,238 fr.; il en résulte donc, qu'après avoir soustrait les pertes des bénéfices, il me reste un profit net de 180,534 fr. 66 cent., dont je dois créditer mon compte de capital (206), et débiter celui de profits et pertes pour solde (441).

279. Lorsque tous les comptes, susceptibles de porter de la perte ou du bénéfice, sont soldés par celui de profits et pertes, et que ce dernier est soldé par le compte de capital, celui-ci et tous les autres comptes doivent être soldés par balance, comme suit :

280. *Manière de solder le compte de caisse.*

CAISSE,	DOIT :	AVOIR :
Au grand livre, fº 4.	349141 66	287507 fr.

Le compte de caisse ayant été débité de tout l'argent que j'ai reçu, montant à 349,141 fr. 66 cent., et crédité de tout celui que j'ai donné en payement, montant seulement à 287,507 fr., il doit rester nécessairement en caisse 61,634 fr. 66 cent. : ayant vu sur mon inventaire (296) que cette somme est effectivement en caisse, j'en débite le compte de balance (209), et j'en crédite celui de caisse pour solde (442).

281. *Manière de solder le compte d'effets à recevoir.*

EFFETS A RECEVOIR,	DOIVENT :	AVOIR :
Au grand livre fº 2.	101940 fr.	61940 fr.

Ce compte ayant été débité de 101,940 fr., montant de la totalité des billets que j'ai reçus, et ayant été crédité de 61,940 fr., montant de ceux que j'ai sortis du portefeuille, il doit me rester pour 40,000 fr. de billets. Il s'en trouve effectivement pour cette somme suivant l'inventaire (297).

Je débite le compte de balance du montant de ces billets (209), et j'en crédite, en détaillant les billets, celui des effets à recevoir pour solde (443).

282. *Manière de solder le compte d'effets à payer.*

EFFETS A PAYER,	DOIVENT :	AVOIR :
Au grand livre, fº 3.	26360 fr.	59565 fr.

Ce compte ayant été crédité de tous mes billets que j'ai faits et donnés en payement, montant à 59,565 fr., et ayant été débité de ceux que j'ai déjà payés, montant seulement à 26,360 fr., il est évident qu'il reste encore pour 33,205 fr. de mes billets en circulation. Ce chiffre est conforme à celui de l'inventaire (309).

Je débite en détail le compte des effets à payer de cette somme pour solde, et j'en crédite celui de balance (444).

285. *Manière de solder les comptes des correspondants dont le crédit excède le débit.*

PREMIER EXEMPLE.

JAMES, D'AMSTERDAM, Au grand livre, fo 10.	DOIT : rien.	AVOIR : 30000 fr.

Je dois à James 30,000 fr., et il ne me doit rien : je le débite de ces 30,000 fr. pour solde, et j'en crédite le compte de balance comme si ce dernier compte payait James (435).

DEUXIÈME EXEMPLE.

JEAN, Au grand livre, fo 7.	DOIT : 34400 fr.	AVOIR : 37400 fr.

Je dois 3,000 fr. à Jean, pour solde ; je débite Jean de cette somme, dont je crédite le compte de balance, comme si ce compte payait Jean (446).

TROISIÈME EXEMPLE.

DUPUI, Au grand livre, fo 8,	DOIT : 62700 fr.	AVOIR : 79900 fr.

Je dois 17,200 fr. à Dupui ; je le débite de cette somme pour solde, et j'en crédite le compte de balance (447).

QUATRIÈME EXEMPLE.

Dupré,	DOIT :	AVOIR :
Au grand livre, f° 9.	21200 fr.	90500 fr.

Je dois 69,300 fr. à Dupré ; je débite son compte de cette somme pour solde, et j'en crédite celui de balance (455).

CINQUIÈME EXEMPLE.

Bray,	DOIT :	AVOIR :
Au grand livre, f° 9.	29445 fr.	145210 fr.

Je dois à Bray 115,795 fr. ; je débite son compte de cette somme pour solde, et j'en crédite celui de balance (448).

SIXIÈME EXEMPLE.

James, de l'ile Maurice,	DOIT :	AVOIR :
Au grand livre, f° 6.	rien.	4000 fr.

Je dois à James, de l'ile Maurice, 4,000 francs ; je débite son compte de cette somme pour solde, et j'en crédite celui de balance (449).

SEPTIÈME EXEMPLE.

Dubord,	DOIT :	AVOIR :
Au grand livre, f° 10.	rien.	21500 fr.

Je dois à Dubord 21,500 fr. je débite son compte de cette somme pour solde, et j'en crédite celui de balance (450).

HUITIÈME EXEMPLE.

Marie Brizard,	DOIT :	AVOIR :
Au grand livre, f° 11.	rien.	7500 fr

Je dois à Marie Brizard 7,500 fr. ; je débite son compte de cette somme pour solde, et j'en crédite celui de balance (451).

NEUVIÈME EXEMPLE.

MEYDIEU.	DOIT :	AVOIR :
Au grand livre, f⁰ 11.	rien.	48800 fr.

Je dois à Meydieu 48,800 fr. ; je débite son compte de cette somme pour solde, et j'en crédite celui de balance (452).

DIXIÈME EXEMPLE.

PIERRE.	DOIT :	AVOIR :
Au grand livre, f⁰ 11.	22000 fr.	28000 fr.

Je dois à Pierre 6.000 fr. ; je débite son compte de cette somme pour solde, et j'en crédite celui de balance (453).

284. *Manière de solder les comptes des correspondants dont le débit excède le crédit.*

LECOUTEULX,	DOIT :	AVOIR :
Au grand livre, f⁰ 10.	61200 fr.	42000 fr.

Lecouteulx me doit 61,200 fr., et je ne lui dois que 42,000 fr. : il me doit donc pour solde 19,200 fr. J'en débite le compte de balance (208), et j'en crédite Lecouteulx pour solde (454).

ANDRIEU, LAFFITE ET BERNARD,	DOIVENT :	AVOIR :
Au grand livre, f⁰ 14.	27000 fr.	rien.

Andrieu, Laffite et Bernard me doivent 27,000 francs; je débite le compte de balance (208) de cette somme, et j'en crédite Andrieu, Laffite et Bernard, pour solde (456).

DUBERGIER,	DOIT :	AVOIR :
Folio 14.	7000 fr.	rien.

Dubergier me doit 7,000 francs; je débite le compte

Je balance (208) de cette somme, et j'en crédite celui de Dubergier pour solde (457).

CONTRATS DE GROSSE,	DOIT :	AVOIR :
A balance (458).	24000 fr. Au gr. liv., f° 7.	24000 fr.

Tous les comptes étant soldés, il ne reste plus à balancer que celui de capital.

285. *Manière de solder le compte de capital.*

CAPITAL,	DOIT :	AVOIR :
Au grand livre.	rien. Par p. et p. (278).	180534 f. 66 c.

Il n'existait pas de compte de capital sur mes livres, parce que j'ai commencé à faire des affaires sans aucun capital. Mais ayant gagné, y compris des dons qui m'ont été faits par mon père, une somme de 180,534 fr. 66 c., j'en ai débité le compte de profits et pertes pour solde, et j'en ai crédité celui de capital, ce qui a produit un crédit de pareille somme à ce dernier compte.

Possédant donc actuellement un capital de 180,534 fr. 66 c., je débite le compte de capital de cette somme pour solde, et j'en crédite le compte de balance (459).

Cet article étant passé au journal, on le transporte au grand livre, au débit du compte de capital, ce qui en opère la balance ; et au crédit de celui de balance, ce qui le solde également (212).

286. Tous les articles passés au journal, pour solder les différents comptes ci-dessus, étant exactement transportés au grand livre, il est évident que :

1° Tous les bénéfices et toutes les pertes des différents comptes, susceptibles d'en rapporter, sont réunis au compte de profits et pertes (278) et suivants ;

2° Le résultat du compte de profits et pertes est porté à celui de capital (278) ;

3° Celui de capital et de chacun des autres comptes est porté au compte de balance (272, 280 et suivants, 284);

4° Et par conséquent le compte de la balance réunit les résultats de tous les autres comptes.

Ainsi, toutes les sommes qui étaient au débit et au crédit des différents comptes soldés par balance, sont réunies au débit et au crédit de ce dernier compte.

Conséquemment, le débit de balance contient le montant de tout ce que je possède en marchandises, billets, argent et autres objets, ainsi que de tout ce qui m'est dû par mes différents débiteurs; et le crédit du compte de balance contient tout ce que je dois en billets et en contrats, aux divers créanciers, ainsi que le montant de mon capital liquidé.

287. Or, comme ce que je dois à mes créanciers, et ce qui me reste au delà, qui compose mon capital liquidé, doit être égal au montant de tout ce que je possède, le crédit du compte de balance doit nécessairement être égal à son débit, et par conséquent ce compte, qui a servi à solder tous les autres, doit nécessairement être soldé lui-même par celui du capital.

En dernier résultat tous les comptes du grand livre sont donc soldés par les opérations précédentes; et le compte de balance, qui en réunit tous les résultats, fait connaître avec la plus grande précision quel est le montant de l'actif[1] et celui du passif[2] du négociant dont on a balancé tous les comptes.

288. Ces opérations terminées, le compte de balance sert à dresser l'inventaire, le bilan ou état général, de

1. Tout ce qu'un négociant possède en marchandises, billets, etc., et tout ce qui lui est dû, en un mot, tout ce qu'il possède, est ce qu'on appelle, dans le commerce, l'actif de ce négociant.

2. Ce qu'un négociant doit par billets, ou à diverses personnes, est ce qu'on appelle le passif de ce négociant.

ce que l'on possède en objets, en nature, et des dettes actives[1] et passives[2], parce que le débit de balance comprend toutes les parties de l'actif, et son crédit celles du passif.

Cet état général, qui résulte de l'inventaire des objets que l'on possède, et de la balance générale des comptes du grand livre, est ce que l'on appelle un bilan ou un inventaire général.

289. — Les négociants sont assujettis par la loi[3] à faire leur bilan, ou inventaire général, tous les ans, afin qu'ils puissent diriger leurs opérations avec prudence, et sans outrepasser leurs moyens; ils sont également obligés de le dresser dans le cas où ils ont le malheur de tomber en faillite, ou de suspendre leurs payements, afin que leurs créanciers puissent juger de la manière dont les fonds ont été employés.

290. L'on doit également faire cet inventaire lors du décès d'un négociant, ou lors de la dissolution d'une société, afin de liquider la succession ou les droits des divers associés.

On ne peut donc dresser un bilan exact qu'après avoir fait la balance générale des livres. L'art de dresser ce bilan est donc celui de solder et de balancer tous les comptes établis sur les livres d'un négociant, selon les droits de ses différents débiteurs et créanciers, et selon les principes de la tenue des livres.

On ne peut donc dresser ce bilan, en cas de faillite, que lorsqu'on réunit aux connaissances d'un teneur de livres, celles des lois du commerce et des lois civiles. A défaut, on court le risque, en commettant des erreurs, de les voir imputer à crime contre le failli, dont les

---

1. Les dettes actives sont celles qui sont dues à un négociant.
2. Les dettes passives sont celles que le négociant doit.
3. Voyez le Code de commerce.

créanciers suspectent, la plupart du temps, la probité, et sont disposés à le punir de ce qu'il leur fait perdre une partie de ce qu'il leur doit.

On conçoit donc que l'art de dresser un bilan n'est pas simplement celui de faire une note controuvée, supposée ou approximative, de ce qu'un négociant possède, et que tout individu qui sait copier des écritures pourrait faire: c'est une opération dont on peut démontrer mathématiquement l'exactitude ou la fausseté, et qu'un négociant failli ne peut, en conséquent, confier à des hommes ignorants ou de mauvaise foi, sans courir le danger d'être accusé du crime de banqueroute frauduleuse.

Il n'est pourtant malheureusement que trop commun de voir ces opérations confiées à des hommes sans moralité, comme sans connaissances, qui ont la hardiesse de s'en charger, quoiqu'ils ne connaissent ni la comptabilité des négociants, ni leurs usages, ni les lois. De là cette foule d'affaires interminables, où les créanciers perdent tout, et où le failli perd lui-même son état, son honneur et toutes les ressources qu'il aurait pu obtenir de la clémence de ses créanciers, s'ils avaient été convaincus de la réalité de ses pertes et du légitime emploi de leurs fonds; et s'ils avaient été éclairés sur leurs vrais intérêts, qui doivent les porter à concourir au rétablissement de la fortune de leur débiteur, lorsqu'ils n'ont que ses malheurs à lui reprocher.

231. Quoique la rédaction de l'inventaire ou du bilan d'un négociant ne présente aucune difficulté lorsque la balance générale des comptes au grand livre est faite, je vais cependant donner le modèle de celui qui résulte de la balance qui vient d'être faite, et de l'inventaire que l'on suppose avoir été fait des marchandises en magasin, et autres effets, etc.; mais c'est moins pour offrir un modèle, inutile en ce qu'aucun

bilan ne ressemble à un autre, que pour réunir les matériaux des articles qu'il faut passer, pour rouvrir sur les nouveaux livres les comptes qui ont été soldés sur les anciens.

Lorsque la balance générale est faite, le teneur de livres en présente le résultat au négociant sous la forme de cet inventaire :

292. *Inventaire, état ou bilan général, tant des marchandises, vaisseaux, billets, etc., que des dettes actives et passives de Pierre Mallet* [1], *négociant à Bordeaux.*

293. ACTIF.

Effets mobiliers.

294. Mon navire *la Joséphine*, évalué dans l'état où il est actuellement. . . . . .   80,000f. c.

295. *Marchandises en magasin.*

3 ton. vin rouge, à 1000 fr.	3,000	»
200 mètres drap commun à		
10 fr. le mètre. . . .	2,000	»
10,500 myriagr. café, à 20 fr.		
le myriagramme. . .	21,0000	»
30 futailles indigo. . . .	70,000	»
100 balles coton.	41,000	»

326,000   »

296. *Argent en caisse.*

Fonds qui sont en caisse, conformément au bordereau qui en a été fait. 61,634 66

A reporter.   467,634 66

---

1. Pierre Mallet est supposé être le négociant auquel appartiennent les livres dont les comptes viennent d'être soldés par balance

Report.   467634 f. 66

297. Effets en portefeuille.

Billets de Jean, à mon or-		
dre, à 6 mois.	4,000	»
Idem de Dupui	6,000	»
Idem de Paul.	1,000	»
Idem de Bonnafous. . . .	10,000	»
Idem de Jaure.	4,000	»
Idem de Bonnafé.	1,000	»
Idem de Dupré.	4,000	»
Idem de Bray.	1,000	»
Idem de Dupui.	1,000	»
Idem de Durand sur Paujet.	8,000	»

40,000   »

298. Débiteurs par compte.

Lecouteulx me doit pour		
solde de compte.	19,200	»
Andrien, Laffite et Bernard.	27,000	»
Dubergier.	7,000	»

53,200   »

299. Total de l'actif. 560,834   66

PASSIF.

300. Créanciers par contrats et par billets, ou note de mes billets en circulation.

Martel p. le contr. à la grosse.	24,000	»
André, p. mon bil. à son ordre.	10,000	»
Dupui, *idem*.	6,000	»
Robert, pour sa traite que j'ai		
acceptée.	7,205	»
Bonnafous, pour mon billet à		
son ordre..	10,000	»

57,205   »

A reporter. . . .   57,205   »

	Report. . . .	57,205	»

301. *Créanciers par compte.*

James, d'Amsterdam, p. autant que je lui dois pour solde de compte.	30,000	»
Jean, *idem.*	3,000	»
Dupui, *idem.*	17,200	»
Dupré, *idem.*	69,300	»
Bray.	113,795	»
James, de l'île Maurice, ci. .	4,000	»
Dubord.	21,500	»
Marie Brizard	7,500	»
Meydieu.	48,800	»
Pierre.	6,000	»

		323,095	»
502. Total du passif.		380,300	»

RÉSULTAT.

PASSIF.			ACTIF.		
Navire.	80000 f. c.		Créanciers par billets...	57205 f. c.
Marchandises.	326000	»	*Idem* par compte.	323095	»
Argent.	61631	66	Passif.	380300	»
Effets à recevoir.	40000	»	**503.** Partant mon ca-		
Débiteurs par c.	53200	»	pital net est de.	180531	66
Actif.	560831	66		560831	66

Certifié le présent état sincère et conforme à mes livres.

Bordeaux, le 19 avril 1867.   MALLET.

*Manière de rouvrir sur les nouveaux livres tous les comptes
soldés sur les anciens.*

504. Lorsque la balance de sortie est bien faite, et que
l'on connaît les résultats exacts de tous les comptes que
l'on a soldés, ou plutôt que l'on connaît l'état général de

tout ce que l'on possède et de tout ce que l'on doit, il ne
s'agit plus que d'ouvrir sur les nouveaux livres, par le
moyen du compte de balance d'entrée (215), tous les
comptes que l'on a soldés par celui de balance de
sortie.

Par exemple, le débit du compte de la balance de sortie
s'élevant, folio 11 du grand livre, à 560,834 fr, 66 cent.;
ou, ce qui est égal, le total de l'actif ou des objets et
des créances que l'on possède, s'élevant à cette même
somme, d'après l'inventaire résultant de la balance générale qui a été faite de tous les comptes (292), il
faut passer écriture de toutes les parties de cet actif
(215).

Ainsi, il faut débiter le navire *la Joséphine* de la valeur actuelle de ce navire (294); les marchandises, de
celles que l'on possède et qui existent dans les magasins,
(295); le compte de caisse, de l'argent que l'on a (296);
celui d'effets à recevoir, des effets que l'on a en portefeuille, observant de les écrire en détail (297); Andrieu,
Laffite et Bernard; Lecouteulx et Dubergier, de ce qu'ils
doivent pour solde de compte (298); et il faut créditer le
compte de balance d'entrée du total (216). Ecrivez donc :
DIVERS DOIVENT A BALANCE D'ENTRÉE, etc. Voyez au journal (460).

303. D'un autre côté, le crédit du compte de balance
de sortie s'élevant aussi à 560,834 fr. 66 cent., folio 11
du grand livre, y compris le capital net, qui est de
180,534 fr. 66 cent; ou ce qui est la même chose en termes différents, le total du passif s'élevant seulement à
380,300 fr., et le capital à 180,534 fr. 66 cent., il faut
débiter la balance d'entrée de la totalité du passif (302),
et du capital (303); ou, en d'autres termes, il faut le débiter de 660,834 fr. 66 cent.; et il faut créditer les contrats de grosse, ainsi que les effets à payer, de ceux qui
sont encore en circulation, en observant de les écrire en

détail (300): James, Jean, Dupui, Dupré, Bray, James de l'île Maurice, Dubord, Marie Brizard, Meydieu, Pierre, et le compte de capital, doivent également être crédités chacun de ce qui lui est dû (301), (304). Écrivez donc : Balance d'entrée doit a divers, etc. Voyez au journal (461).

Ces deux articles (460), (461), étant passés au journal et transportés au grand livre, après qu'on y a ouvert tous les comptes des débiteurs et des créanciers, le compte de balance d'entrée se trouve soldé, et tous les autres comptes sont débités ou crédités de ce qu'ils doivent, ou de ce qui leur est dû pour solde d'ancien compte.

Par ce moyen, tous les comptes sont donc ouverts sur les nouveaux livres tels qu'ils doivent l'être; les comptes du navire, des marchandises, des effets à recevoir, de caisse, sont débités de la valeur du navire, des marchandises, des billets et de l'argent que l'on possède; Lecouteulx, Andrieu, Laffitte, Bernard et Dubergier, de ce qu'ils doivent pour solde d'ancien compte ; et les effets à payer sont crédités, comme ils doivent l'être, de ceux qui sont encore en circulation ; James, Jean, Dupui, et tous les autres créanciers sont crédités chacun de ce qui lui est dû, et capital est crédité de celui que l'on possède.

Telle est la manière de finir par balance de sortie tous les livres, et d'en commencer de nouveaux par balance d'entrée.

DE LA MANIÈRE DE PASSER LES ARTICLES AU JOURNAL

TROISIÈME SECTION

Nota. Ces exemples sont placés ici, parce qu'ils comprennent des divers à divers plus compliqués que les précédents, et qu'il est bon de s'en occuper après qu'on a fait la balance générale des comptes résultant des exemples qui précèdent.

28 Avril.

506. J'ai consenti une société pour l'espace de trois années avec M. Laborde, qui a versé 100,000 francs en argent dans ma caisse, qui participera à mes pertes et à mes bénéfices, et qui accepte, pour compte de la société, mes dettes actives et passives, ainsi que tous les effets que je possède, au prix qu'ils sont portés sur mon inventaire (292).

M. Laborde verse 100,000 fr. dans ma caisse, qui devient celle de la société que j'ai contractée avec lui: la caisse doit donc être débitée, et le compte de capital crédité (206). Voyez au journal (462).

Nota. Ayant contracté une association avec Laborde, sa mise de fonds, ajoutée à mon propre capital, compose celui de la société; le compte de capital doit donc en être crédité. Comme mon associé accepte que tout ce que je possède appartienne à la société, aux prix portés sur mon inventaire, et par conséquent aux prix portés sur les différents comptes établis sur mes livres, il n'y a rien à

changer à la situation de ces comptes, et mes livres sont
actuellement ceux de la société.

──────────   30 *Avril.*   ──────────

Nous avons négocié les billets ci-après à Martel, qui
nous a donné en retour les effets suivants, et nous nous
sommes mutuellement tenu compte de l'escompte de
chaque effet à raison d'un demi pour cent par mois :

Billet de Jean, à mon ordre, au 26 juin. .	4,000 fr.
Idem de Dupui, au 20 septembre	6,000
Idem de Paul, au 24 juin.	1,000
Idem de Bonnafous, au 25 septembre. . .	10,000
Idem de Jaure, au 27 septembre.	4,000
Idem de Bonnafous, au 24 décembre . . .	4,000
Idem de Dupré, au 5 novembre	1,000
Idem de Bray, au 5 *idem*	1,000
Idem de Dupui, au 5 *idem*.	1,000
Idem de Durand, sur Pauget, au 15 mai .	8,000
Un de nos effets, au 5 novembre	1,000
	41,000 fr.

Total des escomptes perdus, 1,029 fr. 24 c.
Ledit Martel nous a fourni en retour ce
qui suit :

Le billet de notre sieur Mallet, à son ordre, au 30 mai	10,000
Idem dudit, ord. de Dupui, au 20 septembre.	6,000
Idem de la traite de Robert sur notre sieur Mallet, acceptée, au 22 mai	7,205
Idem de notre sieur Mallet, ordre de Bonnafous, au 25 septembre.	10,000
Idem de Dupui, au 25 septembre.	1,000
	34,205 fr.

Escomptes gagnés, 669 fr. 48 c.

Et Martel m'a compté le solde de cette négociation en argent.

Nous recevons des effets à payer de notre sieur Mallet ; le compte d'effets à payer doit donc être débité. Nous recevons un billet de Dupui ; le compte des effets à recevoir doit en être débité. Nous devons bonifier ou perdre l'escompte des billets que nous donnons, à compter de ce jour, jusqu'à celui de leur échéance, et à raison d'un demi pour cent par mois ; le compte de profits et pertes doit en être débité. Martel nous compte le solde de cette opération en argent ; le compte de caisse doit en être débité. Nous fournissons à Martel des effets à recevoir ; le compte d'effets à recevoir doit être crédité. Nous lui fournissons un de nos effets ; le compte d'effets à payer doit être crédité. Nous gagnons l'escompte, à raison de demi pour cent, des billets que ledit Martel nous a fournis, à compter depuis ce jour jusqu'à celui de l'échéance ; le compte de profits et pertes doit être crédité. Nous écrivons : Divers à divers (463).

―――――――――   1ᵉʳ *Mai.*   ―――――――――

Nous avons acheté à Robertson ce qui suit :

Une habitation à la Martinique, pour la somme de, ci . . . .   150,000 fr.

La terre de Bellevue, près Angoulême.   100,000
――――――――
250,000 fr.

Et nous lui avons donné ou cédé ce qui suit en payement de ces objets.

1° Une maison, rue Désirade, pour la somme de . . . .   25,000 fr.

Une action sur la Compagnie des Indes. .   10,000

Nota. Nous avons acheté aujourd'hui ces deux objets

à Gansfort ; savoir : La maison, ci. . . . . . 20,000 fr.

    L'action de la Compagnie des Indes. . . . 10,000

Et nous avons consenti à ce dernier un contrat de rente constituée, en payement de ces deux sommes, formant ensemble celle de 30,000 fr., remboursable dans cinq années, pendant la durée desquelles nous lui ferons une rente de 1,800 fr., dont nous lui avons payé la première année d'avance ;

2° Un intérêt de 20,000 francs sur le navire *la Joséphine* . . . . 20,000 fr.

3° Un contrat de rente constituée de 70,000 francs, remboursable dans trois années, que nous lui avons consenti à la rente de 6 pour cent, dont nous lui avons payé une année d'avance . . . . 70,000 fr.

4° Un contrat de rente viagère de 20.000 francs, à la rente de 10 pour cent, dont nous lui avons payé une première année d'avance. . . . . 20,000 fr.

5° Un billet de 30,000 fr., consenti par ledit Robertson, à Andrieu, Laffite et Bernard : lequel billet nous a été donné par ces derniers aujourd'hui en payement des 27,000 francs qu'ils nous devaient, à la charge de leur rembourser en espèces les 3,000 francs qui excèdent notre créance, ce que nous avons fait. . . . 30,000 fr.

6° Notre traite de 10,000 fr., tirée ce jour, à son ordre, sur Lecouteulx, notre banquier, à Paris. . . 10,000 fr.

7° Une *idem, idem*, sur James, notre banquier, à Amsterdam . . . . 10,000 fr.

8° Notre billet, à son ordre, à 6 mois, de. . 10,000 fr.

9° Une maison, rue Bouquière, pour la somme de 25,000 fr., qui nous a été cédée aujourd'hui pour celle de 20,000 fr. par Beraud, en payement de neuf futailles indigo, que nous avons vendues ce jour audit Beraud ;

10° Enfin, nous lui avons payé le solde en argent.

[Nous achetons une habitation et une terre ; l'habita-et la tion terre doivent être débitées (187). Nous payons différentes rentes viagères ou constituées ; le compte de profits et pertes doit être débité (184). Nous donnons en payement de ces différents objets : 1° une maison et une action dans la Compagnie des Indes : cette maison et cette action paraissent, au premier coup d'œil, devoir être créditées ; mais comme nous avons acheté ces objets aujourd'hui à Gansfort, ce dernier devrait être crédité, si nous ne l'avions pas payé en un contrat de rente constituée que nous avons consenti en sa faveur ; c'est donc le compte de contrat de rente constituée à payer qui doit être crédité du prix coûtant de ces objets portés audit contrat (175) ; et comme nous le cédons à bénéfice, profits et pertes doit être crédité de ce bénéfice ; 2° nous donnons un intérêt de 20,000 fr. sur notre navire la Joséphine, le compte d'intérêt sur ledit navire doit être crédité ; 3° nous consentons un contrat de rente constituée de 70,000 ; le contrat de rente constituée à payer doit en être crédité (175), et il faut réunir ce crédit du compte de contrat et de rente constituée au précédent ; 4° nous consentons un contrat de rente viagère ; le compte de cette sorte de contrats doit en être crédité (185) ; 5° nous rendons à Robertson un de ses billets de 3.000 fr., qui nous a été fourni par Andrieu, Laffitte et Bernard, en payement de 27,000 fr. qu'ils nous devaient ; Andrieu, Laffitte et Bernard, doivent être crédités du payement qu'ils nous font par ce moyen ; et la caisse de 3,000 fr. que nous leur remboursons pour l'excédant de la valeur dudit billet sur notre créance ; 6° nous fournissons une traite sur Lecouteulx, de Paris ; Lecouteulx doit être crédité (105) ; 7° nous en fournissons une sur James, il doit être également crédité ; 8° nous fournissons un de nos billets, les effets à payer doivent être crédités ; 9° nous cédons une maison, rue Bouquière ; cette maison paraît devoir être créditée ; cependant, comme nous l'avons achetée dans la journée à Beraud, ce dernier

devrait être crédité; mais il nous l'a donnée en payement
de neuf futailles d'indigo, les marchandises générales
doivent être créditées; enfin, comme nous la revendons
plus qu'elle ne nous coûte, le compte de profits et pertes
doit être crédité du bénéfice; 10° enfin, la caisse doit
être créditée des différentes sommes que nous débour-
sons, tant pour les rentes que pour solde de compte :
nous écrivons donc divers à divers (464).

2 Mai.

J'ai acheté de Dubosc, au comptant, 10 boucauts indigo
pesant ensemble net 600 myriagrammes, à 300 fr. les
cinq myriagrammes, montant à 36,000 fr., que j'ai vendus de suite à Richet, à 400 fr. les cinq myriagrammes,
montant à 48,000 fr.; pour laquelle somme il a consenti
en ma faveur un contrat de rente constituée à 5 pour
cent par an, remboursable dans quinze ans, et il m'a
payé la première année d'avance, montant à 2,400 fr.

[J'ai acheté des marchandises au comptant : marchandises générales paraissent devoir être débitées; mais
comme je les vends de suite à Richet, ce dernier devrait
être débité, s'il ne me les payait pas : c'est donc le compte
de contrats de rentes constituées à recevoir qui doit être
débité pour celui que Richet consent en ma faveur (469).
Je reçois, en outre, la première année de rente, la caisse
doit être débitée; j'ai donné de l'argent en payement de
l'indigo, la caisse doit en être créditée : ce que j'ai vendu
l'indigo au-delà du prix coûtant est un bénéfice, ainsi
que la rente que je reçois (465).

3 Mai.

J'ai acheté de Dubernet 100 tonneaux de vin, à 500 fr.
le tonneau, montant à 50,000 fr., en payement desquels
je lui ai consenti un contrat de rente constituée, à 5 pour
cent, remboursable dans cinq années. J'ai revendu de

suite les 100 tonn. de vin à Martel, à 600 fr. le tonneau, montant à 60,000 fr., laquelle somme j'ai prêtée audit Martel, à la grosse aventure, sur son navire *l'Élisabeth*, allant au Cap, à la grosse ou intérêt de 20 pour cent ; en payement de quoi il a consenti en ma faveur un contrat de 72,000 fr., retenu par Brun et son confrère, notaires à Bordeaux ; savoir : 60,000 fr. pour le capital, et 12,000 fr. pour la grosse ou intérêt de 20 pour cent.

J'achète des marchandises, mais je les revends de suite ; les marchandises ne doivent donc pas être débitées. La personne à qui je les vends ne doit pas être non plus débitée, parce qu'elle me les paye ; en dernier résultat, je reçois un contrat de grosse aventure à recevoir ; le compte de cette sorte de contrats doit être débité (171). Je consens, en payement de ces marchandises, un contrat de rente constituée : les contrats de rentes constituées à payer doivent être crédités (175). Ce que je reçois de plus que les marchandises ne m'ont coûté, est un bénéfice qui comprend celui fait sur les marchandises et l'intérêt ou grosse de 20 pour cent, gagné sur la somme que je prête à la grosse aventure ; le compte des profits et pertes doit en être crédité (466).

4 *Mai.*

Nous avons reçu ce jour, par le navire *le Saint-Hubert*, le connaissement et facture de 100 barriques sucre, pesant ensemble 6,450 myriagrammes net, chargées sur le *Bordelais*, lesdits sucres provenant de notre habitation ; lesquels nous avons vendus à Magnan, sur connaissement, à 71 fr. les 5 myriagrammes, montant à 98,690 fr. qu'il nous a payés en un mandat de 25,700 fr., tiré à vue sur nous, par notre gérant, dont ce dernier nous a donné avis de l'emploi pour achat de matériel d'exploitation ; ledit Magnan nous a payé, en outre, en sa quittance de 1,969 fr. 97 cent., montant de divers

articles pris chez lui, pour notre consommation, depuis
trois mois; plus, 3,000 fr. en un billet au porteur, de
Baudot; plus, 5,000 fr. en sa quittance, de chaudières
et autres instruments d'une sucrerie, chargés sur le
navire *le Lion,* pour notredite habitation; plus, 21,020 fr.
3 cent. en sa quittance de pareille somme, montant des
débours que sa maison de la Martinique a faits pour
notre compte pour l'exploitation de notre habitation,
d'après le compte visé par le gérant; plus 20,000 fr. en
un billet dudit Magnan, à trois mois; plus, en argent,
pour solde, 20,000 fr.

Nota. Le feu ayant pris à la maison du sieur Baudot, il
a tout perdu; il a fait assembler ses créanciers, et nous
avons reçu de son frère 750 fr. pour solde de son billet
au porteur de 5,000 fr., ledit sieur nous faisant perdre
85 pour cent.

En outre, nous venons d'apprendre que le navire *le Lion*
a péri en débouquant la rivière, et nous n'avions pas fait
assurer les ustensiles que nous y avions chargés.

Nous vendons des sucres provenant de notre habitation, le compte d'habitation doit être crédité de la valeur
de ces sucres (187). Nous recevons en payement un mandat à vue, tiré sur nous par le gérant de notredite habitation, qui en a employé les fonds en achats de matériel
d'exploitation; l'habitation doit être débitée du montant
de ce mandat. Nous recevons aussi en payement une
quittance de la valeur des objets pris pour notre consommation; le compte des dépenses générales doit être
débité (183). Nous recevons un billet au porteur, souscrit
par Baudot, qui nous fait perdre 85 pour cent; la caisse
et profits et pertes doivent être débités. Nous expédions
des chaudières pour ladite habitation; elle doit en être
débitée, quoique ces chaudières soient perdues, parce
que c'est l'habitation qui doit supporter cette perte.
Nous recevons également en payement une quittance des

débours faits au Cap, pour notredite habitation; elle doit être débitée de ces débours. Nous recevons un billet de Magnan, de 20,000 fr.; le compte d'effets à recevoir doit être débité. Enfin, nous recevons en argent, pour solde, 20,000 fr.; la caisse doit être débitée (467).

7 Mai.

Nous avons cédé à Gansfort les contrats suivants en retour de ceux consentis par nous, dont il était porteur, et que nous avons échangés avec lui comme suit :

Le contrat de rente constituée à recevoir que Richet nous a consenti le 2 mai. . . . . 48,000 fr.

Le contrat de grosse aventure à recevoir, qui nous a été consenti par Martel le 3 mai.   72,000 fr.

                                     120,000 fr.

Il nous a donné en retour quittance valable par-devant Brun et son confrère, notaires à Bordeaux, des contrats suivants, dont il était porteur, qui ont été annulés :

1° Un contrat que nous avons consenti audit Gansfort, le premier mai. . . . . 30,000 fr.

2° Idem, consenti par nous à Robertson, le premier mai, qu'il avait cédé à Gansfort, et que ce dernier a échangé avec nous contre les contrats ci-dessus. 7,000

3° Idem, consenti par nous à Dubernet, le trois mai, lequel l'avait cédé à Gansfort, et que ce dernier a échangé avec nous comme ci-dessus 50,000

4° Idem, un contrat de grosse aventure, que nous avons consenti à Gansfort, en payement des vins en bouteilles, chargés sur la Joséphine 24,000

5° Pour idem, un contrat de rente viagère, que nous avons consenti à Robertson, le trois

mai, lequel l'avait cédé à Gansfort, et que
ce dernier a échangé avec nous . . . . 20,000 fr.

Et nous avons compté audit Gansfort les 74,000 fr.
excédant de la valeur des contrats consentis par nous sur
ceux que nous lui donnons.

Nous recevons trois contrats de rentes constituées à
payer, ou nous acquittons ces contrats; leur compte doit
être débité comme on débite celui des effets à payer,
quand on acquitte des billets (175). Nous recevons un
contrat de grosse aventure à payer; le compte de grosse
aventure doit être débité. Nous recevons enfin un contrat
de rente viagère à payer; le compte de cette sorte de
contrats doit être débité (185). Nous donnons en retour
un contrat de grosse aventure à recevoir; le compte de
grosse aventure doit être crédité (171). Nous donnons un
contrat de rente constituée à recevoir; le compte de ces
contrats doit être crédité (169). Nous donnons 74,000 fr.
en argent; le compte de caisse doit être crédité pour
solde (468).

8 *Mai.*

Nous avons reçu en espèces ce qui suit :

Pour notre habitation, vendue à
Ramondé. . . . .   160,000fr. » c.

Pour notre terre de Bellevue, vendue
à Bouvet.   110,000   »

Pour notre navire la *Joséphine*, vendu
à Garreau   87,000   »

Pour nos marchandises restant en
magasin, vendues à Dubois.   306,000   »

Pour les billets qui nous restaient en
portefeuille, qui nous ont été acquittés;
savoir :

A reporter. . 663,000   »

Report . . . . 663,000 fr. » c.

Pour celui de Dupui, à notre ordre,
au 25 septembre 1,000

Pour celui de Magnan, à notre
ordre 20,000

21,000 »

Pour autant qui nous a été compté par
nos divers débiteurs, pour solde, appert leur compte au grand livre. . . .

16,200 »

Et nous avons soldé par profits et
pertes les comptes de dépenses générales,
habitation à la Martinique, intérêt sur
la *Joséphine*. Nous avons soldé le compte
de profits et pertes par celui du capital
(205. et enfin nous avons payé à nos
divers créanciers tout ce que nous leur
devions pour solde. . . . .

529,025 18

1,229,225 fr. 18 c.

On suppose dans cet article qu'on a reçu en argent la
valeur de tous les objets que l'on possède, et le montant
de tout ce qui est dû par les divers débiteurs; on suppose également que tous les créanciers ont été payés en
argent, et que les comptes susceptibles de produire du
bénéfice ou de la perte ont été soldés par profits et pertes.
Parcourez donc les divers comptes ouverts sur les livres;
débitez la caisse à mesure que vous trouverez des débiteurs, et créditez ces derniers, créditez la caisse à mesure
que vous trouverez des créanciers, et débitez ces derniers. puisqu'il est supposé qu'on paye les uns et qu'on
est payé des autres en argent; débitez la caisse à mesure
que vous trouverez le compte des objets qu'il est supposé
que vous vendez, et créditez les comptes de ces objets de
la valeur de ces objets; enfin, soldez par profits et pertes
tous les comptes susceptibles de perte ou de bénéfice, et

soldez capital en le débitant envers chaque associé de sa mise de fonds primitive, et ensuite de la moitié qui revient à chacun du bénéfice net ou de l'augmentation du capital. Écrivez donc : Divers à divers (469), (470).

Nota. Cet article est supposé, afin de solder tous les comptes par caisse et par profits et pertes et afin d'éviter de faire une seconde balance.

9 *Mai.*

Nous avons retiré chacun de la caisse notre mise de fonds, et avons. partagé les bénéfices.

[Ayant vendu au comptant, par l'article qui précède, tout ce que nous possédons, ayant payé en argent tout ce que nous devons, et ayant été payés de la même manière de tout ce qui nous était dû; ayant en un mot, soldé tous les comptes, excepté nos comptes de mise de fonds et celui de caisse, il en résulte que ce qui revient à chacun de nous, Laborde et Mallet, tant pour notre mise de fonds composant le capital primitif que pour notre moitié des bénéfices résultant de nos opérations qui ont augmenté notre capital, est en caisse ; prélevant en espèces ce qui revient à chacun de nous, nous créditons donc la caisse, et nous nous débitons (471).]

307. *Des liquidations de succession ou de société.*

Il ne resterait rien à ajouter aux principes déjà établis pour enseigner à faire la balance des comptes du grand livre, s'il ne s'agissait dans tous les cas où on l'a faite, que de balancer les comptes établis sur les livres d'un négociant qui ne doit partager son capital avec personne; mais lorsqu'il s'agit de liquider la succession d'un négociant, et d'en distribuer le capital à ses différents héritiers ou de liquider une société lors de sa dissolution, et d'en distribuer les capitaux aux associés qui se séparent, certains teneurs de livres prétendent que ces opérations offrent des difficultés particulières.

Il ne sera donc pas inutile de démontrer que ces opérations sont aussi faciles que les balances ordinaires.

De la liquidation d'une succession.

Supposons que Nicolas Wessel, en Hollande, a laissé les mêmes livres de compte que ceux qui viennent d'être balancés, et par conséquent qu'il a laissé le même actif et le même passif que celui de l'inventaire précédemment établi (292), avec cette seule différence que les 560.834 fr. 66 cent. de cet inventaire sont 560,834 florins 66 cent. de florins; mais que cet actif n'était pas connu à l'époque de son décès, attendu qu'il ne peut l'être qu'après la balance générale des comptes établis sur ses livres.

Supposons également qu'il a légué à Marie Peters, son épouse. 30,000 fl.

A Jeanne Wessel, sa sœur 5,000

A Pierre Wessel, son frère 3,000

A Marie Wessel, sa fille aînée, le tiers de sa succession, déduction faite des legs précédents, et qu'il a nommé Guillaume Wessel, son fils, légataire universel et exécuteur testamentaire.

Guillaume Wessel fils, pour liquider ou fixer le tiers de la succession qui appartient à sa sœur, et ce qui lui appartient à lui-même, doit faire la balance générale des comptes établis sur les livres de son père, et l'inventaire des effets qu'il a laissés, exactement comme cela vient d'être fait pour opérer la précédente balance (263).

Cette balance étant la même que celle déjà opérée (263), et étant faite exactement de la même manière, il reconnaîtra aisément que le capital net de son père est de 180,534 fl. 66 c. de fl., comme ci-dessus (302).

308. Alors, au lieu de solder le compte de capital par balance, comme un négociant à qui ce capital appartiendrait, devrait le faire, et comme cela a été fait précédemment (285), il faut que Guillaume Wessel débite, en premier lieu, le compte de capital de 30,000 fl. légués à Marie Péters, des 5,000 fl. légués à Jeanne Wessel; ainsi que des 3,000 fr. légués à Pierre Wessel, et qu'il en crédite Marie Péters, Jeanne Wessel et Pierre Wessel comme suit :

CAPITAL A DIVERS, 38,000 florins pour le montant des legs faits aux suivants par Nicolas Wessel, décédé :

A MARIE PÉTERS, 30,000 fl. pour le legs qui lui a été fait par Nicolas Wessel, dont elle doit être créditée, ci . . . . 30,000 fl.

A JEANNE WESSEL, 5,000 florins pour *idem*, ci 5,000

A PIERRE WESSEL, 3,000 florins pour *idem*, ci 3,000
                                                    —————
                                                    38,000 fl.

Cet article étant transporté au grand livre, chacun des légataires est crédité de ce qui lui est dû selon la volonté du testateur, et le compte du capital est débité de 38,000 fl.

309. Maintenant, en retranchant ces 38,000 fl. qui sont au débit du compte de capital des 180,534 fl. 66 c. de fl. qui sont au crédit de ce même compte, le capital se trouve réduit à la somme de 142,534 fl. 66 c., dont le tiers, qui s'élève à 47,511 fl. 55 c. appartient à Marie Wessel ; et les deux tiers restant, qui s'élèvent à 95,023 fl. 11 c., appartiennent à Guillaume Wessel, légataire uniuersel, exécuteur testamentaire et liquidateur naturel de la succession.

Guillaume Wessel, qui représente son père comme héritier universel, et comme exécuteur testamentaire, doit donc débiter le compte de capital des 47,511 fl. 55 c. qui reviennent à Marie Wessel, sa sœur, pour son tiers de la succession, et en créditer ladite Marie Wessel; et, après avoir ainsi distribué aux différents héritiers particuliers tout ce qui peut leur revenir du capital liquidé de la succession, il doit débiter pour solde le compte de capital des 95,023 fl. 11 c. qui lui appartiennent pour les deux tiers de la succession, et en créditer son compte particulier, comme suit :

CAPITAL DOIT A DIVERS, 142,534 fl. 66 c. de fl. pour solde du compte de capital, et de ce qui revient aux suivants pour part liquidée de la succession de leur père décédé ;

A MARIE WESSEL, 47,511 fl. 55 c., pour son tiers de la succession liquidée de son père.   47,511 fl. 55 c.

A GUILL. WESSEL, 95,023 fl. 11. c. pour les deux tiers de ladite succession[1].   95,023   11
                                                                            142,534 fl. 66 c.

310. Par le moyen de la balance générale des comptes du grand livre, la succession est liquidée. Par le moyen des articles précédents (308), (309), le capital liquidé de la succession est distribué aux héritiers, selon la volonté du testateur, et le compte du capital est soldé.

---

1 Wessel aurait pu créditer balance de sortie au lieu de créditer son compte particulier des deux tiers ds la succession, et débiter dans la suite balance d'entrée envers capital, lorsqu'il ouvrirait les comptes sur les nouveaux livres.

311. Il ne reste plus qu'à solder les comptes de tous les héritiers par balance, comme on solde les comptes des particuliers (210).

En ouvrant ensuite sur les nouveaux livres, par balance d'entrée (215), tous les comptes soldés par celui de balance de sortie (207) sur les anciens, chaque compte est débité ou crédité sur les nouveaux livres comme il doit l'être pour solde, chaque héritier est crédité de ce qui lui est dû pour sa part de l'héritage ; et par conséquent les comptes de la succession sont liquidés.

Mais l'héritage ne sera liquidé qu'autant que l'héritier universel aura payé tous les créanciers du décédé, tous les légataires, et sa sœur qui est cohéritière.

312. En supposant donc qu'il continue les affaires de son père, et qu'il survienne des pertes pour la succession, telles que des faillites de la part des débiteurs de la succession, ou la moins-value des marchandises et des objets composant l'héritage, lesquels pourraient être vendus à des prix inférieurs à ceux de l'estimation portée sur l'inventaire ; comme ces pertes diminuent le capital de la succession, et par conséquent la portion des héritiers, Guillaume Wessel doit débiter sa sœur, cohéritière de son tiers, de cette perte, et profits et pertes des deux autres tiers de cette perte qu'il doit supporter lui-même.

Ou bien il ouvrira un compte de liquidation qu'il débitera de toutes les pertes qui surviendront sur les différentes parties de l'actif de la succession, et qu'il créditera de tous les bénéfices que la succession produira. Lorsque la succession sera liquidée, il débitera ou il créditera sa sœur, cohéritière, de son tiers de la perte ou bénéfice porté au compte de liquidation, qu'il créditera ou débitera de ce tiers, et il le soldera pour sa part du bénéfice ou de la perte par profits et pertes.

313. En dernier résultat, pour liquider la succession d'un négociant, il faut donc faire son inventaire, et la

balance générale de ses livres, selon les principes déjà
indiqués (260', avec la seule différence qu'il faut débiter
le compte de capital de ce qui est dû à chacun des héritiers
pour sa part de l'héritage, et de solder ensuite les comptes des héritiers par balance (319).

Il en est de même des liquidations de société.

De la liquidation d'une société.

5l4. Supposons la dissolution d'une société de compte
à tiers formée par Dubosc, Dubord et Dupré, dont les
comptes particuliers sont soldés au moment de la dissolution.

Il faut qu'ils fassent la balance générale des comptes
du grand livre, et l'inventaire des objets que la société
possède.

Supposons que la balance générale et l'inventaire
étant faits, les résultats soient les mêmes que ceux de la
balance déjà faite (292).

Le crédit du compte de capital s'élèverait à 180,534 fr.
66 cent. (342). Le capital à partager entre les trois associés s'élèverait donc à 180.534 francs 66 cent.: et par
conséquent le tiers qui appartiendrait à chacun d'eux
s'élèverait à 60.178 fr. 22 cent.

Il faudrait donc débiter le compte de capital pour solde
de 180.534 fr. 22 cent., et créditer comme suit chacun
des associés du tiers de cette somme

CAPITAL A DIVERS, 180,534 fr. 66 cent., pour solde
du compte de capital, et de ce qui revient aux suivants
pour leur tiers de capital liquidé de leur société précédente :

A DUBOSC, 60.178 fr. 22 cent., pour son tiers du
capital net de la société . . . . 60,178 fr. 22 c.

A reporter. . .   60,178   22 c.

	Report. . .	60,178	22 c.
A DUBORD, 60,178 fr. 22 cent. pour			
idem.		60,178	22
A DUPRÉ, 60,178 fr. 22 cent. pour			
idem.		60,178	22
		180,534 fr.	66 c.

315. Il faudrait ensuite solder les comptes des associés et tous les autres comptes par balance, comme (283), et les ouvrir sur les nouveaux livres par balance d'entrée, comme (304).

En supposant que l'un des associés continue les affaires pour son compte particulier, et qu'il soit chargé de la liquidation effective[1], s'il survient des pertes ou des bénéfices pour compte de la société dissoute, il débitera ou il créditera chacun de ses associés du tiers de ces pertes ou de ces bénéfices, et profits et pertes de son propre tiers ;

Ou bien il ouvrira un compte de liquidation, etc., comme (217).

Ainsi, pour faire la liquidation des comptes d'une société dont on veut opérer la dissolution, il faut faire l'inventaire des objets appartenant à la société, et la balance générale des comptes établis sur ses livres, comme celle déjà opérée (260) ; avec la seule différence qu'il faut distribuer le capital net aux divers associés, en débitant le compte de capital pour solde du montant du capital de la société, et en créditant chaque associé de la part qui lui en revient.

---

1. Liquider les comptes d'une succession ou d'une société, c'est les solder pour en connaître le résultat ; mais liquider effectivement la succession de la société, c'est en réaliser tous les fonds et les distribuer aux héritiers ou aux associés, après avoir acquitté toutes les dettes du décédé ou de la société dissoute.

Telle est la manière de clore les comptes, dans tous les cas possibles, sur les anciens livres, et de les ouvrir ensuite sur les nouveaux.

Voyez (306) les nouveaux exemples proposés pour une nouvelle suite d'opérations. On passe écritures de ces opérations sur de nouveaux livres, lorsque la balance a été faite, parce que les anciens étaient pleins. On les passe au contraire, à la suite des écritures déjà établies sur les livres, lorsqu'ils ne sont pas pleins, c'est-à-dire, lorsque la balance n'a été faite que pour connaître la situation des affaires du négociant.

Dans ce dernier cas, on laisse exister sur le grand livre les comptes qu'on y a soldés, et on s'en sert sans les ouvrir ailleurs, en portant au débit ou au crédit de chacun, par compte nouveau, le solde de l'ancien.

Mais, si on voulait de nouveaux livres, il faudrait rou-vrir tous les comptes sur d'autres registres, et passer toutes les opérations sur un autre journal.

LA BALANCE SIMPLIFIÉE

OU NOUVELLE MÉTHODE POUR OBTENIR TOUS LES MOIS ET
DANS L'INTERVALLE DE L'UN A L'AUTRE, LA BALANCE GÉ-
NÉRALE DES COMPTES, ET LE CONTROLE DU JOURNAL AVEC
LE GRAND LIVRE SANS POINTER CES DEUX REGISTRES, SANS
RIEN CHANGER A LEUR FORME, NI A LA MANIÈRE DE LES
TENIR.

516. Après avoir rendu facile la tenue des livres, il
restait à simplifier la balance générale, pour élever le
système des parties doubles à son plus haut degré d'exactitude et de simplification.

Les personnes qui pensent que la balance générale des
débits et des crédits des comptes, tenus en partie double,
est d'une extrême difficulté, ne sont dans cette erreur
que parce qu'elles ont une fausse idée de la méthode à
suivre. En effet, il y a, dans ce que l'on appelle la balance générale des livres, deux opérations différentes,
qui sont l'une et l'autre d'une égale facilité.

Dans l'une, il ne s'agit que de solder chacun des
comptes ouverts sur le grand livre; or, cette opération
n'exige que la connaissance des éléments des parties
doubles (126).

L'autre, qui doit être faite avant que l'on solde chaque
compte consiste dans l'addition des sommes portées au
débit et de celles portées au crédit de chacun des comptes
ouverts au grand livre, et ensuite dans celle des débits
et des crédits de ces mêmes comptes : le total de leurs
débits, étant égal à celui de leurs crédits, constitue essen-

tiellement ce qu'on appelle leur balance générale, et prouve que toutes les sommes portées au débit des comptes des débiteurs ont été portées au crédit des comptes des créanciers.

Or, cette opération, qui n'a pas ce qu'on peut appeler des difficultés qui lui soient propres, oblige cependant, en suivant l'ancienne méthode, à un travail long et ennuyeux, parce que, ne le faisant tout au plus qu'une fois l'an, une erreur de transport ou d'addition, faite dans l'un des douze mois de l'année, ne peut être relevée qu'autant qu'on refait tout le travail relatif à l'année entière.

L'objet que je me propose ici, est d'indiquer le moyen de réduire cette opération, qui n'est longue et pénible que par les recherches des erreurs qu'elle entraîne lorsqu'on ne la fait que tous les ans, à des procédés prompts et faciles qui épargneront désormais, aux teneurs de livres, des recherches pénibles, et leur feront obtenir en peu d'instants, chaque mois, la balance générale des débits et des crédits, ainsi que le contrôle réciproque des écritures du journal et du grand livre, sans augmenter en rien leur travail journalier, ni les assujettir à rien faire qui ne leur soit déjà familier.

En un mot, il ne s'agit que d'abréger de beaucoup le travail relatif à la balance générale des comptes, en la faisant chaque mois, au lieu de ne la faire qu'à la fin de l'année.

EXPLICATION

Du nouveau moyen d'obtenir, chaque mois, par un travail de quelques heures, la Balance générale des Comptes.

517. Voici comment on abrége ce travail :

1° Si on commet des erreurs, leur recherche n'aura jamais lieu que sur les écritures d'un mois seulement, et

ces erreurs deviendront nécessairement beaucoup plus
rares, parce que celles qui auront été commises dans
les écritures d'un mois ne pourront plus être transportées dans celles des mois suivants :

2° Les additions des sommes portées au débit et au
crédit de chacun des comptes du grand livre, pendant
un mois, donnant le total des débits égal à celui du
crédit, et à celui du montant des articles écrits au journal pendant la durée de ce même mois, éviteront qu'on
perde du temps à pointer les livres, qu'on n'ait jamais
besoin de revenir sur cette première opération, et qu'elle
ne puisse jamais causer des erreurs dans l'opération
semblable qui sera faite le mois suivant.

3° Les sommes écrites, le mois suivant, au débit et
au crédit de chacun des comptes ouverts au grand
livre, étant placées au-dessous de la somme totale des
débits et de celle des crédits du mois précédent, et
additionnées avec celles-ci, le total du débit et celui du
second mois comprendront le total du débit et celui du
crédit du premier, comme le total du débit et celui du
crédit du troisième comprendront les totaux des deux
précédents, et ainsi de suite ; ce travail, en donnant à chaque nouvelle opération le total du débit et celui du crédit
de chacun des comptes, depuis le commencement de
l'année, n'exigera cependant que l'addition des articles
écrits pendant la durée du dernier mois, sans qu'il
puisse jamais être nécessaire de revenir sur les additions
précédentes.

4° Enfin, la principale abréviation consiste dans l'invention d'un compte de balance divisé en douze colonnes tenues par débit et par crédit, et portant chacune
en tête le nom de l'un des mois de l'année ; tel qu'en
écrivant en marge, à l'époque de la fin de janvier, par
exemple, la liste de tous les comptes ouverts au grand
livre pendant ce mois, et, dans la colonne réservée à ce

mois, le débit et le crédit de chacun de ces comptes, sur la même ligne que le nom de chacun, la balance générale de ce même mois se trouve opérée dans la première colonne qui en porte le nom ; et tel enfin que la liste des comptes étant ainsi écrite en marge, une fois pour toutes, il ne s'agisse plus, à l'époque de la fin de février, que de porter les sommes du débit et du crédit de chacun de ces comptes dans la colonne réservée pour ce nouveau mois, chacune sur la même ligne que celle où se trouve le nom du compte dont ces sommes dépendent ; et ainsi de suite pour chacun des autres mois. On opère ainsi, dans la colonne de chaque mois, la balance générale des comptes faite à la fin de chacun ; et on n'est obligé à faire qu'une seule fois la liste des comptes que l'on ne peut se dispenser de faire à la fin de l'année, lorsqu'on suit l'ancienne méthode ; la nouvelle a sur cette dernière l'avantage de donner la balance générale de chaque mois, par le moyen de l'addition relative aux écritures de ce mois seulement, dont il s'agit, pour tout travail, de porter les résultats dans la colonne réservée à ce même mois.

Mais, pour ne laisser aucun doute de la facilité de la formation de ce tableau, il va être traité séparément des opérations préalables dont il est le résultat, quoique ces opérations n'aient rien de nouveau en elles-mêmes.

Du Journal.

318. Additionnez les montants des divers articles du premier folio du journal, écrivez-en la somme totale au bas de ce premier folio, et transportez cette somme au haut du folio suivant. Additionnez ensuite le montant des articles écrits sur le second folio avec la nouvelle somme totale du précédent ; écrivez la somme totale au bas de ce second folio, sans oublier de la transporter au haut du troisième folio ; et ainsi de suite pour le troi-

sième, le quatrième, etc., dont chacun comprendra le
montant des précédents, et dont le montant de chacun
sera transporté sur le suivant.

Par ce moyen, vous aurez toujours, au bas du dernier
folio rempli, le montant de la totalité des affaires écrites
au journal.

Du Grand Livre.

319. Faites, le 30 janvier 1867, par exemple, l'addition
de tous les articles du débit et du crédit de chacun des
comptes ouverts au grand livre ; écrivez le montant de
la totalité du débit de chaque compte sous une ligne à
l'encre, tirée sous le dernier article du débit de chacun ;
écrivez également le total du crédit de chacun sous une
ligne à l'encre, tirée au-dessous du dernier article du
crédit de chacun ; mais ne tirez pas de ligne sous le montant de la totalité du débit, et sous celui de la totalité du
crédit de chaque compte, afin que ces montants puissent
être additionnés, le 28 du mois de février suivant, avec
les nouvelles sommes qui seront écrites pendant la durée de ce même mois au débit et au crédit de chacun de
ces mêmes comptes.

Par ce moyen, le total des articles portés au débit, de
même que celui des articles portés au crédit de chaque
compte pendant la durée du mois de février, comprend-
dra le total des articles portés au débit et celui des articles portés au crédit de chacun le mois précédent ; et
ainsi de suite pour les mois suivants.

On pourrait même faire, le samedi de chaque semaine,
l'addition de tous les articles écrits pendant sa durée, au
débit et au crédit de chaque compte ouvert au grand
livre, en faisant suivre le montant de l'une à l'autre,
comme on vient de l'indiquer.

Or, comme il est impossible d'éviter de faire l'addition
de tous les articles du débit et du crédit de chaque

13

compte, lorsqu'on veut obtenir la balance générale de
leurs débits et de leurs crédits à la fin de l'année ; il est
évident que l'addition faite chaque semaine ou chaque
mois des articles écrits pendant leur durée, au débit et
au crédit de chaque compte, comprenant la totalité des
débits et des crédits des semaines ou des mois qui précèdent, et n'étant jamais faite qu'une seule fois pour
toutes, loin d'augmenter le travail, tend au contraire à
le rendre plus facile et à le diminuer de beaucoup. En
effet, lorsque la somme totale des débits d'un mois est
égale à celle des crédits de ce même mois, il ne peut
jamais être nécessaire de les additionner de nouveau ;
tandis que, lorsqu'on fait cette opération pour l'année
entière, l'erreur la plus légère, dont on ignore l'époque,
oblige à refaire plusieurs fois le travail relatif à l'année
entière.

Ces préparatifs n'ont rien de nouveau en eux-mêmes,
ni rien qui exige que l'on insiste sur leur utilité. Elle a
déjà été sentie par les teneurs de livres de plusieurs
maisons de commerce, qui additionnent tous les mois
le débit et le crédit de tous les comptes du grand livre ;
mais ils n'en retirent pas l'avantage principal qu'assure la formation d'un compte courant à la balance générale, par le moyen duquel le résultat de ces additions
donne chaque mois la balance générale des débits et des
crédits au grand livre, et de ceux-ci avec la totalité
des affaires qui se trouvent au journal à la fin de chaque
mois.

Du Compte courant de la Balance générale des Débits et des Crédits.

320. Ouvrez un compte à la balance générale sur le
modèle de celui qui se trouve numéro (263), avec cette
seule différence que vous y pratiquerez douze colonnes

au lieu des quatre qui se trouvent dans ce modèle. Établissez ces colonnes par débit et par crédit, et donnez à
chacune le nom des mois de l'année ; en un mot confor-
mez-vous au modèle donné, avec l'attention de pratiquer
huit colonnes de plus. Par ce moyen, chacune portera en
tête le nom d'un des mois de l'année, et au-dessous de
ce nom les mots *débit* et *crédit*.

Votre compte de balance générale sera établi.

521. Cela fait, il n'y a rien de plus facile, le 30 du
mois de janvier, par exemple, que d'obtenir en peu
d'instants la balance générale des débits et des crédits
de tous les comptes ouverts pendant la durée de ce mois.

Sur votre compte ainsi préparé pour la balance générale, et dans la marge qui précède les colonnes réservées
pour le mois de janvier, écrivez la liste des noms de
tous les comptes qui ont été ouverts pendant la durée du
mois de janvier ; écrivez sur la même ligne que celle où
vous avez placé le nom de chaque compte, le numéro
du folio sur lequel il est ouvert au grand livre, et le
montant auquel s'élève son débit ainsi que celui auquel
s'élève son crédit à la fin de janvier, en ayant l'attention
de placer ces montants dans la colonne réservée au mois
de janvier. Par ce moyen, en additionnant les débits
et les crédits portés dans cette colonne, vous en aurez la
totalité, et la balance générale des uns et des autres.

Le total des sommes portées dans la colonne des débits, étant égal à celui des sommes portées dans la colonne du crédit et à celui du montant de tous les articles
du journal, prouvera que tout a été bien transporté du
journal au grand livre, et que les additions, ayant été
opérées sans erreur, n'en pourront pas produire dans
les balances des mois suivants ; qu'ainsi il ne pourra jamais être nécessaire de revenir sur celle que l'on fait
actuellement.

Si le total des débits diffère de celui des crédits, et se

trouve cependant égal au montant de tous les articles du journal, il sera prouvé que les débits sont bien transportés et bien additionnés. Les recherches des erreurs se réduiront alors à celles des erreurs relatives aux crédits seulement. On les trouvera le plus souvent en refaisant seulement les additions des crédits ;

Et réciproquement si le crédit était seul égal au montant des articles du journal.

Un bon teneur de livres ne mettant jamais un point à côté du numéro qui indique dans la marge du journal le folio du grand livre où chaque compte est ouvert, qu'après avoir transporté au débit ou au crédit de ce compte la somme dont il est débité ou crédité au journal, n'aura pas besoin de pointer de nouveau les écritures au commencement d'un mois, lorsqu'il voudra faire la balance générale du mois précédent.

322. Mais enfin, s'il arrivait que le total des débits, différent de celui des crédits, fût encore différent, ainsi que celui-ci, du montant des articles du journal, et qu'après avoir refait les additions avec l'attention et la sûreté que donne l'habitude du travail, on ne trouvât pas la balance générale ; il faudrait en conclure alors seulement qu'on a commis quelques erreurs ou fait des omissions en transportant du journal au grand livre. Dans ce cas, qui arrivera à coup sûr très-rarement, il suffira, pour découvrir les erreurs, de pointer de nouveau les écritures d'un mois, ce dont aucune méthode connue ou à connaître ne peut dispenser.

323. On peut donc considérer la méthode actuelle comme propre à dispenser de pointer les livres, puisqu'on sera mathématiquement assuré que tout est bien transporté du journal au grand livre, toutes les fois que le total des débits sera égal à celui des crédits et à celui des montants des articles écrits au journal. Enfin, on ne sera obligé d'en venir à pointer les écritures du mois

dont on opère la balance, que dans le cas seulement où, après s'être assuré que les additions sont exactement faites, on n'en trouvera pas les derniers résultats égaux entre eux; ce qui, on le répète, arrivera d'autant plus rarement qu'on fait tous les mois la balance, et que tout étant réglé à la fin de chacun avec une exactitude mathématique, empêchera que nulle erreur des écritures déjà balancées puisse faire partie des nouvelles.

Telle est l'opération relative à la balance du mois de janvier.

524. Le mois de février suivant on additionnera les articles écrits pendant la durée au débit et au crédit de chacun des comptes du grand livre, en y comprenant la somme totale à laquelle s'élevaient le débit et le crédit de chacun le mois précédent. On portera le résultat de ces additions dans la colonne réservée pour le mois de février, en observant d'écrire le total du débit et du crédit d'un compte sur la même ligne que celle où l'on a déjà écrit sa dénomination; et ainsi de suite pour tous les autres.

Par ce moyen on aura dans la colonne du mois de février la balance générale des débits et des crédits des articles passés sur les livres pendant la durée des deux premiers mois de l'année.

On portera de même dans la colonne réservée pour le mois de mars le résultat de l'addition de tous les articles écrits au débit et au crédit de chaque compte pendant la durée du mois, qui comprendra la somme totale du débit et du crédit de chacun pendant la durée des deux mois précédents; et ainsi de suite pour chacun des mois de l'année.

En un mot, il ne s'agit que d'opérer, dans la colonne réservée pour chaque mois, la balance générale des débits et des crédits telle qu'elle doit exister d'après l'addition faite à la fin de chacun de ces mêmes mois, des

articles portés au débit et au crédit de chaque compte
ouvert au grand livre.

En cas d'erreur on referait les additions, et s'il le fallait, on pointerait les écritures du mois courant.

Par ce moyen on aura, à la fin du second, du troisième,
du quatrième, du cinquième mois, etc., la balance des
débits et des crédits des écritures de ces deux, trois
quatre, cinq mois, etc.

323. Par exemple, la somme des articles écrits au
journal pendant la durée du mois de janvier, s'élève à la
fin de ce mois à 336,416 fr., dans la *Tenue des Livres
rendue facile*; celle des articles écrits pendant la durée
du mois de février, s'élève, à la fin de ce mois, à
561,956 francs, en y comprenant la précédente; celle du
mois de mars, y compris celle de février, s'élève à
1,105,556 francs; enfin celle arrêtée au 24 avril s'élève à
1,916,674 francs, y compris celle du mois de mars.

L'addition faite à la fin du mois de janvier, du débit et
du crédit de chacun des comptes ouverts au grand livre,
ayant donné les sommes du débit et du crédit de chacun
de ces comptes, sur chacun desquels on les trouve, transportez les sommes du débit et du crédit de chacun de ces
comptes dans la colonne réservée pour le mois de janvier
sur le compte général de la balance, ouvert conformément au modèle imprimé numéro (263); faites précéder
à gauche les montants du débit et du crédit du compte de
marchandises générales, ou de caisse, etc., du nom de
chacun de ces comptes, puis additionnez les montants
portés dans cette colonne; vous trouverez la somme des
débits égale à celle des crédits et à celle des articles du
journal, c'est-à-dire à 336,416 : ce qui composera un
tableau parfaitement égal à celui qui forme la première
colonne du mois de janvier, et les noms qui la précèdent dans le modèle donné à la fin de cet ouvrage.

Additionnez également les articles portés au débit et

au crédit de chacun de ces mêmes comptes pendant le mois de février, en comprenant dans cette addition le total du débit et du crédit de chacun pendant le mois précédent, et portez la somme du débit et du crédit de chacun sur la même ligne que celle où se trouve écrit le nom de chacun, et dans la colonne du mois de février vous trouverez la somme des débits égale à celle des crédits et à celle des articles du journal, c'est-à-dire 461,956.

En opérant sur les mêmes principes pour le mois de mars, et ensuite pour celui d'avril arrêté à la date du 24 au journal, vous trouverez la balance des mois de mars et d'avril, et composerez un tableau semblable en tous points au modèle numéro (263).

Des Propriétés du Tableau formé par les Balances des douze mois de l'année, opérées chacune dans la Colonne réservée pour chaque mois.

Voyez le modèle placé sous le numéro (263); vous trouverez dans la colonne du débit du mois de janvier le débit de Beaufour montant à la somme de 12,000 fr. Vous ne trouverez sur la même ligne, au crédit de Beaufour, que 1,000 fr. dans la colonne du mois de mars; ce qui vous indiquera qu'il n'a donné un premier à-compte qu'au bout de trois mois; enfin, trouvant son crédit égal à son débit dans la colonne du mois d'avril, vous verrez qu'il n'a soldé ce qu'il devait qu'à cette époque.

Il en serait de même de tout autre compte; ce qui prouve que ce tableau a la propriété de donner les divers mouvements, mois par mois, du solde dû par chaque débiteur, ou que l'on doit à chaque créancier; les divers mouvements, mois par mois, de la situation des comptes généraux : avantages précieux dans le cas où il devient nécessaire de faire le dépouillement, mois par mois, du compte de caisse, de celui d'effets à payer, de marchandises générales, et de profits et pertes.

Le tableau des balances de l'année opère ce dépouillement, et en offre les résultats par le seul effet de la manière simple et naturelle dont il est formé. Les renseignements mathématiques qu'il assure, le contrôle qu'il opère du journal, du grand livre, et des résultats comparés entre eux de la totalité des comptes, l'extrême abréviation des opérations relatives à la balance générale, le travail simple et facile de quelques heures, auquel se réduit celui qu'elle exige chaque mois; tout me parait en démontrer les avantages, et en recommander généralement l'usage.

JOURNAL

COMMENCÉ LE PREMIER JANVIER 1867

	Fol. 1.	
	326.——— *Du 1ᵉʳ Janvier 1867.* ———	
$\frac{1}{11}$	MARCHANDISES GÉNÉRALES A PIERRE. fr. 3000, pour 10 tonn. vin rouge, achetés à Pierre, à fr. 300 le tonneau............	3000
	327.——— *Du 2 Janvier.* ———	
$\frac{1}{9}$	Mˢᵉˢ Gˡᵉˢ A DUPRÉ, fr. 4000, pour vingt ton-neaux de vin blanc, achetés audit, payables en mon billet à son ordre, à 6 mois......	4000
	328.——— *Du 3 Janvier.* ———	
$\frac{1}{8}$	Mˢᵉˢ Gˡᵉˢ A DUPUI, fr. 1500, pour deux bar-riques de sucre brut, achetées audit, payables en mon billet à son ordre, à 6 mois.	1500
	329.——— *Du 4 Janvier.* ———	
$\frac{8}{1}$	DUPUI A Mˢᵉˢ Gˡᵉˢ, fr. 4000, pour 10 tonn. de vin rouge vendus audit, à 400 fr. le tonn., payables en son billet............	4000
	330.——— *Du 5 Janvier.* ———	
$\frac{9}{1}$	DUPRÉ A Mˢᵉˢ Gˡᵉˢ, fr. 1500, pour 2 barriq. de sucre brut, pesant 125 myriagr., vendues audit, à 20 f. le myr. payables en son billet.	1500
	331.——— *Du 6 Janvier.* ———	
$\frac{4}{5}$	CAISSE A PROFITS ET PERTES, 20000 fr., pour 20 tonn. de vin dont mon père m'a fait présent, vendus au compt., à fr. 1000 le ton.	20000
	A reporter.....	34000

1. Au bas de chaque folio du journal, faisant l'addition du montant des divers articles qui y sont inscrits, transportez la somme au haut du folio suivant, additionnez les articles de celui-ci, transportez-en le mon-tant au haut du folio suivant, et ainsi de suite. *Voyez la Balance sim-plifiée* (316) et la note du numéro (353).

	Folio 2. Report......	34000
	332. ━━━━ *Du 7 Janv. 1867.* ━━━━	
$\frac{4}{4}$	M^{ses} G^{les} A CAISSE, fr. 2400, pour 12 tonneaux de vin blanc, achetés comptant à Dupré, à 200 fr. le tonneau....................	2400
	333. ━━━━ *Du 8 Janvier.* ━━━━	
$\frac{1}{1}$	CAISSE A M^{ses} G^{les}, fr. 3000, pour 12 tonneaux de vin blanc vendus au comptant à Jean, à 250 fr. le tonneau..............	3000
	334. ━━━━ *Du 9 Janvier.* ━━━━	
$\frac{1}{3}$	M^{ses} G^{les} A EFFETS A PAYER, fr. 9000, pour 1000 myriagrammes poids net de savon, achetés à Dupui, que je lui ai payés en mon billet à son ordre à 3 mois.........	9000
	335. ━━━━ *Du 10 Janvier.* ━━━━	
$\frac{2}{1}$	EFFETS A RECEVOIR A M^{ses} G^{les}, fr. 2000, pour 200 myriagrammes poids net de savon, vendus à Pierre à 10 fr. le myriagr., qu'il m'a payés en son billet à mon ordre au 10 avril.	2000
	336. ━━━━ *Du 11 Janvier.* ━━━━	
$\frac{1}{10}$	M^{ses} G^{les} A LECOUTEULX, DE PARIS, fr. 2000, pour 20 tonneaux de vin rouge, achetés à Dupré à 200 fr. le tonneau, en payement desquels je lui ai ouvert un crédit chez Lecouteulx....................	2000
	337. ━━━━ *Du 12 Janvier.* ━━━━	
$\frac{1}{1}$	M^{ses} G^{les} A M^{ses} G^{les}, fr. 2400, pour 12 tonneaux de vin blanc achetés à Dupui; en payement desquels je lui ai donné 10 tonneaux de vin rouge, à 240 fr. le tonneau........	2400
	A reporter.......	54800

	Fol. 3. Report.....	54800

338.━━━━ *Du 13 Janvier.* ━━━━

1

Mⁿᶜˢ Gˡᵉˢ ᴀ DIVERS, 11600, pour 20 tonn. de vin achetés et payés comme suit à Martin, à 400 fr. le tonneau :

4 A CAISSE, fr. 11252, à lui comptés, ci. 11252

5 A PROFITS ET PERTES, fr. 348, escompte retenu à 3 pour cent... 348   11600

339.━━━━ *Du 14 Janvier.* ━━━━

DIVERS ᴀ Mˢᶜˢ Gˡᵉˢ, fr. 13200, pour 30 tonn. de vin, vendus comme suit à Pierre, à 440 fr. le tonneau.

4 CAISSE, fr. 12804, qu'il m'a comptés, ci.............................. 12804

5
1 PROFITS ET PERTES, fr. 396. escompte qu'il a retenu à 3 p. cent, ci. 396   13200

340.━━━━ *Du 15 Janvier.* ━━━━

1

Mˢᶜˢ Gˡᵉˢ ᴀ DIVERS, fr. 10000, pour 10 tonn. vin de Médoc, achetés et payés à Dupui comme suit :

3 A EFFETS A PAYER, fr. 2000, en mon billet à son ordre, à 2 mois, ci......... 2000

2 A EFFETS A RECEVOIR, fr. 2000, billet de Pierre, à 3 trois mois, ci.... 2000

1 A Mˢᶜˢ Gˡᵉˢ, fr. 2000, 200 myriagr. de savon, à 10 fr. le myriagramme... 2000

4 A CAISSE, fr. 3880, à lui comptés.... 3880

5 A PROFTS ET PERTES, fr. 120, escompte retenu à 3 pour cent..... 120   10000

	A reporter.....	89600

Fol. 4.	*Report.....*	89600

341.——— *Du 16 Janvier.* ———

DIVERS A M^ses G^les, fr. 12000 pour 10 tonn. de vin vendus à Jean, à 1200 fr. le tonneau, qu'il a payés comme suit :

2	EFFETS A RECEVOIR, fr. 4000, pour son billet à 2 mois, à mon ordre......	4000	
3	EFFETS A PAYER, fr. 2000, pour mon billet ord. de Dupui, qu'il m'a remis.	2000	
1	M^ses G^les, fr. 2000, pour 200 mètres de drap, à 10 fr. le mètre...........	2000	
4	CAISSE, fr. 3880, qu'il m'a comptés en espèces......................	3880	
5 / 1	PROFITS ET PERTES, fr. 120, escompte retenu à 3 pour cent............	120	12000

342.——— *Du 17 Janvier.* ———

2 / 4	EFFETS A RECEVOIR A CAISSE, fr. 10000, billet de Jacques, pris au pair.........	10000

343.——— *Du 19 Janvier.* ———

4 / 2	CAISSE A EFFETS A RECEVOIR, fr. 10000, billet de Jacques, négocié au pair.......	10000

344.——— *Du 20 Janvier.* ———

DIVERS A EFFETS A PAYER, fr. 10000, pour mon billet à 3 mois, ordre d'André, négocié comme suit :

4	CAISSE, fr. 9700, reçus en espèces...	9700	
5 / 3	PROFITS ET PERTES, fr. 300, escompte à 3 pour cent.................	300	10000

	A reporter.....	131600

	Fol. 5. *Report*.....	131600

345.────── *Du 21 Janvier.* ──────

3	EFFETS A PAYER à DIVERS, fr. 9000, pour mon billet ordre de Dupui, pris à l'escompte de 3 pour cent.	
4	A CAISSE, fr. 8730, comptés en écus sur ledit billet........................... 8730	
5	A PROFITS ET PERTES, fr. 270 pour l'escompte de 3 pour cent........ 270	9000

346.────── *Du 22 Janvier.* ──────

2	EFFETS A RECEVOIR à DIVERS, fr. 10000, montant du billet de Bonnafous, à 2 mois, pris ce jour sous l'escompte de 2 pour cent.	
4	A CAISSE, fr. 9800, comptés en espèces, ci......................... 9800	
5	A PROFITS ET PERTES, fr. 200 escompte que j'ai retenu............ 200	10000

347.────── *Du 23 Janvier.* ──────

$\frac{5}{1}$	PROFITS ET PERTES à Mses Gles, fr. 1200, perte de 100 myriagrammes poids net de savon, vendus et livrés à Guillaume, mort insolvable..........................	1200

348.────── *Du 24 Janvier.* ──────

$\frac{7}{1}$	JAUGE à Mses Gles, fr. 2400, pour 200 myriagrammes poids net de savon, vendus à Dupré, à 12 fr. le myriagramme pour lesquels il m'a ouvert un crédit chez ledit Jauge..	2400

	A reporter.... .	134200

	Fol. 6. *Report.....*	154200

349.━━━━━ *Du 25 Janvier.* ━━━━━

1	Mᶜᵉˢ Gˡᵉˢ A DIVERS, fr. 4060, prix et frais de 198 mètres de drap, en 10 pièces, que Jacob, de Montauban, m'a expédiés à 20 fr. le mètre, en payement desquels j'ai accepté la lettre ci-après :		
3	A EFFETS A PAYER, fr. 3960, pour mon acceptation à la traite de Jacob, en payement desdites marchandises...........	3960	
4	A CAISSE, fr. 100, pour frais déboursés à leur arrivée...................	100	4060

350.━━━━━ *Du 27 Janvier.* ━━━━━

	DIVERS A Mᶜᵉˢ Gˡᵉˢ, fr. 4356, pour expédition faite de 198 mètres de drap de diverses couleurs, à l'adresse et pour compte et risques de Robert, de Paris, au prix de 22 fr. le mètre, en payement desquels j'ai tiré une lettre de change sur ledit Robert, à l'ordre de Raffin, qui m'en a payé le montant comme suit ;		
4	CAISSE, fr. 4290, 66 cent., que Raffin m'a comptés......................	4290, 66	
5/1	PROFITS ET PERTES, fr. 65,34 cent., escompte qu'il a retenu à ½ pour cent.........................	65, 34	4356

351.━━━━━ *Du 28 Janvier.* ━━━━━

1/6	Mᶜᵉˢ Gˡᵉˢ A JAMES DE L'ISLE-DE-FRANCE, fr. 4000, montant d'une balle de mousseline expédiée par ledit à mon adresse et pour mon compte et risque..................		4000
	A reporter.....		166616

	Fol. **7.**	Report.....	165616

352. ——— *Du 29 Janvier.* ———

1	M^{ses} G^{les} ᴀ DIV., fr. 78000, pour 76 t. de vin que		
0	James a achetés aux suiv. pour mon compte :		
9	A BRAY, fr. 12000, pour 12 t. n^t à..	12000	
7	A JEAN, fr. 12000, pour 10 *idem*....	12000	
9	A LUPRÉ, fr. 12000 pour 12 *idem*...	12000	
11	A PIERRE, fr. 8000, pour 8 *idem*...	8000	
8	A DUPUI, fr. 34000, pour 34 *idem*....	34000	78000

353. ——— *Du 30 Janvier.* ———

	DIVERS ᴀ M^{ses} G^{les}, fr. 918000 pour ce qui		
	suit, vendu aux suivants :		
12	BEAUFOUR, fr. 12000, pour 10 tonn. de vin		
	de Médoc, montant à............	12000	
8	PAUL, fr. 1000, pour 1 *idem*.......	1000	
9	DUPRÉ, fr. 1200, pour 100 myriagr.		
	poids net de savon à 12 fr. le myriagr.	1200	
7	JEAN, fr. 22400, pour 200 myr. poids		
	net de savon à 12 fr..... 2400 }		
	20 tonn. de vin à 1000 fr. 20000 }	22400	
8	DUPUI, fr. 1200 p. 100 myr. de savon.	1200	
4	DUPARC, fr. 34000, p. 20 ton. de vin.	34000	
15	DUPIN, fr. 20000, pour 20 *idem*.....	20000	918000
4			

354. ——— *Du 1er Février.* ———

11	PIERRE ᴀ CAISSE, fr. 1000, que je lui ai		
4	prêtés en espèces..................		1000

355. ——— *Du 2 Février.* ———

4	CAISSE ᴀ JEAN, fr. 1000, qu'il m'a prêtés en		
7	espèces		1000

		A reporter.....	338416

1. On tire un trait sous le montant du dernier article d'un mois qui
finit, et on écrit au-dessous de ce trait la somme de tous les articles de ce
mois. Cette somme est additionnée avec le montant des divers articles
du mois suivant, sur les principes déjà établis. *Voyez* les notes du
folio 1 du Journal et du n° 63, ainsi que la *Balance simplifiée* (316).

	Fol. 8.	*Report*.....		338416

356.════════ *Du 3 Février.* ════════

$\frac{7}{3}$ JEAN A EFFETS A PAYER, fr. 1000, à lui
prêtés en mon billet à son ordre........ | 1000

357.════════ *Du 4 Février.* ════════

$\frac{2}{8}$ EFFETS A REC. A DUPUI, fr. 1000, qu'il m'a
prêtés en son billet à mon ordre........ | 1000

358.════════ *Du 5 Février.* ════════

$\frac{9}{2}$ DUPRÉ A EFFETS A RECEV., fr. 1000, à lui
prêtés en un billet de Dupui à mon ordre. | 1000

359.════════ *Du 6 Février.* ════════

DIVERS A PIERRE, fr. 6000, qu'il m'a prêtés en argent, payables dans 3 mois.

$\frac{4}{5}$ CAISSE, fr. 5910, rçus en écus...... 5910

$\overline{11}$ PROFITS ET PERTES, fr. 90, intérêt
qu'il a retenu pour 3 mois, à 6 pour
cent........................ 90 | 6000

360.════════ *Du 7 Février.* ════════

8 DUPUI A DIVERS, fr. 6000, à lui prêtés pour
6 mois.

4 A CAISSE, compté audit Dupui...... 5820

5 A PROFITS ET PERTES, fr. 180, intérêt de 6 mois, que j'ai retenu à 6
pour cent...................... 180 | 6000

361.════════ *Du 8 Février.* ════════

DIVERS A PIERRE, fr. 10000, que ledit Pierre
m'a prêtés comme suit :

2 EFFETS A RECEVOIR, fr. 3000, pour le billet
de Pierre, à M. O., à 2 mois....... 3000

1 Mses Gles, fr. 2000, montant de 2 tonn.
de vin rouge.................. 2000

A reporter..... 5000

A reporter.... | 353416

	Fol. 9. *Reports*.....	5000	353416
4	CAISSE, fr. 4850, reçus en argent....	4850	
5 / 11	PROFITS ET PERTES, fr. 150, escompte qu'il a retenu à 5 p. cent sur 5000 fr.	150	10 0)

362. ━━━━━ *Du 9 Février.* ━━━━━

7	JEAN A DIVERS, fr. 10000, pour autant que je lui ai prêté comme suit :		
3	A EFFETS A PAYER, fr. 3000, mon billet à son ordre, à 2 mois..............	3000	
2	A EFFETS A RECEVOIR, fr. 3000, billet de Pierre à M. O., à 2 mois, cédé à Jean.	3000	
1	A M^{ses} G^{les}, fr. 3000, pour 3 tonneaux de vin.....................	3000	
4	A CAISSE, fr. 970, à lui comptés.....	970	
5	A PROFITS ET PERTES, fr. 30, escompte retenu à 3 pour cent......	30	10000

363. ━━━━━ *Dudit.* ━━━━━

9 / 3	DUPRÉ A EFFETS A PAYER, fr. 4000, mon billet à son ordre, à 6 mois, à lui fourni en payement de 20 tonneaux de vin blanc qu'il m'a vendus le 2 janvier dernier.....	4000

364. ━━━━━ *Du 11 Février.* ━━━━━

11 / 4	PIERRE A CAISSE, fr. 3000, comptés audit en payement des marchandises qu'il m'a vendues le 1er janvier dernier.............	3000

365. ━━━━━ *Du 12 Février.* ━━━━━

4 / 8	CAISSE A DUPUI, fr. 4000, qu'il m'a comptés en payement des marchandises que je lui ai vendues le 4 janvier dernier.........	4000

366. ━━━━━ *Du 13 Février.* ━━━━━

2 / 9	EFFETS A RECEVOIR A DUPRÉ, fr. 1500, son	
	A reporter.....	384416

14

Fol. 10.   *Report....* | 384416

billet à un mois fixe, à mon ordre, qu'il
m'a fourni en payement des sucres à lui
vendus le 6 janvier dernier............. | 1500

367.━━━━━ *Du 14 Février.* ━━━━━

8 / 2 | DUPUI à EFFETS A RECEVOIR, fr. 1500, son
billet à mon ordre, que je lui ai fourni en
payement des vins qu'il m'a vendus le
1er janvier dernier. .... | 1500

368.━━━━━ *Du 15 Février.* ━━━━━

3 / 8 | EFFETS A PAYER à DUPUI, fr. 4000, mon
billet à 6 mois, ordre de Dupré, dont ledit
Dupui était porteur, et qu'il m'a fourni en
payement des vins à lui vendus le 5 du
courant............................ | 4000

369.━━━━━ *Du 16 Février.* ━━━━━

1 / 11 | Mses Gles à PIERRE, fr. 1000, pour un ton-
neau de vin qu'il m'a fourni en payement
de pareille somme à lui prêtée le 10 courant. | 1000

370.━━━━━ *Du 17 Février.* ━━━━━

7 / 1 | JEAN à Mses Gles, fr. 1000 pour un tonneau
de vin de Médoc, à lui fourni en payement
de pareille somme qu'il m'a prêtée le
2 courant. .... | 1000

371.━━━━━ *Du 18 Février.* ━━━━━

DIVERS à JEAN, fr. 1000, que ledit m'a
comptés en espèces, sous l'escompte de
3 pour cent, en payement de ce que je lui
ai prêté le 3 du courant.
4 | CAISSE, fr. 970, reçus en espèces.... | 970
5 / 7 | PROFITS ET PERTES, fr. 30, pour
l'escompte qu'il a retenu......... | 30 | 1000

A reporter.... | 394416

Fol. 11. Report..... | 394416

372.======= *Du 19 Février.* =======

8 — DUPUI A DIVERS, fr. 3000, comptés audit
en espèces, sous la déduction de 3 pour
cent, en payement de pareille somme, qu'il
m'a prêtée le 4 du courant en son billet à
3 mois.

4 — A CAISSE, fr, 2910, à lui comptés.... 2910

5 — A PROFITS ET PERTES, fr. 90, pour
l'escompte retenu............... 90 | 3000

373.======= *Du 20 Février.* =======

1 — Mˢᵉˢ Gˡᵉˢ A EFFETS A PAYER, fr. 400, pour
mon billet fourni à Dubord pour l'assurance
qu'il a souscrite sur fr. 400 de marchandises
venant de l'île Maurice................ | 400

374.======= *Du 21 Février.* =======

1⁄4 — Mˢᵉˢ Gˡᵉˢ A CAISSE, fr. 780, pour la commission, à raison de 1 pour cent, payée à Sauvage, courtier, sur les marchandises qu'il
a achetées pour mon compte le 29 du mois
dernier. .... | 780

375.======= *Du 16 Février.* =======

DIVERS A Mˢᵉˢ Gˡᵉˢ, fr. 4000, que Dubord
m'a payés, pour l'assurance qu'il a souscrite sur le navire le *Jason*, qui a péri.

3 — EFFETS A PAYER, fr. 400, mon billet à son
ordre qu'il m'a remis............ 400

4⁄1 — CAISSE, fr, 3600, qu'il m'a comptés... 3600 | 4000

376.======= *Du 24 Février.* =======

2⁄6 — EFFETS A RECEVOIR A BRAY, fr. 7440, sa
traite de 310 liv. sterl., à 2 mois de vue sur

A reporter..... | 402396

	Fol. 12. *Report*.....	402596
	Raimond, de Londres, prise audit au change de 30 deniers.	7440
	377. ———— *Du 25 Février.* ————	
	DIVERS A EFFETS A RECEVOIR, fr. 7440, traite de 310 liv. sterl. sur Raimond, de Londres, remise à Thompson par ordre et pour compte de Robert, au change de 31 deniers.	
9	ROBERT, de Paris, fr. 7200, prix de la traite ci-dessus, au change de 31 deniers. 7200	
$\frac{5}{2}$	PROFITS ET PERTES, fr. 240, perte faite sur ladite lettre............ 240	7440
	378. ———— *Du 26 Février.* ————	
$\frac{2}{9}$	EFFETS A RECEVOIR A BRAY, fr. 12000, montant de sa traite de 5200 flor. sur James, d'Amsterdam, au change de 52 deniers...	12000
	379. ———— *Du 27 Février.* ————	
9	ROBERT A DIVERS, fr; 12480, montant de la traite de 5200 flor. sur James, d'Amsterdam. Remise d'ordre et pour compte dudit Robert à Powel, d'Amsterdam..........	
2	A EFFETS A RECEVOIR, fr. 12000, prix coûtant de cette lettre, au change de 52 deniers..................... 12000	
5	A PROFITS ET PERTES, fr. 480, pour bénéfices sur le change.......... 480	12480
	380. ———— *Du 28 Février.* ————	
	DIVERS A JEAN, fr. 10000, qu'il m'a fournis ce jour, en payement de ce que je lui ai prêté le 9 du courant.	
	A reporter....	441956

	Folio 13. *Report*....		441956
2	EFFETS A RECEVOIR, fr. 3000, pour son billet à mon ordre, à 1 mois......	3000	
3	EFFETS A PAYER, fr. 3000, pour mon billet à 2 mois, à son ordre qu'il m'a remis.........................	3000	
1	M^{ses} G^{les}, fr. 2000, pour 2 tonneaux de vin à fr. 1000 le tonneau.........	2000	
4 / 7	CAISSE, fr. 2000, qu'il m'a comptés..	2000	10000

381.━━━━━ *Du 28 Février.* ━━━━━

11	PIERRE à DIVERS, fr. 10000, pour ce qui suit, à lui fourni en payement de ce qu'il m'a prêté le 8 courant :		
2	A EFFETS A RECEVOIR, fr. 3000, pour le billet de Jean à mon ordre........	3000	
3	A EFFETS A PAYER, fr. 3000, pour mon billet à son ordre, à 15 jours..	3000	
1	A M^{ses} G^{les}, fr. 2500, pour 2 tonneaux de vin........................	2500	
4	A CAISSE, fr. 1500, à lui escomptés...	1500	10000

			461956
	382.━━━━ *Du 1er Mars.* ━━━━		
3 / 4	EFFETS A PAYER à CAISSE, fr. 4960, pour l'acquit des effets ci-après :		
	Traite de Jacob sur moi, O. de Montau.	3960	
	Mon billet, ordre de Dupui........	1000	4960

383.━━━━ *Du 2 Mars.* ━━━━

4 / 2	CAISSE à EFFETS A RECEVOIR, fr. 10000, reçus en espèces, en payement du billet de Bonnafous, à mon ordre, ci..............		10000

384.━━━━ *Du 3 Mars.* ━━━━

7	DUPUI à JAUGE, de Lyon, fr. 34000, mon-		
	A reporter.....		476916

	Folio 14.	*Report*	476916
	tant des lettres de change qui doivent être tirées pour mon compte sur ledit Jauge, en payement des vins qu'il m'a vendus le 29 janvier dernier.		34000

385. ━━━━━ *Du 4 Mars.* ━━━━━

$\frac{7}{14}$ JAUGE, de Lyon, A DUPARC, fr. 34000, somme que ledit Duparc me devait, et en payement de laquelle il m'a donné ordre de tirer des lettres de change sur Jauge, à qui j'ai écrit de la garder en payement de ce que je lui devais. 34000

386. ━━━━━ *Du 5 Mars.* ━━━━━

$\frac{8}{4}$ DUPUI A CAISSE, fr. 1000, pour acquit de son mandat à vue sur moi. 1000

387. ━━━━━ *Du 6 Mars.* ━━━━━

$\frac{9}{10}$ BRAY A LECOUTEULX, de Paris, fr. 10000, pour ma traite sur Lecouteulx, O. de Bray.   10000

388. ━━━━━ *Du 7 Mars.* ━━━━━

$\frac{9}{12}$ DUPRÉ A BEAUFOUR, fr. 1000, pour ma traite sur Perregaux, de Paris, à l'ordre de Dupré, tirée d'ordre et pour compte de Beaufour, à valoir sur ce qu'il me devait.   1000

389. ━━━━━ *Du 8 Mars.* ━━━━━

DIVERS A DUPUI, fr. 20000, son mandat à mon ordre, sur Pierre.

11 PIERRE, fr. 8000, qu'il a retenus sur le montant de ce mandat, en payement de ce que je lui devais.   8000

$\frac{4}{8}$ CAISSE, fr. 12000, reçus de Pierre, pour solde dudit mandat.   12000   20000

| | *A reporter* . . . . . | 576916 |

Folio 15.	*Report*.....	576916

390.━━━ *Du 9 Mars.* ━━━

9	ROBERT A DIVERS, fr. 20000, qu'il m'a donné ordre de compter à Jean ; ce que j'ai fait comme suit :	
7	A JEAN, fr. 12000, que j'ai retenus en paye-ment de ce qu'il me devait p. solde. 12000	
4	A CAISSE, fr. 8000, comptés à Jean.. 8000	20000

391.━━━ *Du 10 Mars.* ━━━

$\frac{2}{3}$	EFFETS A RECEVOIR A EFFETS A PAYER, fr. 6000, pour mon billet au 20 juin, fait à Dupui en retour du sien à la même époque..............................	6000

392.━━━ *Du 11 Mars.* ━━━

$\frac{2}{9}$	EFFETS A RECEVOIR A ROBERT, de Paris, fr, 12000, pour sa remise de 500 liv. sterl. sur Williams, de Londres, à un mois de vue, faisant, au change de 30 deniers....	12000

393.━━━ *Du 12 Mars.* ━━━

9	BRAY A DIVERS, fr. 7445, montant de la traite de 310 liv. sterl, qu'il m'avait fournie, au change de 30 den. sur Raimond, de Londres, faisant, à ce prix, fr. 7440, et pour 5 fr. de frais de protêt ; laquelle j'avais cédée, au ch. de 31 den., à Robert de Paris, qui l'a renvoyée protestée, faute de payement, et a tiré sur moi la lettre suivante pour son rembourse-ment.	
3	A EFFETS A PAYER, fr. 7205, mon accepta-tion à la traite de Robert, au 22 mai. 7205	
5	A PROFITS ET PERTES, fr. 240, pour	

	A reporter..... 7205	614916

Folio 16.	*Reports.....* 7205	614916

la retenue de la perte faite lors de
la négociation. 240   7445

394.———— *Du 13 Mars.* ————

4   CAISSE a DIVERS, fr. 12005, que Magnan m'a
comptés sur la lettre de change de fr. 12125,
que j'ai tirée à son ordre sur Robert, de Paris, en remboursement de la lettre de 500 livres sterl. sur Raimond, de Londres, que
ledit Robert m'avait fournie au change de
30 deniers, et que je lui renvoie... 12000
Pour les frais du protêt........... 5
Escompte à 1 pour cent retenu par
Magnan sur fr. 12000.......... 120

Total de la lettre tirée sur Robert.. 12125

2   A EFFETS A RECEVOIR, fr. 12000, montant,
au change de 30 deniers, de la traite de
500 liv. sterl. sur Williams, de Londres, envoyée audit Robert protestée...... 12000

4   A CAISSE, fr. 5, pour frais de protêt[1].   5   12005

395.———— *Du 14 Mars.* ————

DIVERS a DIVERS, fr. 7000, ce qui suit :

2   EFFETS A RECEVOIR, fr. 1000, pour le
billet de Paul, à mon ordre, à 2 mois. 1000

A reporter..... 1000 | 634366

---

1. Les lettres de change tirées en remboursement d'autres lettres
protestées, sont ce qu'on appelle des *retraites*. Les frais ou pertes d'une
retraite sont toujours au dépens de la personne qui a fournis les lettres
protestées.

	Folio 17. *Reports*.....	1000	634366
3	EFFETS A PAYER, fr. 3000, pour mon billet ordre de Pierre, que Dupré m'a remis acquitté..............	3000	
4	Mses Gles, fr. 1400, pour un tonneau de vin que Jean m'a fourni..........	1400	
4	CAISSE, fr. 1552, que m'a comptés Dupui......................	1552	
5	PROFITS ET PERTES, fr. 48, escompte que Dupui a retenu à 3 pour cent..	48	
		7000	
8	A PAUL, pour son billet à mon ordre.	1000	
9	A DUPRÉ, pour mon billet ordre de Dupui........................	3000	
7	A JEAN, pour un tonneau de vin.....	1400	
8	A DUPUI, qu'il m'a payé sous escompte.	1600	7000

396.━━━━ *Du 15 Mars.* ━━━━

2	DIVERS A DIVERS, fr. 10100, pour ce qui suit :		
	EFFETS A RECEVOIR, fr. 10000, pour le billet de Bonnafous, à mon ordre, à 6 mois......................	10000	
4	CAISSE, fr. 100, qu'il m'a comptés...	100	
		10100	
3	A EFFETS A PAYER, fr. 10000, pour mon billet à 6 mois à l'ordre de Bonnafous, en retour du sien.................	10000	
5	A PROFITS ET PERTES, fr. 100, gagnés pour prêter ma signature.....	100	10100
	A reporter.....		634466

	Folio 18. *Report*.....	651466
	396 *bis.*━━━ *Du* 16 *Mars.* ━━━	
$\frac{4}{5}$	CAISSE a PROFITS ET PERTES, fr. 1200, reçus de Dupui pour ma comm. à 2 p. cent, sur une vente de fr. 60000, faite pour S. C.	1200
	397.━━━ *Du* 17 *Mars.* ━━━	
$\frac{2}{5}$	EFFETS A RECEVOIR a PROFITS ET PER- TES, fr. 4000, montant du billet de Jaure, à M. O., à 6 mois, en payement de la prime, à 10 pour cent, sur fr. 40000 que j'ai assu- rés sur son navire le *César*.............	4000
	398.━━━ *Du* 18 *Mars.* ━━━	
$\frac{5}{4}$	PROFITS ET PERTES A CAISSE, fr. 40000, pour acquit d'assurances sur le navire le *César*, qui a péri....................	40000
	399.━━━ *Du* 19 *Mars.* ━━━	
$\frac{4}{5}$	CAISSE a PROFITS ET PERTES, fr. 20000, gagnés à la loterie, et reçus ce jour.......	20000
	400.━━━ *Du* 20 *Mars.* ━━━	
$\frac{5}{4}$	PROFITS ET PERTES A CAISSE, fr. 20000, en argent, qu'on m'a volé.............	20000
	401.━━━ *Dudit.* ━━━	
$\frac{5}{4}$	PROFITS ET PERTES a CAISSE, fr. 3000, que j'ai dépensés les 3 mois précédents...	3000
	402.━━━ *Du* 21 *Mars.* ━━━	
$\frac{4}{5}$	CAISSE a PROFITS ET PERTES, fr. 1000, comptés par mon apprenti, p. sa pension.	1000
	403.━━━ *Du* 22 *Mars.* ━━━	
10	NAVIRE *LA JOSÉPHINE* A DIVERS, fr. 90000, prix de ce navire, agrès et apparaux, acheté et payé à Dubord comme suit :	
10	A LECOUTEULX, fr. 30000, ma traite sur ce	
	A reporter.....	740666

Folio 19.	*Report*..... 740666

dernier, ordre de Dubord.......... 30000

10	A JAMES, fr. 30000, *id.* sur James.... 30000
4	A CAISSE, fr. 30000, comptés à Dubord. 30000

90000

404.———— *Du 23 Mars.* ————

11	CARG. DU NAV. *LA JOSÉPHINE* a DIVERS, fr. 156300, pour les marchandises chargées à bord dudit navire, achetées comme suit :
9	A BRAY, fr. 100000, pour 200 tonn. de vin rouge, qu'il m'a vendus à 500 f.. le tonn., payables dans 9 mois........... 100000
11	A MARIE BRIZARD, fr. 7500, pour 500 paniers anisette, à 15 fr...... 7500
11	A MEYDIEU, fr. 48800, pour 10 caisses prunes, pesant en- semble, net, 2000 myriagr., à 10 fr. le myriagramme... 20000

1000 caisses savon, pesant, net,
2400 myr., a 2 fr. le myr.. 28800

48800   156300

405.———— *Du 24 Mars.* ————

$\frac{2}{9}$	EFFETS A RECEVOIR a ASSURANCES, fr. 4000, billet de Bonnafé au 24 décembre, qu'il m'a fourni en payement de la prime de 10 pour cent sur fr. 40000, que j'ai as- surés sur son navire *l'Invincible*............	4000

406.———— *Du 25 Mars.* ————

$\frac{2}{12}$	EFFETS A RECEVOIR a ASSURANCES, fr. 3000, montant des billets de prime sui- vants :

Billet de Dupré à M. O., à 7 mois, pour la

A reporter..... 990966

Fol. 20.	*Report*	090966

prime à 10 pour cent sur francs 10000, que
j'ai assurés sur le navire l'*Aglaé*, allant au
Cap....................... 1000

Billet de Bray, à 7 mois, pour *idem* sur
fr. 10000, que j'ai assurés sur *le*
Pollux, allant au Cap............ 1000

Billet de Dupui à mon ordre, à 7 mois,
pour *idem* sur fr. 10000, que j'ai assurés sur *la Diane*, allant au Cap... 1000

3000

407.━━━━ *Du 26 Mars.* ━━━━

10 │ LECOUTEULX a DIVERS, fr. 61200, montant
de 60 tonn. de vin, à fr. 1000 le tonneau,
achetés pour son compte, et que je lui ai
expédiés.

9 │ A DUPRÉ, fr. 60000, montant de ce vin qu'il
m'a vendu, payable à 4 mois..... 60000

12 │ A COMMISSION, fr. 1200, pour celle à
2 p. 100 que j'ai gagnés sur cet achat. 1200

61200

408.━━━━ *Du 27 Mars.* ━━━━

DIVERS a CAISSE, fr. 8400, pour ce que j'ai
dépensé comme suit :

12 │ FRAIS GÉNÉRAUX, fr. 5400, pour frais des
3 mois précédents................ 5400

13/4 │ DÉPENSES GÉNÉRALES, fr. 3000, dépense des derniers mois. 3000

8400

409.━━━━ *Du 28 Mars.* ━━━━

13/4 │ ARMEMENT DU NAVIRE *LA JOSÉPHINE*
a CAISSE, fr. 42000, que j'ai comptés au
capitaine. pour les frais d'armement, gages
d'équipage, etc., qu'il avait avancés de ses

A reporter. 1063566

Fol. 21.   *Report* . . . . . | 1063566 |

fonds; et à Catherine, marchande de volailles, pour les fournitures qu'elle a faites,
le tout suivant leurs comptes . . . . | 42000 |

410. ▬▬▬ *Du* 10 *Avril* [1]. ▬▬▬

DIVERS A CAISSE, fr. 36600, pour les marchandises ci-après, achetées au comptant, et
de compte à tiers avec les ci-après nommés :
20 tonneaux de vin rouge, à 1000 francs le
   tonneau.   20000
32 *idem* blanc, à 500 fr. dito.   16000
Frais.   600
                            36600

8 | M^{ses} DE COMPTE A TIERS *avec Bray et Dupui*,
pour mon tiers de l'achat des marchan-
dises ci-dessus, achetées de compte à tiers
avec les suivants. 12000
Pour les frais que j'ai débour-
  sés. . . . .'.   600
                         12600

9 | BRAY, fr. 12000, pour son tiers de l'a-
chat. 12000

$\frac{8}{4}$ | DUPUY, fr. 12000, pour *idem*. . . . . . . 12000 | 36600 |

411. ▬▬▬ *Du* 11 *Avril.* ▬▬▬

$\frac{4}{8}$ | CAISSE A M^{ses} DE COMPTE *à tiers avec Bray
et Dupui*, fr. 19200, pour 32 tonn. de vin, de
compte à tiers avec Bray et Dupui, vendus
au comptant, à raison de fr. 600 le tonn. | 19200 |

                      A reporter . . . . . | 1161366 |

---

1. On suppose qu'on n'a fait aucune affaire depuis le 28 mars jusqu'au 10 avril.

	Folio 22. *Report*.....	1161366

412.══════ *Du 12 Avril.* ══════

| 4 / 8 | CAISSE A Mᵍᵉˢ DE COMPTE *à tiers avec Bray et Dupui*, fr. 24000, pour 20 tonneaux de vin, de ceux de compte à tiers, que j'ai vendus au comptant, à raison de fr. 1200 le tonneau........................... | 24000 |

413.══════ *Dudit.* ══════

Mˢᵉˢ DE COMPTE *à tiers avec Bray et Dupui* A DIVERS, fr. 1200, pour ce qui suit :

| 12 | A FRAIS GÉNÉRAUX, fr. 336, frais que j'ai déboursés de raballage, tirage, etc.. 336 | |
| 12 | A COMMISSION, fr. 864, pour ma commission à 2 p. 0/0 sur la vente de ces Mˢᵉˢ. 864 | 1200 |

414.══════ *Dudit.* ══════

3	Mˢᵉˢ DE COMPTE *à tiers avec Bray et Dupui*, A DIVERS, fr. 27600, qui reviennent à mes associés, pour leur part du net produit de la vente desdites marchandises :	
9	A BRAY, fr. 13800, pour sa part.... 13800	
8	A DUPUI, fr. 13800, pour *idem*..... 13800	27600

415.══════ *Dudit.* ══════

| 8 / 5 | Mˢᵉˢ DE COMPTE A TIERS A PROFITS ET PERTES, fr. 1800, pour le bénéfice que j'ai fait sur lesdites Mˢᵉˢ et pour solde........ | 1800 |

416.══════ *Du 13 Avril.* ══════

| 13 / 10 | Mˢᵉˢ DE COMPTE *à demi avec Dubord* A DU-BORD, fr. 10000, pour ma moitié de 40 tonn. de vin qu'il a achetés à fr. 500 le tonneau, et qu'il m'a expédiés pour être vendus de compte à demi.......................... | 10000 |

| | *A reporter*..... | 1225966 |

		Report.....	1225966

Folio 23.

417.——— Du 14 Avril. ———

$\frac{4}{13}$ CAISSE A M^{ses} DE COMPTE *à demi avec Dubord*, fr. 24000, reçus en espèces, pour 40 tonn. de vin, de compte à demi avec Dubord que j'ai vendus ce jour, à fr. 600 le tonn...... **24000**

418.——— Dudit. ———

$\frac{13}{12}$ M^{ses} DE COMPTE *à demi avec Dubord* A FRAIS GÉNÉRAUX, fr. 1000, montant des frais de magasin ou de réception desdites M^{ses}.... **1000**

419.——— Dudit. ———

$\frac{13}{10}$ M^{ses} DE COMPTE *à demi avec Dubord* A DU-BORD, fr. 11500, pour sa portion du net produit de 40 tonneaux de vin, de compte à demi avec lui...................... **11500**

420.——— Dudit. ———

$\frac{13}{3}$ M^{ses} DE COMPTE *à demi avec Dubord* A PRO-FITS ET PERTES, fr. 1500, pour ma portion du bénéfice sur le net produit de ces marchandises, et pour solde............. **1500**

421.——— Du 15 Avril. ———

$\frac{14}{9}$ M^{ses} DE COMPTE *à demi avec Dupré* A DUPRÉ, fr. 10000, pour ma demie de 1000 caisses prunes d'ente que Dupui a achetées de compte à demi avec moi, et qu'il doit vendre.... **10000**

422.——— Du 16 Avril. ———

$\frac{9}{14}$ DUPRÉ A M^{ses} DE COMPTE *à demi avec Dupré*, fr. 12500, pour la moitié du net produit de la vente que Dupré a faite de 1000 caisses prunes.................... **12500**

423.——— Dudit. ———

$\frac{14}{5}$ M^{ses} DE COMPTE *à demi avec Dupui* A PRO-

		A reporter.....	1286466

Folio 24.   *Report.....* |1286466|

FITS ET PERTES, fr. 2500, pour ma moitié du bénéfice résultant de la vente de ces marchandises, et pour solde...........   2500

424.————— *Du 19 Avril.* —————

11
13   CARG. DE *LA JOSÉPHINE* à CONTRATS DE GROSSE AVENTURE A PAYER, fr. 24000, pour le contrat consenti à Gansfort, en payement de fr. 20000, montant des marchandises que nous avons chargées sur *la Joséphine*, et dont il nous a laissé la valeur, à titre de prêt à la grosse aventure, à l'intérêt de 20 p. 100, faisant, avec le capital, une somme de fr. 24000, portée au contrat ci-dessus.....   24000

425.————— *Dudit.* —————

DIVERS A DIVERS, fr. 298000, pour le montant du compte que m'a rendu le capitaine de mon navire *la Joséphine*, de retour en ce port, tant du désarment que de l'armement dudit navire au Cap, de la vente et achat des marchandises qui composent la cargaison d'aller et de retour, ensemble le fret des marchandises, et passage de quatre personnes, comme suit :

13   ARMEMENT DU NAVIRE *LA JOSÉPHINE*, fr. 1900, pour ce qui suit :
Pour achat de vivres au Cap...   1400
Pour réparations au navire....   500
                                 1900

11   CARGAISON DU NAV. *LA JOSÉPHINE*, fr. 2000, pour frais du déchargement des marchandises vendues au Cap, et

A reporter.....   1900 |1312966|

Folio 25.	*Reports*	1900	1312966
	pour ceux du déchargement des marchandises en retour, montant à.	2000	
1	M^ses G^les, fr. 216000, pour le montant de 10500 myr. de café, composant le chargement en retour. . 120000 Pour 30 fut, indigo, *idem.* . 60000 Pour 100 ball. de cot., *idem.* 36000 ————— 216000		
14	ANDRIEU, LAFFITE ET BERNARD, du Cap, fr. 27000, pour les marchandises que leur a vendues à terme le capitaine.	27000	
11	DUBERGIER, fr. 7000, pour *idem*. . . .	7000	
2	EFFETS A RECEVOIR, fr. 8000, traite à notre ordre, de Durand sur Paujet, de Paris, au 15 mai fixe, pour marchandises vendues au Cap, audit Durand.	8000	
7	CAISSE, fr. 37000, que m'a comptés le capitaine, pour solde.	37000	
		298900	
13	A ARMEMENT DU NAVIRE *LA JO-SÉPHINE*, fr. 29000. Pour le montant du fret reçu par le capitaine. . . . . 35000 Pour prix du voyage de 4 passagers. . . . . 4000 ————— 39000		
11	A CARGAISON DU NAVIRE *LA JO-SÉPHINE*, fr. 259000, pour le montant des ventes faites par le capi-		
	A reporter	39000	1312966

	Folio 26.	*Reports* 39000	1312966
	taine, des marchandises composant le chargement dudit navire....... 259900		298900

426.————— *Du 20 Avril.* ═══════

DIVERS ᴀ CAISSE, fr. 31400, que j'ai comptés
au capitaine Cominet.
ARMEMENT DU NAVIRE *LA JOSÉPHINE,*
fr. 265000, pour frais du désarmement,
gages de l'équipage et prix du
voyage du capitaine............. 26500

$\frac{1}{4}$ Mᵈˢ Gˡˢ, pour frais de déchargement
de celles apportées en retour...... 4000   31400

427.————— *Dudit.* ═══════

$\frac{1}{13}$ Mᵈˢ Gˡˢ, ᴀ ARMEMENT DU NAVIRE *LA JO-*
SÉPHINE, fr. 25000, pour l'évaluation du
fret des marchandises qui m'ont été apportées en retour....................   25000

428.————— *Du 22 Avril.* ═══════

$\frac{4}{13}$ CAISSE, ᴀ ARMEMENT DU NAVIRE *LA JO-*
SÉPHINE, fr. 30000, que j'ai reçus pour
le fret des marchandises apportées pour
compte de divers...................   30000

429.————— *Du 22 Avril.* ═══════

$\frac{11}{13}$ CARGAISON DU NAVIRE *LA JOSÉPHINE,* ᴀ
ARMEMENT, fr. 20000, montant du fret de
la cargaison que j'ai envoyée au Cap par
mon navire *la Joséphine.*..............   20000

430.————— *Du 23 Avril.* ═══════

$\frac{4}{13}$ CAISSE, ᴀ ARMEMENT DU NAVIRE *LA JO-*
SÉPHINE, fr. 10000, que j'ai reçus pour
le prix du passage de 4 colons apportés en
Europe par ledit navire...............   10000

                              A reporter.... | 1728266

	Fol. 27.	Report....	1728266

431. ————————— *Dudit.* —————————

DIVERS a PROFITS ET PERTES, fr. 111200,
  pour solde des comptes de cargaison et
  d'armement de *la Joséphine.*

11	CARGAISON DE *LA JOSÉPHINE,* pour bé-néfices qu'elle m'a procurés....... 57600	
$\frac{13}{5}$	ARMEMENT DU NAVIRE *LA JOSÉ-PHINE,* pour *idem*............... 53600	111200

432. ————————— *Du 24 Avril.* —————————

4	CAISSE a DIVERS, fr. 61080, reçus des sui-vants, en espèces, pour solde de compte, et dont il a été omis de passer écritures :	
12	A BEAUFOUR, fr. 11000, reçus dudit.. 11000	
7	A JAUGE, de Paris, fr. 2400, montant de ma traite à vue sur lui, O. Doré, qui m'en a compté la valeur au pair. 2400	
15	A DUPIN, fr. 20000, reçus dudit..... 20000	
9	A ROBERT, de Paris, fr. 27680, mon-tant de ma traite à vue sur lui, or-dre de Dupré, qui m'en a compté la valeur au pair.................. 27680	61080

433. ————————— *Du 24 Avril.* —————————

$\frac{5}{12}$	PROFITS ET PERTES A FRAIS GÉNÉRAUX, fr. 4064, pour solde des frais que j'ai dé-boursés cette année.....................	4064

434. ————————— *Dudit.* —————————

$\frac{12}{5}$	COMMISSIONS a PROFITS ET PERTES, fr. 2064, montant des commissions que j'ai gagnées cette année, et pour solde........	2064
	A reporter.....	1906674

	Fol. 28. *Report.....*	1006674
	435.——————— *Dudit.* ———————	
$\frac{12}{5}$	ASSURANCES à PROFITS ET PERTES, fr. 7000, pour solde des primes que j'ai gagnées cette année......................	7000
	436.——————— *Dudit.* ———————	
$\frac{5}{13}$	PROFITS ET PERTES, à DÉPENSES G^{les}, fr. 3000, pour solde des dépenses que j'ai faites cette année.....................	3000
	437.——————— *Du 25 Avril.* ———————	1916674 [1]
$\frac{15}{1}$	BALANCE DE SORTIE à MARCH^{ses} G^{les}, fr. 326000, pour les marchandises qui restent en magasin, évaluées comme suit :	
	3 tonn. vin rouge, à 1000 fr. le ton. 3000	
	200 mètres de drap commun, à 10 fr. le mètre............... 2000	
	10500 myr. de café, à 20 fr. le myr. 210000	
	30 futailles indigo.............. 70000	
	100 balles coton............... 41000	326000
	438.——————— *Dudit.* ———————	
$\frac{1}{5}$	M^{ses} G^{les} à PROFITS ET PERTES, fr. 88916. bénéfice fait cette année sur mes marchandises, et pour solde..............	88916
	439.——————— *Du 25 Avril.* ———————	
$\frac{15}{10}$	BALANCE DE SORTIE à NAVIRE *LA JOSÉPHINE*, fr. 80000, pour le navire évalué à cette somme.......................	80000 [2]

1. Il faut arrêter ici l'addition parce qu'on fait la balance générale le 24 avril.

2. Le report de la somme du présent folio 28 du journal, n'est pas fait ici ni dans les pages suivantes, parce que tous les articles écrits jusqu'au folio 32, sont des articles passés pour solder tous les comptes par balance.

Folio 29.

440.━━━━━ *Dudit.* ━━━━━

$\frac{5}{10}$ | PROFITS ET PERTES, A NAVIRE *LA JOSÉ-PHINE*, fr. 10000, pour solde du compte dudit navire........................... 10000 | »

441.━━━━━ *Dudit.* ━━━━━

$\frac{5}{15}$ | PROFITS ET PERTES, A CAPITAL, 180534 fr. 66 cent., pour le profit net que j'ai fait cette année, et pour solde.............. 180534 | 66

442.━━━━━ *Dudit.* ━━━━━

$\frac{15}{4}$ | BALANCE DE SORTIE A CAISSE, fr. 61634 66 cent., qui me restent en caisse, et pour solde du compte de caisse.............. 61634 | 66

443.━━━━━ *Dudit.* ━━━━━

$\frac{15}{2}$ | BALANCE DE SORTIE A EFFETS A RECEVOIR, fr. 40000, pour le montant des billets ci-après, que j'ai en portefeuille, et pour solde du compte de billets à recevoir.

Billet de Jean, à mon ordre, au 26 juillet courant. 4000
    de Dupui, au 20 août.......... 6000
    de Paul, au 24 juin............ 1000
    de Bonnafous, au 25 août....... 10000
    de Jaure, au 27 *idem*.......... 4000
    de Bonaffé, au 24 décembre..... 4000
    de Dupré, au 5 novembre........ 1000
    de Bray, au 5 *idem*........... 1000
    de Dupui, au 5 *idem*.......... 1000
    de Durand sur Paujet, au 15 mai. 8000 | 40000 | »

444.━━━━ *Du 25 Avril.* ━━━━

$\frac{3}{51}$ | EFFETS A PAYER, A BALANCE DE SORTIE, fr. 33205, montant de mes billets ci-

Folio 30.

après, encore en circulation, et pour solde
du compte de billets à payer :

Mon billet O. d'André, au 30 mai....	10000	
Idem, idem Dupui, au 20 août......	6000	
Traite de Robert sur moi, que j'ai ac- ceptée au 22 mai.................	7205	
Mon billet à ordre de Bonnafous, au 25 août................... 10000	33205	»

445.━━━ *Dudit.* ━━━

$\frac{10}{15}$ JAMES d'Amsterdam, A BALANCE DE SOR-
TIE, fr. 30000, pour solde.............. | 30000 | » |

446.━━━ *Dudit.* ━━━

$\frac{7}{15}$ JEAN A BALANCE DE SORTIE, fr. 3000 pour
solde de son compte................. | 3000 | » |

447.━━━ *Dudit.* ━━━

$\frac{8}{15}$ DUPUY A BALANCE DE SORTIE, fr. 17200
pour solde de son compte.............. | 17200 | » |

448.━━━ *Dudit.* ━━━

$\frac{9}{15}$ BRAY A BALANCE DE SORTIE, fr. 115795;
pour solde de son compte............. | 115795 | » |

449.━━━ *Dudit.* ━━━

$\frac{6}{15}$ JAMES, de l'île Maurice, A BALANCE DE
SORTIE, fr. 4000, pour solde.......... | 4000 | » |

450.━━━ *Dudit.* ━━━

$\frac{10}{15}$ DUBORD A BALANCE DE SORTIE, fr. 21500,
pour solde de son compte.............. | 21500 | » |

451.━━━ *Du 25 Avril.* ━━━

$\frac{11}{15}$ MARIE BRIZARD A BALANCE DE SORTIE,
fr. 7500, pour solde de son compte....... | 7500 | » |

Fol. 31.

$\frac{11}{15}$	452.━━━━━ *Dudit.* ━━━━━ MEYDIEU a BALANCE DE SORTIE, fr. 48800, pour balance de son compte...........	48800	»
$\frac{11}{15}$	453.━━━━━ *Dudit.* ━━━━━ PIERRE a BALANCE DE SORTIE, fr. 6000, pour balance de son compte...........	6000	»
$\frac{15}{10}$	454.━━━━━ *Dudit.* ━━━━━ BALANCE DE SORTIE a LECOUTEULX, de Paris, fr. 19200, pour solde............	19200	»
$\frac{9}{15}$	455.━━━━━ *Dudit.* ━━━━━ DUPRÉ a BALANCE DE SORTIE, fr. 69300, pour solde de son compte.............	69300	»
$\frac{15}{14}$	456.━━━━━ *Dudit.* ━━━━━ BALANCE DE SORTIE a ANDRIEUX, LAF- FITE et BERNARD, du Cap, fr. 27000, pour solde de leur compte................	27000	»
$\frac{15}{14}$	457.━━━━━ *Dudit.* ━━━━━ BALANCE DE SORTIE a DUBERGIER, fr. 7000, pour solde de son compte........	7000	»
$\frac{13}{15}$	458.━━━━━ *Dudit.* ━━━━━ CONTRATS DE GROSSE AVENTURE A PAYER a BALANCE DE SORTIE, fr. 24000, pour solde dudit compte..................	24000	»
$\frac{15}{15}$	459.━━━━━ *Dudit.* ━━━━━ CAPITAL a BALANCE DE SORTIE, fr. 180534, 66 cent pour solde..................	180534	66
1	460.━━━━━ *Du 25 Avril.* ━━━━━ DIVERS a BALANCE D'ENTRÉE, fr. 560834 66 cent. M^{ses} G^{les}, 326000, montant de celles en ma- gasin, savoir :		

Folio 32.

3 tonn. de vin........ .	3000	
200 mèt. de drap com-		
mun, à 10 fr. le mèt...	2000	
10500 myr. de café, à		
20 fr. le myr........	210000	
30 futailles indigo......	70000	
100 balles coton........	41000	

	326000 »

10	NAV. *LA JOSÉPHINE*, fr. 80000		
	pour son évaluation actuelle.	80000	»
6	CAISSE, fr. 61634 66 c., argent		
	en caisse.................	61634	66
2	EFFETS A RECEVOIR, fr. 40000,		
	billets en portefeuille.		

Billet de Jean, à M. O., au		
26 juin..........	4000	
de Dupui, au 20 sept.	6000	
de Paul, au 24 juin...	1000	
de Bonnafous, au 27		
septembre........	10000	
Idem, au 27 *idem*.....	4000	
de Jaure, au 27 *idem*..	4000	
de Dupré, au 5 nov..	1000	
de Bray, au 5 *idem*...	1000	
de Dupuy, au 5 *idem*..	1000	
Traite sur Paujet.....	8000	

	40000 »

1 *A reporter*...	507634 66

1. Les deux articles de balance d'entrée recommencent les nouvelles écritures. Ici les additions des articles du Journal, et le transport de page en page des sommes doivent recommencer.

	Folio 33. *Reports*.....	507634	66	

10	LECOUTEULX, de Paris, fr. 19200, pour solde de son compte....	19200	»		
14	ANDRIEUX, LAFFITE ET BER-NARD, fr. 27000 pour solde de leur compte..............	27000	»		
14 / 15	DUBERGIER, fr. 7000, pour solde de son compte..............	7000	»	560834	66

461.——— Du 25 *Avril*. ———

15	BALANCE D'ENTRÉE a DIVERS, fr. 560834 66 cent., pour ce qui suit ;		
3	A EFFETS A PAYER, fr. 33205, pour mes billets ci-après, qui sont encore en circulation.		
	Mon billet O. d'André, au 30 mai................ 10000		
	O. de Dupui, au 20 sept... 6000		
	Traite de Robert, que j'ai acceptée au 22 mai..... 7205		
	Mon billet O. de Bonna-fous, au 25 septembre... 10000		
		33205	
13	A CONTRATS DE GROSSE AVEN-TURE A PAYER.........	24000	
10	A JAMES, d'Amsterdam, fr. 30000 pour solde de son compte........	30000	
.	A JEAN, fr. 3000, pour *idem*........	3000	
	A reporter.....	90205	560834 66

	Folio 34. *Reports*.....	90205	»	560834 66
8	A DUPUI, pour solde...........	17200	»	
9	A BRAY, *idem*..............,	113793	»	
6	A JAMES, de l'île Maurice......	4000	»	
10	A PUBORD, *idem*.............	21500	»	
15	A MARIE BRIZARD, *idem*.......	7500	»	
11	A MEYDIEU, fr. 48800 pour *id*...	48800	»	
14	A PIERRE, fr. 6000, pour *idem*...	6000	»	
9	A DUPRÉ, fr. 69300, pour *idem*...	69300	»	
15	A CAPITAL, fr. 180534 66 cent., pour solde dudit compte et de celui de balance de sortie.....	180534 66		560834 66

462.━━━━ *Du 28 Avril.* ━━━━

$\frac{6}{15}$	CAISSE A CAPITAL, fr. 100000, pour montant de celui que notre sieur Laborde a versé en caisse, d'après le contrat de société passé entre nous pour quatre années; notre dit sieur Laborde acceptant pour compte de la société les dettes actives et passives, ainsi que tous les effets que possédait notre sieur Mallet, aux prix qu'ils sont portés sur l'inventaire de ce dernier................	100000	»

463.━━━━ *Du 30 Avril.* ━━━━

	DIVERS, A DIVERS, fr. 44669 48 cent., montant des effets négociés à Martel, à un demi pour cent par mois, qui nous en a payé la valeur comme suit :	
3	EFFETS A PAYER, fr. 33205, montant de ceux que nous a fournis Martel. Billet de notre sieur Mallet, au 30 mai, à 2 mois,	

	A reporter.....	1221669 32

Folio 35.   *Report*.....|1221669|32|

escompte non déduit.......... 10000 »

Idem, O. de Dupui, au 20 septembre, 5 mois et 20 jours,
   idem.................... 6000 »

Traite de Robert sur notre sieur
   Mallet, acceptée au 22 mai,
   1 mois et 22 jours, *idem*..... 7205 »

Billet de notre sieur Mallet, O. de
   Bonnafous, au 25 septembre,
   5 mois et 25 jours, escompte
   non déduit, *idem*........... 10000 »

| 2 | EFFETS A RECEVOIR, fr. 1000,
pour un billet de Dupui, que le-
dit Martel nous a fourni au 25 sep-
tembre, 5 mois et 5 jours, es-
compte non déduit.......... 1000 » |

| 5 | PROFITS ET PERTES, fr. 1029
24 cent., montant des escomptes
retenus par Martel sur les effets
ci-après, à lui fournis......... 1029 24 |

| 6 | CAISSE, fr. 6435 24 cent., qu'il
nous a comptés pour solde...... 6435 24 |

                                  41669 48

| 2 | A EFFETS A RECEVOIR, fr. 40000, montant
de ceux fournis à Martel. |

Billet de Jean à notre ordre, au 26 juin, un mois
   et 26 jours, esc. non déduit. 4000
   de Dupui, au 20 septembre,
   5 mois et 20 jours, *idem*... 6000

               A reporter..... |10000|1221669|32|

	Folio 36.　　　　　*Reports*.....	10000	»	1221669 32
	de Paul, au 24 juin, 2 mois 24 jours, *idem*.............	1000	»	
	de Bonnafous, au 25 septembre, 5 mois et 25 jours, *idem*.......	10000	»	
	de Jaure, au 27 septembre, 5 mois et 27 jours, *idem*............	4000	»	
	de Bonnafous, au 24 décembre, 7 mois 24 jours, *idem*.......	4000	»	
	de Dupré, au 5 novembre, 6 mois 5 jours, *idem*..............	1000	»	
	de Bray, au 5 novembre, 6 mois 3 jours, *idem*,..............	1000	»	
	de Dupui, au 5 novembre, 6 mois 3 jours, *idem*..............	1000	»	
	Traite de Durand sur Paujet, au 15 mai, un mois 15 jours, *idem*.	8000	»	
		40000		
3	A EFFETS A PAYER, fr. 1000, notre billet au 5 novembre, 6 mois 5 jours, *idem*..........	1000	»	
5	A PROFITS ET PERTES, fr. 669 48 cent., bénéfice sur les effets pris à Martel, à demi pour cent par mois....................	669	48	
				41669 48
	464.━━━━ *Du* 1er *Mai.* ━━━			
	DIVERS A DIVERS, fr. 258000, pour ce qui suit, acheté et payé à Robertson, comme suit :			
12	HABITATION A LA MARTINIQUE, fr. 150000,			
	A reporter.....			1263338 80

	Fol. 37.	*Report*.....	1263338	80

que Robertson nous a vendue..... 150000

13 | TERRE DE BELLEVUE, près Angoulême, fr. 100000................. 100000

5 | PROFITS ET PERTES, fr. 8000.

1° Pour une année payée d'avance de la rente constituée sur un capital de 70000 fr. par contrat consenti ce jour à Gansfort, en payement d'une maison, rue Désirade, et d'une action dans la Compagnie des Indes, ci............... 1800

2° *Idem*, sur un contrat de rente constituée de fr. 70000, consenti à Robertson à l'intérêt de 6 pour cent, et auquel nous avons payé une année d'avance................. 4200

3° *Idem* d'un contrat de rente viagère de fr. 20000, consenti à Robertson, comme suit, auquel nous avons payé la première année, à raison de 10 pour cent.............. 2000

                        8000

                    258000

7 | A CONTRATS DE RENTES CONSTITUÉES A PAYER, fr. 100000, pour les suivants :

Pour celui de fr. 30000, que nous avons consenti à Gansfort, remboursable dans cinq années, pendant lesquelles nous lui ferons une rente de f. 1800; ledit cont. en payem. d'une

		A reporter....	1263338	80

	Folio 38. *Report*.....	1263338	80

maison, rue Désirade, qu'il nous a vendue
ce jour, fr. 20000, et d'une action dans la
Compagnie des Indes, qu'il nous a vendue
fr. 10000, et que nous avons cédée, ce jour,
à Robertson, en payement des objets ci-dessus, ainsi que les valeurs ci-après, ci. 30000

Pour *idem* de fr. 70000, consenti audit
Robertson, remboursable dans trois
années, portant intérêt à 6 p. 100. 70000 100000

6	A INTÉRÊTS SUR LE NAV. *LA JOSÉPHINE,* fr. 20000, pour celui cédé à Robertson sur ce navire............................	20000
6	A CONTRATS DE RENTES VIAGÈRES A PAYER, fr. 20000, pour celui que nous avons consenti audit Robertson à la rente de 10 p. 100..........................	20000
14	A ANDRIEUX, LAFFITE ET BERNARD, fr. 27000, qu'ils nous ont payés en un bil-let de fr. 30000, de Robertson, dont nous leur avons remboursé l'excédant, et que nous avons donné ce jour audit Robertson.	27000
10	A LECOUTEULX, de Paris, fr. 10000, pour notre traite sur lesdits, que nous avons tirée ce jour, à l'ordre dudit Robertson, en payement de *idem*.................	10000
10	A JAMES d'Amsterdam, fr. 10000, notre traite sur ledit, tirée ce jour, ordre dudit Robertson, pour *idem*..................	10000
3	A EFETS A PAYER, fr. 10000, notre billet, ordre *idem*, à 6 mois, pour *idem*.........	10000
1	A Mses Gles, fr. 20000, pour neuf futailles	

A *reporter*..... 1460338 80

		Report.....	1460338	80
	Fol. 39.			

d'indigo, que nous avons données, ce jour, à Béraud, en payement d'une maison à lui achetée, et cédée dans le même jour à Robertson pour fr. 25000................ | 20000 | »

5 | A PROFITS ET PERTES, fr. 10200, bénéfice sur une maison, rue Désirade, achetée fr. 20000, et cédée à Robertson pour fr. 25000, ci............................ 5000

Idem, sur une action dans la Compagnie des Indes, achetée à *id.* pour fr. 10000, et donnée audit pour fr. 10200..... 200

Idem, sur une maison, rue Bouquière, que Béraud nous a cédée pour fr. 20000, et cédée à Robertson pour fr. 25000. 5000
——— | 10200 | »

6 | A CAISSE, fr. 30800, comme suit :

Compté aux sieurs Andrieux, Lafitte et Bernard, sur le billet de Roberson à leur ordre. 3000

Pour les rentes, tant constituées que viagères, que nous avons payées pour cette année seulement........... 8000

Pour le solde compté en argent à Robertson....................... 19800
——— | 30800 | »

465.——— *Du 2 Mai.* ———

DIVERS A DIVERS, fr. 50400, pour ce qui suit :

14 | CONTRATS DE RENTES CONSTITUÉES A RECEVOIR, fr. 48000, pour celui que Richet nous a consenti à la rente de 5 pour cent par an, en payement de 10 boucauts indigo, à lui vendus ce jour, pesant 600 myriag.,

| | | *A reporter*..... | 1521338 | 80 |

Fol. 40.   *Report*.......|1521338 80

à fr. 400 les 5 myriagr............ 48000

6 | CAISSE, fr. 2400, montant de la rente
à 5 pour cent du contrat ci-dessus,
que ledit Richet nous a payé en espèces. 2400

50400

6 | A CAISSE, fr. 36000, pour le montant
de 10 boucauts indigo, achetés et
payés ce jour à Dubosc, en écus,
à 300 fr. les 5 myriagr., vendus à
Richet comme ci-dessus.......... 36000

5 | A PROFITS ET PERTES, fr. 14400, bé-
néfice sur 10 boucauts indigo, achetés à fr. 300 les 5 myriagrammes, que
nous avons vendus à fr. 400 les 5 myriagrammes.................... 12000

Pour la rente de la première année du
contrat de fr. 48000, à 5 pour cent
par an, que ledit Richet nous a
comptés d'avance............... 2400   50400 »

466.━━━━━   *Du 3 Mai.*   ━━━━━

7 | CONTRATS DE GROSSE AVENTURE A RE-
CEVOIR a DIVERS, fr. 72000, pour le montant de 100 tonneaux de vin rouge, que
nous avons vendus ce jour à Martel, à
fr. 600 le tonneau, formant un capital de
fr. 60000, que nous lui avons prêté à la
grosse aventure, à l'intérêt de 20 p. cent
sur son navire *l'Élisabeth*, allant au Cap, en
payement de quoi ledit Martel a consenti
en notre faveur un contrat de fr. 72000, com-

A reporter......|1571738|80

Fol. 41.   *Report*......|1571738|80| .

prenant capital et intérêts; ledit contrat retenu par Brun et son confrère, notaires à
Bordeaux.

A CONTRATS DE RENTES CONSTITUÉES A
   PAYER, fr. 50000 pour celui que nous avons
   consenti à Dubernet, à 5 pour cent, remboursable dans cinq années, en payement
   des 100 tonn. de vin rouge ci-dessus, à lui
   achetés ce jour, à fr. 500 le tonn... 50000

A PROF. ET PERTES, fr. 22000, pour
   ce qui suit :

Bénéfice sur 100 tonn. de vin rouge,
   achetés à Dubernet, à fr. 500 le
   ton., et vendus de suite à Martel, à
   fr. 600 le tonneau........ 10000

Idem, provenant de l'intérêt à
   20 pour cent sur la somme de
   fr. 60000, prêtée à Martel à
   la grosse aventure.. 12000
                           ───────
                             22000
                           ───────   72000 | «

467.──────── *Du 5 Mai.* ════════

DIVERS ᴀ HABITATION DE LA MARTINIQUE,
   fr. 98690, montant des objets suivants, que
   Magnan nous a fournis en payement de 100
   barriques de sucre, pesant ensemble net
   6950 myriagr., chargées à notre adresse sur
   le navire *le Bordelais*, à lui vendues à fr. 71
   le myriagr., sous connaissement et facture;
   reçu ce jour, par le navire *le Saint-Hubert*,
   lesdits sucres venant de notre habitation.

                    A reporter.....|1643738|80|

                          16

Fol. 12.   *Report*.....|1643738|80|

12 HABITATION A LA MARTINIQUE, fr. 51720
3 cent. Pour un mandat à vue, tiré sur nous
par le gérant de notre dite habitation, qui
en a employé les fonds en achats de matériel d'exploitation. . . . . . .   25700 »

Pour une quittance de dé-
bours faits à la Martinique
pour l'exploitation de no-
tre dite habitation.   21020,03

Pour une quittance de chaudières et autres instrum.
d'une sucrerie , chargés
sur le navire *le Lion*, qui
a péri. . . . .   5000 »
                                         ─────────
                                        51720,03

13 DÉPENSES GÉNÉRALES , 1969 fr.
97 c. pour le montant de divers
articles pris chez ledit Magnan
pour notre consommation. 1969,97

2 EFFETS A RECEVOIR , fr. 20000,
billet dudit Magnan, à notre O., à
3 mois. . . . . 20000 »

PROFITS ET PERTES, fr. 4250, pour
celle de fr. 85 pour cent que Boudot
nous a fait éprouver sur son bon
au porteur, de fr. 5000. . . : . . . . . .   4250 »

6 CAISSE, fr. 750, reçus du frère de
Boudot, à raison de 85 pour

                    A reporter. . . . . 77940 »|1643738|80|

Fol. 43   *Reports...*   77940 »|1643738|80|

cent de perte sur la somme de
francs 5000, montant du bon au
porteur que Boudot nous avait
consenti, ci..............   750

Reçu de Magnan, en argent,
    pour solde.............. 20000
                            20750 »| 98690 | » |

379.━━━ *Du 7 Mai.* ━━━

DIVERS A DIVERS, fr. 194000, pour ce qui
    suit :

7 | CONTRATS DE RENTES CONSTITUÉES A
    PAYER, fr. 150000, comme ci-après :

Pour un contrat que nous avons consenti à
    Gansfort, le 1er mai, remboursable dans
    cinq années, à l'intérêt de 1800 francs par
    an, qui a été annulé ce jour, en retour
    des contrats ci-après, que nous lui avons
    cédés, ci.............. 30000

Pour *idem,* que nous avons
    consenti à Robertson,
    remboursable dans trois
    années, à l'intérêt de 6
    p. cent par an, qu'il a
    cédé à Gansfort, qui nous
    l'a échangé contre les
    contrats ci-après...... 70000

        Porté ci-contre..... 100000

                    A reporter........|1742428|80|

Folio 44.   *Reports......* 100000   1742428 80

Pour *idem*, que nous avons
    consenti à Dubernet, rem-
    boursable dans cinq années,
    à l'intérêt de 5 pour cent,
    qu'il avait cédé à Gansfort,
    et que ce dernier a échangé
    avec nous comme *idem*...   50000

                          150000

6   CONTRATS DE RENTES VIAGÈRES
    A PAYER, fr. 20000, pour celui
    que nous avons consenti à Robert-
    son qu'il avait cédé à Gansfort, et
    que ce dernier nous a échangé
    comme *idem*....................   20000

13   CONTRATS DE GROSSE AVENTURE
    A PAYER, fr. 24000, pour celui
    consenti à Gansfort, en payement
    de 20000 bouteilles de vin qu'il
    nous a vendues pour notre na-
    vire *la Joséphine*; lequel contrat
    nous avons acquitté ce jour, en es-
    pèces.   24000

                          194000

14   A CONTRATS DE RENTES CONSTITUÉES
    A RECEVOIR, fr. 48000, pour celui que
    Richet nous a consenti le 2 mai, et que
    nous avons cédé à Gansfort, en retour de

                 A reporter...... 1742428 80

Folic 45.   *Report*..... | 1742428 | 80 |

ceux ci-dessus détaillés, annulés par acte
portant quittance finale........... 48000

7 | A CONTRATS DE GROSSE AVENTURE
A RECEVOIR, fr. 72000, pour celui
que Martel nous a consenti le 3 mai,
et que nous avons cédé à Gansfort,
comme ci-dessus............. ... 72000

6 | A CAISSE, fr. 74000, pour autant
compté à Gansfort, comme suit :

Pour l'acquit du contrat de grosse
aventure à payer.......... 24000

Pour solde des autres contrats
dont il nous a donné quittance en retour de ceux à lui
cédés, ci................. 50000
                                    ——————
                                     74000 | 194000 | » |

469.————— *Du 8 Mai.* ————

DIVERS A DIVERS, 1229225 fr. 18 cent., pour
ce qui suit :

6 | CAISSE, fr. 700200, comme suit :

Pour le montant des marchandises suiv. restant en magasin lors de la balance de sortie du 24 avril 1816, que nous avons vendues ce jour à Dubois, au comptant; savoir:
3 tonn. de vin rouge vieux,
à 1000 fr............. 3000
                                    ——————
Porté ci-contre..... 3000 | 1936428 | 80 |

Fol. 46. *Reports*..... 3000		1936428 80
200 mètres drap commun, à		
10 fr.................. 2000		
10500 myriagrammes de		
café, à 20 fr. le myr.... 210000		
24 futailles indigo........ 50000		
1000 balles coton........ 41000		
	306000	
Idem, pour autant que nous a compté Dupui, pour l'acquit de son billet à notre ordre, du 25 septembre, ci........................ 1000		
Pour autant que nous a compté Magnan, pour *idem* à notre ordre, au 30 juin......... 20000		
	21000	
Idem, pour autant que nous a compté Garreau pour la vente à lui faite de notre navire *la Joséphine*........	87000	
Idem, pour autant que nous a compté Lecouteulx, de Paris, pour solde de son compte.....................	9200	
Idem, pour autant que nous a compté Dubergier, pour solde *idem*.......	7000	
Idem, pour autant que nous a compté Ramondé, pour la vente à lui faite de notre habitation à la Martinique.	160000	
Idem, pour autant que nous a compté Bouvet, pour la vente à lui faite de notre terre de Bellevue.........	110000	
A reporter....	700200	1936428 80

	Fol. 47. *Reports*.....	700200	»	1936428	80
3	EFFETS A PAYER, fr. 11000, comme suit :				
	Pour l'acquit de notre billet au 5 nov. ordre de Martel.. 1000				
	Pour *idem* de notre billet à 6 m., ordre de Robertson : 10000				
		11000	»		
6	JAMES, de l'île Maurice, fr. 4000, pour autant que nous lui avons compté p. solde de son compte : 4000		»		
7	JEAN, fr. 3000, pour autant à lui compté, pour *idem*.......... 3000		»		
8	DUPUI, fr. 17200, pour *idem*, id. 17200		»		
9	DUPRÉ, fr. 69300, pour *idem*, id. 69300		»		
9	BRAY, fr. 115795, pour *idem*, id. 115795		»		
20	JAMES, d'Amsterdam, fr. 40000, pour *idem*, *idem*............ 40000		»		
10	DUBORD, fr. 21500, pour *idem*, id. 21500		»		
11	PIERRE, fr. 6000, pour *idem*, id. 6000		»		
11	MARIE BRIZARD, fr. 7500, *idem*.. 7500		»		
11	MEYDIEU, fr. 48800, pour *idem*. 48800		»		
5	PR. ET PERTES, 107960 fr. 21 c. Mont. de ce qui revient à Robertson, p. solde de son intérêt sur la *Joséphine*. 1750 »				
	Solde du compte de dépenses génér. 1969 97				
	Solde du compte de profits et pertes. 104240 24				
		107960	21		
	A reporter.....	1152255	21	1936428	80

	Folio 48. *Reports*.....	1152255 21	1936428 80	
12	HABITATION A LA MARTINI-QUE, 56960 fr. 97 c., pour solde dudit compte..........	56969 97		
6	INTÉRÊTS SUR *LA JOSÉPHINE*, fr. 20000, pour solde de celui que nous avons donné à Robertson sur ledit navire......	20000 »		
		1229225 18		

1	A Mⁱᵉˢ Gⁱᵉˢ, fr. 306000, montant de celles qui restaient en magasin, vendues ce jour, au comptant, à Dubois, ci........... 306000
2	A EFFETS A RECEV., fr. 21000, acquit du billet de Dupui à notre ordre, au 25 septembre...... 1000
	Acquit du billet Magnan à notre ordre, au 30 juin..... 20000
	21000
6	A CAISSE, fr. 365845, pour ce qui suit :
	Acquit de notre billet à ordre de Martel.................... 1000
	Idem de notre billet ordre de Robertson.............. 10000
	Compté à James, de l'île Maurice, pour solde....... 4000
	à Jean, *idem*............. 3000
	à Dupré, *idem*........... 69300
	à Dupui, *idem* 17200
	A reporter..... 104500

A reporter..... 327000 1936428 80

Folio 49.	*Reports*.....	327000	» 1936428	80
	Report.....	104500		
à Bray, *idem*..........		115795		
à James, d'Amst.......		40000		
à Dubord, *idem*.......		21500		
à Pierre, *idem*........		6000		
à Marie Brizard.......		750C		
à Meydieu............		48800		
à Robertson, pour solde de son intérêt sur la *Joséphine*...........		21750		
			365845 »	

10 | A NAV. *LA JOSÉPHINE*, fr. 80000, pour solde et pr. de la vente de ce nav.   80000 »

6 | A PROF. ET PERT. 73969 f., 97 c., pour ce qui suit :

Bénéfice sur le nav. *la Joséphine,* vendu à Garrau au comp., ci....   7000 »

Idem sur la vente de notre hab. à la Martinique. 56969 97

Sur la vente de la terre de Bellevue.... ... 10000 »

              73969, 97

10 | A LECOUTEULX, de Paris, fr. 9200, qu'il nous a comptés pour solde....   9200 »

14 | A DUBERGIER, fr. 7000, *id.*   7000 »

       A reporter..... 863014 97 1936428 80

	Fol. 50.	*Reports.....*	863014 97	1936125 80
12	A HABITATION, fr. 16000, prix de la vente qui en a été faite à Ramondé...................	160000 »		
13	A TERRE DE BELLEVUE, fr. 100000, prix de sa vente......	100000 »		
14	A DÉPENSES GÉNÉR., 1969 fr. 97 c., pour solde.............	1969 97		
15	A CAPITAL, 104240 fr. 21 c. pour solde de profits et pertes......	104240 21		1229225 18

170 ——— *Du 9 Mai.* ———

15	CAPITAL A DIVERS, 384774 fr. 90 c., pour solde de ce compte, et pour la répartition entre nous de notre capital.			
8	A MALLET, 232664 fr. 78 cent., savoir :			
	Montant de sa mise de fonds...	180534 66		
	de sa demie des bénéfices.....	52120 12		
		232654 78		
9	A LABORDE, 150120 fr. 12 c.			
	Sa mise de fonds... 100000 »			
	Sa demie du bénéf. 52120 12			
		152120 12		
			384774 90	

471.——— *Dudit.* ———

	DIVERS A CAISSE, 384774 fr. 90 cent., pour solde dudit compte et de la liquidation entière de la société, qui demeure dissoute.			
8	MALLET, 232654 fr. 78 c., pour solde de sa mise de fonds et de sa part des bénéfices, ci..................	232654 78		
9 / 6	LABORDE, 152120 fr. 12 c., p. *id.*	152120 12	384774 90	
		Total.....	3935203 78	

A

Assurances.............fᵒ.	12
Armement..............	13
Andrieu, Lafitte et Bernard.	14

B

Bray..................	9
Beaufour..............	12
Balance...............	15
Balance d'entrée.........	15

C

Caisse................4 et 6	
Cargaison.............	11
Commission............	12
Capital..............	15
Contrats de rentes à payer..	7
Idem, à recevoir........	14
Idem, viagères, *idem*.....	6
Idem, de grosse, à recevoir.	7
Idem, à payer..........	13

D

Dupui.................	8
Dupré.................	9
Dubord...............	10
Dépenses générales.......	13
Du parc..............	14
Du bergier.............	14
Du pin................	15

E

Effets à recevoir.........	2
Effets à payer...........	3

F

Frais généraux..........	12

H

Habitation...........fᵒ.	12

I

Intérêt sur mon navire.....	6

J

James, de l'île Maurice.....	6
Jean.................	7
Jauge, de Lyon.........	7
James, d'Amsterdam......	10

L

Lecouteulx............	10
Laborde..............	9

M

Marchandises générales....	1
Marchandises comptes à tiers.	8
Marie Brizard..........	11
Meydieu..............	11
Mˢᵉˢ compte à demi.... 13 et 14	
Mallet...............	8

N

Navire *la Joséphine*.......	10

P

Profits et pertes..........	5
Paul.................	8
Pierre...............	11

R

Remises..............	6
Robert, de Paris.........	9

Folio **1.**

DOIVENT :

1867.					
Janv.	1	A Pierre, pour 10 tonneaux de vin rouge..	1	11	3000
	2	A Dupré, pour 20 tonneaux de vin blanc.	1	9	4000
	3	A Dupui, pour 2 barriques de sucre brut.	1	8	1500
	7	A Caisse, pour le payement de 12 tonneaux de vin. . . .	2	4	2400
	9	A Effets à payer, pour 1000 myr. de savon.	2	3	9000
	11	A Lecouteulx, de Paris, pour 10 tonneaux de vin rouge.	2	10	2000
	12	A March. géuér., pour 10 tonn. de vin achetés à Dupui.	2	1	2400
	13	A Divers, pour 29 tonneaux de vin.	3	»	11600
	15	A *Idem*, pour 10 tonneaux de vin de Médoc.	3	»	10000
	16	A March. générales, pour 200 mètres de drap commun.	4	1	2000
	25	A Divers, pour 198 mètres drap. de l'envoi de Jacob..	6	»	4000
	28	A James, pour une balle mousseline.	6	6	4000
	29	A Divers, pour 76 tonneaux de vin.	7	11	78000
					133900
Fév.	8	A Pierre, pour 2 tonneaux de vin.	8	11	2000
	16	A *Idem*, pour 1 tonneau de vin.	10	»	1000
	20	A Effets à payer.	11	3	400
	21	A Caisse.	11	4	78
	28	A Jean, pour 2 tonneaux de vin.	13	7	2000
					11011
Mars.	14	A *Idem*, pour 1 tonneau de vin.	17	»	1400
					14154
Avril.	19	A Divers.	25	»	21600
	20	A Caisse, pour frais de déchargement.	26	4	490
	20	A Armement du navire la *Joséphine*.	26	13	2500
					38711
	25	A Profits et Pertes, pour bénéfices sur nos marchandises et pour solde.	28	5	8891
					47635
	25	A Balance d'entrée, pour celles en magasin.	31	15	3260

1. Voyez la *Balance simplifiée*, pour l'addition qu'il faut faire à la fin de cha
mois, de tous les articles du débit et des articles du crédit de tous les comptes du gr
livre.

ÉNÉRALES

AVOIR :

667.					
nv.	4	Par Dupui, pour 10 tonneaux de vin rouge.........	1	8	1000
	5	Par Dupré, 2 barriques de sucre brut..............	1	9	1500
	8	Par Caisse, pour le payement de 12 tonneaux de vin..	2	1	3000
	10	Par Effets à recevoir, pour 200 myr. de savon......	2	2	2000
	12	Par March. générales, pour 10 tonneaux de vin......	2	1	2100
	14	Par Divers, pour 29 tonneaux de vin rouge..........	3	»	13200
	15	Par Marchandises générales, pour 200 myr. de savon..	4	1	2000
	16	Par Divers, pour 10 tonneaux de vin..............	4	»	12000
	23	Par Profits et Pertes, pour 100 myr. de savon perdu..	5	5	1200
	24	Par Jauge, pour 200 myriagrammes de savon........	5	7	2100
	27	Par Divers, p. l'envoi à Robert de 198 mètres de drap.	6	»	1356
	30	Par *Idem*, p. 101 tonn. de vin et 300 myr. de savon..	7	»	91800
					139856
év.	9	Par Jean, pour 3 tonneaux de vin.................	9	7	3000
	17	Par *Idem*, pour 1 tonneau *idem*..................	10	7	1000
	23	Par Divers, pour mousselines chargées sur le *Jason*...	11	»	1000
	28	Par Pierre, pour 2 tonneaux de vin..............	13	11	2500
					150356
Avril.	25	Par Balance de sortie, pour celles qui me restent en magasin.............................	28	15	326000
					176356
Mai.	1	Par Divers, pour 9 futailles indigo, vendues Béraud...	38	»	20000
	8	Par divers..............................	48	»	306000
					326000

Nota. On pourrait pratiquer, tant au débit qu'au crédit du présent compte, une colonne pour placer, dans celle du débit, les quantités de marchandises entrées en magasin, et dans celle du crédit, les quantités sorties. Chaque colonne serait précédée à gauche d'une autre plus petite dans laquelle on désignerait toutes les marchandises d'une même sorte par un numéro qui serait affecté à celles de cette sorte. Par ce moyen, on pourrait voir en nature les mouvements des marchandises, et connaître ce qui doit rester en magasin de celles de chaque sorte particulière, que le numéro qui lui serait affecté, distinguerait à ne pouvoir s'y méprendre

Folio 2.

DOIVENT: EFFETS

1867								
Janv.	10	A March. génér., pour	1	1	le billet de Pierre.....	2	1	2
	16	A *Idem*, pour le billet	2		de Jean.............	3	1	
	17	A Caisse, pour le billet	5	2	de Jacques..........	3	1	1
	22	A Divers, pour *idem*	5	9	de Bonnafous........	5	9	10
								260
Fév.	4	A Dupin, pour *idem* à	5	3	mon ordre...........	8	8	10
	8	A Pierre, pour *idem*,	6	4	dudit..............	8	11	30
	13	A Dupré, pour son	7	5	billet..............	9	9	15
	21	A Bray, pour sa traite	8	6	sur Londres..........	12	9	71
	26	A *Idem*, pour *idem*,	9	7	sur Amsterdam.......	12	9	120
	28	A Jean, pour son billet	10	8	à un mois............	13	7	50
								539
Mars.	10	A effets à payer......	11		pour le billet de Dupin.	15	3	600
	11	A Robert, de Paris.	12	10	pour sa remise........	15	9	1200
	11	A Paul, pour le billet	13		dudit,.............	16	8	190
	15	A Divers, pour le billet	14		de Bonnafous........	17	3	1000
	17	A Profits et Pertes pour	15		*Id.* de prime de Jaure..	18	5	10
	21	A Assurances, pour *id.*	16		de primes de Bonnafous.	29	12	10
	25	A *Idem*, pour le résultat	17		de prime de Dupré.....	29	12	10
	25	A *Idem*, pour *idem*,	18		*Idem* de Bray........	29	12	10
	25	A *Idem*, pour *idem*,	19		*Idem* de Dupui......	29	12	10
								939
Avril	19	A Divers, pour la traite	20		sur Paujet..........	25	»	800
								16191
	25	A Balance d'entrée,	1	1	pour billet de Jean....	32	15	400
	»	A *Idem*, pour billet de	2	2	Dupui..............	32	15	600
	»	A *Idem*, pour *Idem* de	3	3	Paul...............	32	15	100
	»	A *Idem*, pour *Idem* de	4	4	Bonnafous...........	32	15	1000
	»	A *Idem*, pour *Idem* de	5	5	Jaure..............	32	15	400
	»	A *Idem*, pour *Idem* de	6	6	Bonnafous...........	32	15	400
	»	A *Idem*, pour *Idem* de	7	7	Dupré..............	32	15	100
	»	A *Idem*, pour *Idem* de	8	8	Bray...............	32	15	100
	»	A *Idem*, pour *Idem* de	9	9	Dupui..............	32	15	100
	»	A *Idem*, pour traite sur	10	10	Paujet..............	32	15	800
	»	A Divers, pour billet de	11	11	Dupui au 25 septembre.	35	»	100
Mai.	30	A Habitation, pour billet	12	12	de Magnan au 30 juin..	42	12	2000
			(¹)	(²)				6100

1. Les numéros compris dans cette colonne sont ceux de l'ordre dans lequel chaque bil[let] à recevoir a été inscrit au débit du présent compte.

2. Les numéros de cette colonne sont ceux de l'ordre dans lequel chaque billet négo[cié] ou donné en payement, etc., a été inscrit au crédit. Voyez la note ci-contre 3.

Ces numéros sont mis ici dans le même objet que ceux du compte d'effets à payer.

Folio 2.

CEVOIR   AVOIR :

v.	15	Par March. gén., pour	1	1	le billet de Pierre......	3	1	2000
	19	Par Caisse, pour le billet	2	2	de Jacques.........	4	1	10000
								12000
r.	5	Par Dupré, pour *idem*	3	5	de Dupui...........	8	9	1000
	9	Par Jean, pour *idem*	4	6	de Pierre..........	9	7	3000
	14	Par Dupui, pour *idem*	5	7	de Dupré..........	10	8	1500
	25	Par Divers, pour remise	6	8	d'ordre de Robert.....	12	"	7110
	27	Par Robert, pour *idem*	7	9	sur Amsterdam.......	12	9	12000
	28	Par Pierre, pour le billet	8	10	de Jean............	13	11	3000
								39910
s.	2	Par Caisse, pour le billet	9	4	de Bonafous.........	13	4	10000
	13	Par *Idem*, pour traite	10	12	sur Londres.........	16	1	12000
								61910
il	25	Par Balance, pour le	11		billet de Jean........	29	15	1000
		Par *Idem*, pour le billet	12		de Dupin...........	29	15	6000
		Par *Idem*, idem de	13		Paul.............	29	15	100
		Par *Id.* de Bonnafous..	14		....	29	15	10000
		Par *Idem* de Jaure....	15		....	29	15	4000
		Par *Idem* de Bonnafé..	16		....	29	15	4000
		Par *Idem* de Dupré...	17		....	29	15	1000
		Par *Idem* de Bray.....	18		....	29	15	1000
		Par *Idem* de Dupui....	19		....	29	15	1000
	30	Par *Idem*, pour traite	20		sur Paujet..........	29	15	8000
								101910
		Par Divers p. le billet de	1	1	Jean à n. o., au 26 juin.	35	"	4000
		Par *Idem*, idem de	2	2	Dupui, au 20 septembre.	35	"	6000
		Par *Idem*, idem de	3	3	Paul, au 24 janvier....	35	"	1000
		Par *Idem*, idem de	4	4	Bonnafous, au 23 sept..	35	"	10000
		Par *Idem*, idem de	5	5	Jaure, au 25 septembre.	35	"	4000
		Par *Idem*, idem de	6	6	Bonnafous, au 24 déc..	35	"	4000
		Par *Idem*, idem de	7	7	Dupré, au 5 novembre.	35	"	1000
		Par *Idem*, idem de	8	8	Bray, au 5 *idem*......	35	"	1000
		Par *Idem*, idem de	9	9	Dupuy, au 5 *idem*....	35	"	1000
		Par *Id.*, tr. de Durand	10	10	sur Paujet, 15 sept....	35	"	1000
i.	8	Par *Id.*, b. de Dupui,	11	11	à n. o., au 25 septembre.	48	"	1000
		Par *Id.*, b. de Maguan,	12	12	*Id.* au 30 juin........	48	"	20000
			(²)	(⁴)				61000

3. Les numéros compris dans cette colonne, sont ceux de l'ordre dans lequel chaque billet qu'on a négocié, dont on a reçu le montant, et qu'on a donné en payement, a été inscrit crédit du présent compte.

4. Les numéros compris dans cette colonne, sont ceux de l'ordre dans lequel chaque billet a été inscrit au débit. Voyez ci-contre la note 1.

Folio 3.

DOIVENT :   EFFET

1867									
Janv.	16	A M. G., pour mon	1	2	billet ordre de Dupui...	4	1	2
	21	A Divers, pour *idem*	2	1	ordre de Dupui.......	5	»	9
								11
Fév.	15	A Dupui, pour *idem*	3	7	ordre de Dupré.......	10	8	
	23	A M. G., pour *idem*	4	8	ordre de Dubord......	11	1	
	28	A Jean, pour mon billet	5	6	à son ordre....	13	7	3
								18
Mars.	1	A Caisse, pour la traite	6	4	de Jacob...........	13	1	3
		A *Idem*, pour mon billet	7	5	ordre de Jean........	13	4	1
	14	A Divers, pour *idem*	8	9	ordre de Pierre.......	18	9	3
								26
Avril	25	A Balance, pour mon	9		billet ordre d'André...	30	15	10
		A *Idem*, pour *idem*	10		ordre de Dupui.......	30	15	6
		A *Idem*, pour la traite	11		de Robert, acceptée...	30	15	7
		A *Idem*, pour mon billet	12		ordre de Bonnafous....	30	15	10
								59
Mai.	30	A Divers, p. b. de Mallet,	1	1	o. de Martel, 30 sept..	35	»	10
		A *Idem*, id. ordre de	2	2	Dupui, au 20 septembre.	35	»	6
		A *Idem*, id. ordre de	3	3	Robert, au 22 mai.....	35	»	7
		A *Idem*, id. ordre de	4	4	Bonnafous, au 25 sept..	35	»	10
		A *Idem*, id. ordre de	5	5	Martel, au 5 nov......	47	»	1
Juin.	8	A *Idem*, notre b. ordre	6	6	de Robertson, à 6 mois.	47	»	10
			(¹)	(²)				41

1. Pour ne pas confondre les effets à payer les uns avec les autres, à mesure qu'o inscrit un à un au débit, on les distingue par le numéro de l'ordre de leur inscription. exemple : le premier billet qui a été porté au débit du présent compte, y a été porté s[ ] n° 1 ; c'est-à-dire, on a mis le n° 1 dans la première à gauche des deux colonnes placé[ ] milieu de la page du débit de ce même compte, pour avertir que ce billet est le pr[ ] qui soit rentré ; on a mis n° 2 dans la même colonne lorsqu'on a porté au débit le s[ ] billet rentré ; n° 3, lorsqu'on y a porté le troisième billet ; n° 4, lorsqu'on a porté le trième billet rentré ; et ainsi de suite : conséquemment, les numéros de la première col[ ] du débit indiquent l'ordre de la rentrée des billets à payer.

2 Les numéros de l'ordre de l'inscription des effets à payer au débit et de celui de inscription au crédit étant placés dans l'ordre prescrit par la note 1 et par la note 3 ;

On met au débit, à côté du numéro d'entrée, celui de la sortie de chaque billet ; [ ]
crédit, on place de même à côté de chaque numéro de sortie, celui de l'entrée.

Folio 3.

PAYER,   AVOIR :

1867									
anv.	9	Par M. G., pour mon	1	1	billet ordre de Dupui...	2	1	9000
	15	Par *Idem*, pour *idem*	2	1	*idem*..............	3	1	2000
	20	Par Divers, pour *idem*	3		ordre d'André........	5	»	10000
	25	Par M. G., traite de	4	6	Jacob, acceptée......	6	1	3000
								24000
fév.	2	Par Jean, pour mon billet	5	7	ordre dudit.........	8	7	1000
	9	Par *Idem*...........	6	5	*idem*..............	9	7	3000
	9	Par Dupré, pour mon	9	3	billet à son ordre.....	9	9	1000
	20	Par M. G., pour *idem*	8	4	ordre de Dubord......	11	1	400
	28	Par Pierre, pour *idem*	9	8	à son ordre.........	13	11	3000
								8000
Mars.	10	Par Effets à recevoir..	10		p. m. bill. ord. de Dupui.	15	2	6000
	12	Par Bray, pour la traite	11		de Robert, acceptée....	15	19	7205
	15	Par Effets à recevoir pour	12		mon b. ord. de Bonnafous	17	2	10000
								59565
Avril.	25	Par Balance d'entrée,	1	1	notre bill. ordre d'André.	33	15	10000
		Par *Idem*, pour u. billet	2	2	ordre de Dupui......	33	15	6000
		Par *Idem*, pour u. billet	3	3	ordre de Robert......	33	15	7205
		Par *Idem*, pour u. billet	4	4	ordre de Bonnafous....	33	15	10000
	30	Par Divers, pour u. billet	5	5	au 5 nov. o. de Martel.	36	»	1000
Mai.	1	Par *Idem*, pour *idem*, à	6	6	6 mois, o. de Robertson.	38	»	10000
			(3)					44205

(3) Pour distinguer les uns des autres les billets que l'on fait, à mesure qu'on les inscrit un à un au crédit, on les distingue par le numéro de l'ordre de leur inscription. Par exemple : le premier billet qui a été porté au crédit du présent compte, y a été porté sous le n° 1; c'est-à-dire, on a mis n° 1 dans la première à gauche des deux colonnes placées au milieu de la page à droite, ou du crédit de ce même compte, pour avertir que ce billet est le premier qui soit sorti; on a mis le n° 2 dans la même colonne, lorsqu'on a porté au crédit le second billet sorti; n° 3, lorsqu'on y a porté le troisième billet sorti; et ainsi de suite : conséquemment, les numéros de la première colonne du crédit indiquent l'ordre de la sortie des effets à payer que l'on a mis en circulation.

Par ce moyen, chacun des numéros de la première colonne du crédit, qui n'est pas suivi d'un autre numéro placé dans la seconde colonne, indique que le billet désigné par ce numéro est sorti et n'est pas rentré, et par conséquent, qu'il doit être en circulation.

17

GRAND LIVRE.

Folio 4.

DOIT :   CAISSE,

1867				
Janv.	6	A Profits et Pertes, pour le don de 20 tonneaux de vin.	1	5	20000
	8	A Marchandises générales, pour 12 tonneaux *idem*..	2	1	3000
	11	A *Idem*, pour ce que m'a compté Pierre.........	3	1	12800
	16	A *Idem*, reçu de Jean..............	4	1	3800
	19	A Effets à recevoir, reçu pour le billet de Jacques...	5	3	10000
	20	A Effets à payer....................	5	3	9700
	27	A Marchandises générales, reçu de Raffin.........	6	1	1200
					63671
Fév.	2	A Jean, ce qu'il m'a prêté..................	7	7	1000
	6	A Pierre, *idem*.....................	8	11	5910
	8	A *Idem*, *idem*....................	9	11	1850
	12	A Dupui, ce qu'il m'a compté..............	9	8	1000
	18	A Jean, *idem*....................	10	7	970
	23	A marchandises générales, reçu de Dubord.......	11	1	3608
	28	A Jean, reçu dudit.............	13	7	2000
					80001
Mars.	2	A Effets à recevoir.....................	13	2	10000
	8	A Dupui, reçu de Pierre.............	11	8	12000
	13	A Divers........................	16	"	12005
	14	A Dupui.....................	17	8	1552
	15	A Divers......................	17	5	100
	16	A Profits et Pertes, reçu de Dupré.............	18	5	1200
	19	A *Idem*, gagné à la loterie...............	18	5	20000
	21	A *Idem*, reçu de mon apprenti...............	18	5	1000
					143861
Avril.	11	A Marchandises de compte à tiers avec Bray et Dupui.	21	8	19200
	12	A *Idem*, *idem*....................	22	8	21000
	14	A Marchandises de compte et demi avec Dubord...	23	13	24000
	19	A Divers......................	25	"	37000
	22	A Armement, reçu pour fret.	26	13	30000
	23	A *Idem*, reçu de quatre passagers.............	26	13	10000
	24	A Divers......................	27		61080
					349141

Folio 4.

CAISSE,

AVOIR :

7	Par Marchandises générales, compté à Dupré......	2	1	2400	»
13	Par *Idem*, payé à Martin....................	3	1	11252	»
15	Par *Idem, idem*, à Dupui...................	3	1	3880	»
17	Par Effets à recevoir, pour billet de Jacques......	4	2	10000	»
21	Par Effets à payer, payé pour mon billet.........	5	3	8730	»
22	Par Effets à recevoir, pour le billet de Bonnafous...	6	2	9800	»
25	Par Marchandises générales, pour frais..........	6	1	100	»
				46162	»
1	Par Pierre, à lui prêté.....................	7	11	1000	»
7	Par Dupui, *idem*.......................	8	8	5820	»
9	Par Jean, à lui compté.....................	9	7	970	»
11	Par Pierre, *idem*.......................	10	11	3000	»
19	Par Dupui, *idem*.......................	11	8	2910	»
21	Par Marchandises générale, pour courtage........	11	1	780	»
28	Par Pierre...........................	13	11	1500	»
				62112	»
1	Par Effets à payer.......................	13	3	1960	»
5	Par Dupui...........................	14	8	1000	»
9	Par Robert, compté à Jean..·...............	15	9	8000	»
13	Par Caisse...........................	16	1	5	»
18	Par Profits et Pertes.....................	18	5	40000	»
20	Par *Idem*, qu'on m'a volé.................	18	5	20000	»
	Par *Idem*, pour dépenses.................	18	5	3000	»
22	Par navire *la Joséphine*...................	19	10	30000	»
27	Par Divers...........................	20	»	8100	»
28	Par Armement de *la Joséphine*...............	20	13	42000	»
				219507	»
10	Par Divers...........................	21	»	36600	»
20	Par *Idem*, compté au capitaine...............	26	»	31400	»
				287507	»
25	Par Balance...........................	29	15	61634	66
				349141	66

Folio 5

DOIVENT :   **PROFITS**

1867						
Janv.	14	A Marchandises générales pour escompte.........	3	1	396	»
	16	A *Idem*, pour *idem*.....................	4	1	120	»
	20	A Effets à payer, pour *idem*..................	4	1	300	»
	23	A Marchandises générales, pour celles perdues.....	5	1	1200	»
	27	A *Idem*, pour escompte....................	6	1	65	34
					2081	34
Fév.	6	A Pierre, pour *idem*....	8	11	90	»
	8	A *Idem*, *idem*.....•....................	9	17	150	»
	18	A Jean.	10	2	30	»
	25	A Effets à recevoir.......................	12	8	240	»
					2591	34
Mars.	14	A Dupui, pour escompte....................	17	4	48	»
	18	A Caisse, payé à Jaure....................	18	4	40000	»
	20	A *Idem*, pour vol..........................	18	4	20000	»
	20	A *Idem*, pour dépense....................	18	12	3000	»
					65639	34
Avril.	24	A Frais généraux, pour solde.................	27	13	4064	»
		A Dépenses générales, *idem*.................	28	17	3000	»
					72703	34
	25	A Navire *la Joséphine*, idem..................	29	»	10000	»
					82703	34
	25	A Capital, pour solde.....................	29	15	180534	66
					263238	»
Avril.	30	A Divers, pour escompte retenu par Martel........	35	»	1029	24
Mai.	1	A Divers..............................	37	»	8000	»
	5	A Habitation à la Martinique..................	42	12	4250	»
	8	A Divers..............................	47	»	107960	21
					121239	45

T PERTES,   AVOIR :

867							
anv,	6	Par Caisse, pour le produit d'un don............	1	4	20000	»	
	13	Par Marchandises générales, pour escompte.......	3	1	318	»	
	15	Par *Idem*, pour *idem*......................	3	1	120	»	
	21	Par Effets à payer, pour *idem*................	5	3	270	»	
	22	Par Effets à recevoir, pour *idem*.............	5	2	200	»	
					20938	»	
év.	7	Par Dupui, pour *idem*......................	8	8	180	»	
	9	Par Jean, pour *idem*......................	9	7	30	»	
	19	Par Dupui, pour *idem*.	11	8	90	»	
	27	Par Robert.	13	9	480	»	
					21718	»	
Mars.	12	Par Bray...............................	15	9	240	»	
	15	Par Divers..............................	17	4	100	»	
	16	Par Caisse, pour commission...............	18	4	1200	»	
	17	Par Effets à recevoir, pour prime...........	18	2	4000	»	
	19	Par Caisse, gagné à la loterie..............	20	4	20000	»	
	21	Par *Idem*, reçu de mon apprenti...........	21	4	1000	»	
					48258	»	
Avril.	12	Par Marchandises de compte à tiers..........	22	8	1800	»	
	14	Par Marchandises de compte à demi avec Dubord..	23	13	1500	»	
	16	Par *Idem*, idem avec Dupré.................	24	11	2500	»	
	23	Par Divers..............................	27	»	111200	»	
	24	Par Commission, pour solde.................	27	12	2061	»	
		Par Assurance, pour *idem*.................	28	12	7000	»	
					174322	»	
	25	Par March. génér., pour bénéfices sur nos march...	28	1	88916	»	
					263238	»	
Avril	30	Par Divers, pour bénéfice sur les effets pris à Martel,	35	»	669	48	
Mai.	1	Par Divers...............................	39	»	10200	»	
	2	Par Divers...............................	40	»	14100	»	
	3	Par Contrats de grosse aventure à recevoir........	41	7	22000	»	
	8	Par Divers...............................	49	»	73969	97	
					121239	45	

Folio 6.

DOIT :   CAISS

1867				
Avril.	25 À Balance d'entrée, montant des espèces en caisse....	32	15	61631
	2· À Capital, montant de celui de Laborde en espèces....	31	15	100000
	3 · À Divers, reçu de Martel en espèces..............	35		6435
				168969
Mai	2 À Div. reçu en espèces la rente du contrat cons. p. Richet.	40		2400
	5 À Habitation, reçu de Magn·n en espèces............	43	12	20750
	8 À Divers...................................	15		700200
				891119

JAMES,

Avri·.	25 À Balance de sortie, pour solde.................	15	30	400·
Ma..	8 À Caisse, pour autant à lui compté pour solde.......	6	47	4000

INTÉRÊT SUR LE NAVIRE

Mai.	28 À Divers pour solde.......................	48		2000(

CONTRATS DE RENTE

Mai.	7 À Caisse, pour l'acquit de celui consenti à Robertson...	44	6	2000(

Folio 6.

CAISSE,   AVOIR :

1867					
Mai.	1	Par Divers..	39	30800	»
		Par *Id.*, pour 10 boucauts indigo, achetés à Dubord..	40	36000	»
		Par *Id.*, pour acquit de divers contrats............	15	74000	»
		Par Divers..	18	365815	»
	9	Par *Idem*..	50	3°1771	90
				801119	90

DE L'ILE MAURICE,

Janvier.	28	Par Marchandises générales.	6	1	4000	»
Avril.	25	Par Balance d'entrée, pour solde.	31	15	4000	»

LA JOSÉPHINE,

Mai	1	Par Divers, pour celui que nous donnons à Robertson.	28	»	20000	»

VIAGÈRE A PAYER,

Mai.	1	Par Div., p. celui que nous avons consenti à Robertson.	38	»	20000	»

Folio 7.

DOIT :   JEAN

1867					
Janvier.	30	A Marchandises générales......................	7	1	22400	»
Février.	3	A Effets à payer.............................	8	3	1600	»
	9	A Divers, pour prêt..........................	9	»	10000	»
	17	A Marchandises générales.....................	10	1	1000	»
					31100	»
Avril.	25	A Balance pour solde.........................	31	15	300 0	»
					37100	»
Mai.	8	A Caisse, pour solde.........................	17	6	3000	»

JAUGE, DE LYON,

Janvier.	21	A Marchandises générales.....................	5	1	2100	»
Mars.	4	A Duparc.....................................	14	11	3000	»

CONTRATS DE GROSSE

Mai.	3	A Divers, pour 100 tonneaux de vin vendus à Martel..	40	»	72000	»

CONTRATS DE RENTES

Mai.	7	A Div., pour celui que nous avons consenti à Gaufort.	43	»	30000	»
		A Idem, idem à Robertzon.....................	43	»	70000	»
		A Idem, idem à Gaufort.....................	43	»	50000	»
					150000	»

Folio 7.

JEAN,   AVOIR :

1667								
29 janvier.	29	Par Marchandises générales......................	7	1	12000	»		
3 février.	3	Par Caisse, pour prêt......................	8	4	1000	»		
	18	Par Divers...........................	10	»	1000	»		
	28	Par *Idem*..........................	12	»	10000	»		
					24000			
Mars.	9	Par Robert...........................	15	9	12000	»		
	14	Par Marchandises générales....................	17	1	1300	»		
					37400	»		
Avril.	25	Par Balance d'entrée, pour solde dudit compte......	33	15	3000	»		

JAUGE, DE LYON,

Mars.	3	Par Dupui.............................	13	8	34000	»	
Avril.	24	Par Caisse, pour solde....................	28	4	2400	»	
					36400	»	

AVENTURE. A RECEVOIR,

Mai.	7	Par Divers, pour celui que Martel nous a consenti....	45	»	72000	»	

CONSTITUÉES A PAYER,

Mai.	1	Par Div., p. celui que nous avons consenti à Gansfort..	38	»	30000	»	
		Par *Idem, idem* à Robertson.....................	38	»	70000	»	
		Par *Idem, idem* à Dubernet.......	41	»	50000	»	
					150000	»	

Folio 8.

DOIT :   PAU

1867				
Janvier.	3 A Marchandises générales, pour un tonneau de vin...	7	1	1000

DUPUI.

Janvier.	1 A Marchandises générales............	1	1	1000
	30 A Item................	7	1	1200
				5200
Février.	7 A Divers, à lui prêté............	8		600
	11 A Effets à recevoir............	10	2	150
	12 A Divers............	11		3000
				1500
Mars.	3 A Jauge, de Lyon............	12	7	3000
	5 A Caisse............	17		1000
				5700
Avril.	10 A Caisse, pour son tiers de marchandises..........	21	1	1000
				6270
	25 A Balance, pour solde..............	30	15	1720
				7900
Mai.	8 A Caisse, pour solde..............	17	4	17200

MARCHANDISES DE COMPTE A DEMI

Avril.	10 A Caisse, pour mon tiers............	21	4	12600
	12 A Divers............			1200
	12 A Divers............	2		3000
	12 A Profits et Pertes, pour solde............	2		1900

MALLET,

| Mai. | 8 A Caisse, pour solde, à lui compté.............. | 50 | 4 | 232654 |

Folio 8.

PAUL,   AVOIR :

1867					
Mars.		Par effets à recevoir........................	17	2	1000 »
		DUPUI.			
Janvier.	3	Par Marchandises générales, pour sucre............	1	1	1500 »
	29	Par *Idem*, pour vin........................	7	1	34000 »
					35500 »
Février.	4	Par Effets à recevoir, pour son billet..............	8	2	1000 »
	12	Par Caisse, reçu dudit......................	9	1	4000 »
	15	Par Effets à payer........................	10	3	1000 »
					14500 »
Mars.	8	Par Divers, pour un mandat..................	14	»	20000 »
	14	Par *Idem*, reçu pour l'escompte................	17	»	1600 »
					66100 »
Avril.	12	Par Marchandises de compte à tiers..............	22	8	13800 »
					79900 »
Avril.	25	Par Balance d'entrée, pour solde dudit compte.......	34	15	17200 »
		AVEC BRAY ET DUPUI,			
Avril.	11	Par Caisse............................	21	4	19200 »
	14	Par *Idem*............................	22	4	24000 »
					43200 »
		MALLET,			
Mai.	9	Par Capital, pour sa mise de fonds et bénéfices.......	50	15	232654 78

Folio 9.

DOIT :   DUPRÉ,

1867						
Janvier.	5	A Marchandises générales, pour sucre.............	1	1	1500	»
	30	A *Idem*, pour savon...........................	7	1	1200	»
					2700	»
Février.	5	A Effets à recevoir........................	8	2	1000	»
	9	A Effets à payer..........................	9	3	4000	»
					7700	»
Mars.	7	A Beaufour.	14	7	1000	»
					8700	»
Avril.	16	A Marchandises de compte à demi.............	23	11	12500	»
					21200	»
	25	A Balance, pour solde.....................	31	15	69300	»
					90500	»
Mai.	8	A Caisse, pour solde......................	17	6	69300	»

ROBERT,

Février.	25	A Effets à recevoir.......................	12	2	7200	»
	27	A Divers.	12	2	12480	»
					19680	»
Mars.	9	A *Idem*, payé pour son compte................	15	2	20000	»
					39680	»

BRAY,

Mars.	6	A Lecouteulx.............................	14	10	10000	»
	12	A Divers................................	15	»	7415	»
					17415	»
Avril.	10	A Caisse, pour le tiers dudit..................	21	4	12000	»
					29415	»
	25	A Balance, pour solde....................	30	15	115795	»
					115210	»
Mai.	8	A Caisse, pour solde......................	17	6	115795	»

LABORDE,

Mai.	9	A Caisse, pour solde, à lui compté.....	50	6	152120	12

Folio 9.

DUPRÉ,   AVOIR :

1867							
Janvier	2	Par Marchandises générales, pour du vin............	1	1	4000	»	
	29	Par *Idem*, pour *idem*........................	7	1	12000	»	
					16000	»	
Février.	13	Par Effets à recevoir.........................	9	2	1500	»	
					17500	»	
Mars.	14	Par Effets à payer...........................	17	3	3000	»	
	26	Par Lecouteulx.............................	20	10	60000	»	
					80500	»	
Avril.	16	Par Marchandises de compte à demi.............	23	11	10000	»	
					80500	»	
Avril.	25	Par Balance d'entrée, pour solde................	31	15	69300	»	

DE PARIS,

Mars.	11	Par Effets à recevoir.........................	15	2	12000	»	
Avril.	24	Par Caisse, pour solde........................	27	1	27600	»	
					39680	»	

BRAY,

Janvier.	29	Par Marchandises générales, pour du vin..........	7	1	12000	»	
Février.	24	Par Effets à recevoir.........................	11	2	7110	»	
	26	Par *Idem*..............................	12	2	12000	»	
					31110	»	
Mars	23	Par Cargaison du navire *la Joséphine*............	19	11	100000	»	
					131110	»	
Avril.	12	Par Marchandises de compte à tiers..............	22	8	13800	»	
					145210	»	
	25	Par Balance d'entrée, pour solde.	35	13	115795	»	

LABORDE,

Mai.	9	Par Capital, pour sa mise de fonds et bénéfices.......	50	15	152120	12	

Folio 10.

DOIT :   NAVIRE

1807				
Mars.	22 A Divers. pour l'achat dudit....................	18	»	90000
				90000
Avril.	25 A Balance d'entrée, pour l'évaluation dudit........	32	15	80000

LECOUTEULX,

Mars.	26 A Divers, acheté pour son compte...............	20	»	3)200
				13200
Avril.	25 A Balance d'entrée, pour solde.................	31	15	10200
				10200

JAMES.

| Avil. | 25 A Balance de sortie........................... | 30 | 15 | 30000 |
| Mai. | 8 A Caisse, pour solde........................... | 47 | 6 | 40000 |

DUBORD,

Avril.	25 A Balance, pour solde.........................	30	15	21500
Mai.	8 A Caisse, pour solde.	47	6	21500
				21500

Folio 10.

LA JOSÉPHINE,   AVOIR :

1837						
Avril.	25	Par Balance, pour la valeur dudit...............	28	15	80000	»
	d°	Par Profits et Pertes, pour solde.................	29	5	10000	»
					90000	»
Mai.	8	Par Divers.............................	49	15	80000	»

		DE PARIS,				
Janvier.	11	Par Marchandises générales.................	2	1	2000	»
Mars.	6	Par Bray.............................	11	9	10000	»
	22	Par le navire *la Joséphine*...............	18	10	30000	»
					42000	»
Avril.	25	Par Balance, pour solde...............	31	15	19200	»
					61200	»
Mai.	1	Par Div., pour notre traite sur ledit, ordre de Robertson.	38	»	10000	»
	8	Par *Idem*, pour solde.................	19	»	9200	»
					19200	»

		D'AMSTERDAM,				
Mars.	22	Par navire *la Joséphine*...............	18	10	30000	»
Avril.	25	Par Balance d'entrée, pour solde.............	33	15	30000	»
Mai.	1	Par Div., pour notre traite sur ledit, ordre de Robertson.	38	»	10000	»
					10000	»

		DUBORD,				
Avril.	13	Par Marchandises de compte à demi.............	22	13	10000	»
	14	Par *Idem*.............................	23	15	11500	»
					21500	»
Avril.	25	Par Balance d'entrée, pour solde.............	34	15	21500	»

Folio 11.

DOIT :   CARGAISON DU NAVIR

1867					
Mars.	23	A Divers, pour chargement......................	19	»	156300
Avril.	19	A Divers...............................	21	»	2000
	19	A Contrats de grosse aventure à payer.............	21	»	24000
	22	A Armement, pour l'évaluation du fret.............	26	13	20000
	23	A Profits et Pertes, pour bénéfices.............	27	5	57600
					259900

PIERRE.

Février.	1	A Caisse...............................	7	1	1000
	11	A Idem...............................	9	1	3000
	28	A Divers...............................	13	»	10000
					14000
Mars.	8	A Dupui...............................	11		8000
					22000
Avril.	25	A Balance, pour solde....................	31	15	6000
					28000
Mai.	8	A Caisse, pour solde......................	47	1	6000

MARIE BRIZARD.

Avril.	25	A Balance, pour solde....................	30	15	7500
Mai.	8	A Caisse, pour solde......................	47	4	7500

MEYDIEU.

Avril.	25	A Balance, pour solde....................	31	15	48800
Mai.	8	A Caisse, pour solde......................	47	4	48800

LA JOSEPHINE,   AVOIR :

1867						
Avril.	19	Par Divers...	25	»	259000	»

PIERRE,

Janvier.	1	Par Marchandises générales......................	1	1	3000	»
	29	Par *Idem*..	7	1	8000	»
					11000	»
Février.	6	Par Divers...	8	»	6000	»
	8	Par *Idem*..	8	»	10000	»
	16	Par Marchandises générales......................	10	1	1000	»
					28000	»
Avril.	25	Par Balance d'entrée, pour solde................	34	15	6000	»

MARIE BRIZARD,

Mars.	23	Par Cargaison de *la Joséphine*...................	19	11	7500	»
Avril.	25	Par Balance d'entrée, pour solde................	34	15	7500	»

MEYDIEU,

Mars.	23	Par Cargaison de *la Joséphine*...................	19	10	48800	»
Avril.	25	Par Balance d'entrée, pour solde................	34	15	48800	»

Folio 12.

DOIVENT :   ASSURANCE

1867					
Avril.	21	A Profits et Pertes, pour solde...............	28	5	7000
					7000

COMMISSIONS,

Avril.	21	A Profits et Pertes, pour solde...............	27	5	2061
					2061

FRAIS GÉNÉRAUX,

Mars.	27	A Caisse. pour frais........................	40	1	5100
					5100

BEAUFOUR,

Janvier.	30	A Marchandises générales..................	7	1	12000
					12000

HABITATION

Mai.	1	A Divers, pour autant que Robertson nous l'a vendue..	36	»	150000	
	5	A Habitation à la Martinique..................	12	12	51720	0
	3	A Divers, pour solde......................	18	»	56969	9
					258690	

Folio 12.

ASSURANCES,   AVOIR :

1867						
Mars.	21	Par Effets à recevoir........................	19	2	4000	»
	25	Par *Idem*...........................	19		3000	»
					7000	»

COMMISSIONS,

Mars.	26	Par Lecouteulx, pour commission...............	20	10	1200	»
Avril.	12	Par Marchandises de compte à tiers..............	22	8	861	»
					2061	»

FRAIS GÉNÉRAUX,

Avril.	12	Par Marchandises de compte à tiers..............	22	8	336	»
	14	Par Marchandises de compte à demi..............	23	13	1000	»
	24	Par Profits et Pertes, pour solde.................	27	5	4061	»
					5100	»

BEAUFOUR,

Mars.	7	Par Dupré........	14	9	1000	»
Avril.	24	Par Caisse, et pour solde....................	27	4	11000	»
					12000	»

A LA MARTINIQUE,

Mai.	5	Par Divers, pour 100 barriques sucre, vendues à Magnan.	41	9	98690	»
	8	Par Divers............................	50	4	160000	»
					258690	»

Folio 13.

DOIVENT :
DÉPENSE

1867					
Mars.	27	A Caisse, pour dépenses............................	20	1	3000
Mai.	5	A Habitation, pour divers articles pris chez Magnan...	42	5	1960 9

ARMEMENT DU NAVIRE

Mars.	28	A Caisse, pour l'équipage.........................	20	4	52000
Avril.	19	A Divers...............................	21	»	1900
	20	A Caisse, compté au capitaine....................	26	4	26500
	23	A Profits et Pertes, pour bénéfices................	27	5	53600
					124000

CONTRAT DE GROSSE

Avril.	25	A Balance de sortie, pour solde..................	31	15	24000
Mai.	7	A Caisse, pour l'acquit de celui consenti à Gausfort....	43	6	24000

MARCHANDISES DE COMPTE A 1/2

Avril.	13	A Dubord, pour sa demie......................	22	10	10000
	14	A Frais généraux..........................	23	12	1000
	14	A Dubord, pour sa demie du net produit...........	23	»	11500
	14	A Profits et Pertes, pour bénéfices et pour solde.....	23	5	1500
					24000

TERRE DE BELLEVUE.

Mai.	1	A Divers, pour autant que Robertson nous l'a vendue..	37	»	100000

GÉNÉRALES,   AVOIR :

1867					
Avril.	24	Par Profits et Pertes, pour solde................	28	5	3000 »
Mai.	8	Par Divers...............................	50	»	1969 97

LA JOSÉPHINE,

Avril.	19	Par Divers............................	25	»	39000 »
	20	Par Marchandises générales, pour fret...........	26	1	25000 »
	22	Par Caisse, reçu pour fret...................	26	4	30000 »
	22	Par Cargaison dudit navire.................	26	11	20000 »
	23	Par Caisse................................	26	4	10000 »
					124000 »

AVENTURE A PAYER,

Avril.	19	Par Cargaison du navire *la Joséphine*...........	21	11	24000 »
Mai.	25	Par Balance d'entrée, pour solde..............	34	15	24000 »

AVEC DUBORD,

Avril.	14	Par Caisse, pour vente......................	23	4	24000 »

PRÈS ANGOULÊME,

Mai.	8	Par Divers...............................	50	»	100000 »

GRAND LIVRE.

Folio 14.

DOIVENT :

MARCHANDISES DE COMPTE

1867						
Avril.	15	1 Dupré, pour sa moitié..........................	23	4	10000	»
	16	A Profits et Pertes, pour mon bénéfice.............	23	5	2500	»
					12500	»

ANDRIEU, LAFITTE,

Avril.	19	A Divers..	25	»	27000	1
Avril.	25	A Balance d'entrée, pour solde......................	33	15	27000	

DUBERGIER,

Avril.	19	A Divers...	25	»	7000	
Avril.	25	A Balance d'entrée, pour solde.....................	33	15	7000	

DUPARC,

Janvier.	30	A Marchandises générales........................	7	11	34000

CONTRAT DE RENTES

Mai.	2	A Divers, pour celui que Richet nous a consenti......	20	»	48000

Folio 14.

A DEMI AVEC DUPRÉ, · AVOIR :

1867						
Avril.	16	Par Dupré, pour ma demie du net produit..........	23	9	12500	»
		ET BERNARD DU CAP,				
Avril.	25	Par Balance, pour solde........................	31	»	27000	»
Mai.	1	Par Divers...............................	38	10	27000	
		DUBERGIER,				
Avril.	25	Par Balance, pour solde........................	31	15	7000	»
Mai.	8	Par Divers, pour solde........................	52	»	7000	»
		DUPARC,				
Mars.	7	Par Jauge...............................	14	7	31000	»
		CONSTITUÉES A RECEVOIR,				
Mai.	7	Par Divers...............................	14	»	48000	»

GRAND LIVRE.

DOIT : DUPIN

1867					
Janvier.	30	A Marchandises générales......................	7	1	20000
		CAPITAL,			
Avril.	25	A Balance, pour solde.....................	31	15	180534 6
Mai.	9	A Divers, pour solde dudit compte.............	50	»	384774 9
		BALANCE			
Avril.	2	A Marchandises générales, pour celles en magasin....	28	1	326000
		A Navire la Joséphine, pour sa valeur............	28	10	80000
		A Caisse, pour ce qui me reste.................	29	4	61634 6
		A Effets à recevoir...........................	29	2	40000
		A Lecouteulx, de Paris........................	31	10	19200
		A Adrien, Lafitte et Bernard...................	31	14	27000
		A Dubergier...............................	31	14	7000
					560834 6
		BALANCE			
Avril.	25	A Divers....................................	33	»	560834

DUPIN,   AVOIR :

1867					
Avril.	24	Par Caisse, pour solde........................	27	4	20000	

CAPITAL,

Avril.	24	Par Profits et Pertes, pour mon capital net.........	29	4	180534	66
Avril.	25	Par Balance d'entrée, pour solde................	31	15	180534	66
	28	Par Caisse, autant que Laborde a versé en caisse....	38	4	100000	»
Mai.	5	Par Divers et pour solde de compte de profits et pertes.	50	»	101240	21
					381774	90

DE SORTIE,

Avril.	25	Par Effets à payer.....................	29	3	33205	»
		Par James, d'Amsterdam.....................	30	10	30000	»
		Par Jean.....................	30	7	3000	»
		Par Dupui.....................	30	8	17200	»
		Par Bray.....................	30	9	115795	»
		Par James, de l'île Maurice.....................	30	6	4000	»
		Par Dubord.....................	30	10	21500	»
		Par Contrats de grosse aventure à payer,..........	30	13	24000	»
		Par Marie Brizard.....................	30	11	7500	»
		Par Meydieu.........	31	11	48800	»
		Par Pierre.....................	31	11	6000	»
		Par Dupré.....................	31	9	69300	»
		Par Capital, pour solde.....................	31	15	180534	66
					560834	66

D'ENTRÉE,

Avril.	31	Par Divers.....................	31	»	560834	66

EFFETS A RECEVOIR.

DATE de RÉCEPTION		JANVIER	DATES d'échéance fixe		
Octobre...	4	Billet de Jean, à mon ordre..............	14	R.	2500
	10	— de Dufau, *idem*..................	20	R.	1500
Novembre..	12	— de Philippe, *idem*...............	22	N.	3849
Décembre..	15	— de Bernard, *idem*...............	15		4217

Nota. On met la lettre R devant la somme portée dans un billet dont a reçu le montant et qu'on a rendu à la personne qui l'a acquitté, pour avertir qu'on en a reçu le montant.

Lorsqu'on a négocié un billet à recevoir, on place la lettre N devant la somme portée dans ce billet, pour avertir qu'il est négocié.

Ainsi, il n'y a que les billets qui ne sont pas précédés de la lettre R ou N dont le montant doit être reçu dans le courant de janvier.

Les effets à recevoir qui échoient dans chacun des autres mois de l'année, ont un compte semblable à celui-ci, pour chacun des autres mois.

Ainsi, on porte les effets à recevoir, dont l'échéance est en février, sur le compte ouvert au mois de février; ceux qui échoient en mars au compte ouvert au mois de mars, et ainsi de suite; et on place une R devant la somme de chacun, à mesure qu'on en reçoit le montant, etc., comme on le pratique pour le mois de janvier.

D'ÉCHÉANCES.

EFFETS A PAYER.

DATES de SORTIE		JANVIER	DATES d'échéance fixe		
Octobre...	2	Mon billet, ordre de Guillaume............	12	P.	4700
	4	— — d'André................	14	P.	3500
	5	— — de Pierre...............	15	P.	2400
	12	— — de Bernard.............	22	P.	1600
	18	— — d'Augustin.............	28	..	2450
Novembre..	19	— — d'Antoine..............	29	..	1756
	20	— — de François...........	30	..	2456

Nota. On met la lettre P devant la somme portée dans chacun des billets dont on a payé le montant, et qu'on a retirés, pour avertir qu'il est payé, et qu'il n'y a que ceux dont les sommes ne sont pas précédées de la lettre P qui sont encore à payer dans le mois sur le compte duquel ils sont portés.

Les effets à payer qui échoient dans chacun des autres mois de l'année, ont un compte semblable à celui-ci pour chacun des autres mois : on porte ceux qui échoient en février sur le compte ouvert au mois de février ; ceux qui échoient en mars, sur le compte ouvert au mois de mars ; et ainsi de suite.

475.

(MÉTHODE

UBORD, son compte courant avec MALLET et LABORDE,
depuis les époques marquées en marge

DOIT :

Janvier.	1	Pour son mandat sur nous que nous avons acquitté ce jour; ci 90 jours d'intérêt................	270000	3000	»
	15	Pour autant qu'il a reçu pour notre compte, de Dupré; ci, 75 jours *idem*................	525000	7000	»
Février.	1	Pour le montant de 10 tonneaux de vin, que nous avons vendus comptés à Dupui, et dont Dubord a reçu le montant ; ci, 60 jours *idem*..........	600000	10000	»
	15	Pour la traite sur Lecouteulx, qu'il a tirée au 15 février fixe, pour notre compte, et dont il a gardé les fonds ; ci, 45 jours *idem*.............	450000	10000	»
Mars.	3	Pour autant à lui prêté ce jour, en espèces, ci, 27..	51000	3000	»
	15	Pour autant qu'il a reçu, pour notre compte, de Dupré; ci, 15 jours *idem*..................	45000	3000	»
		Pour solde des intérêts réciproques.............	»	183	16
			1941000	36183	16

Sauf erreur et omission, monte le solde du présent compte à

Bordeaux, 1er avril an 1867.

476. *Explication.* On porte dans la colonne ordinaire du débit les sommes qui ont été reçues par le débiteur ; et dans la colonne ordinaire du crédit, celles que l'on a reçues pour son compte. On multiplie ensuite chaque somme du débit par le nombre des jours qui se sont écoulés depuis celui où le débiteur a reçu une somme jusqu'à celui où on arrête le compte courant. Le produit de chaque somme multiplié par le nombre de jours, se met dans la colonne intérieure. On multiplie également chaque somme que l'on a reçue pour compte du débiteur par le nombre des jours dont on en a joui, et on en porte le produit dans la colonne intérieure du crédit.

La raison pour laquelle on multiplie chaque somme portée au débit ou au crédit d'un compte courant par le nombre des jours dont le détenteur en a joui, est facile à saisir ; car il est évident que l'intérêt de 1,000 francs, par exemple, pendant 30 jours, est nécessairement égal à l'intérêt de 30 fois 1,000 francs, ou de 30,000 francs pendant un seul jour : il en résulte que le débiteur doit l'intérêt d'un seul jour de toutes les sommes portées dans la colonne intérieure du débit, et qu'on lui doit également, pour un jour, l'intérêt de toutes les sommes portées dans la colonne intérieure du crédit.

477. Conséquemment, en déterminant la différence qui existe entre le total des sommes de la colonne intérieure du débit et du crédit, il est aisé de reconnaitre quelle est la somme sur laquelle il s'agit de prendre l'intérêt d'un jour. Par exemple, dans le compte ci-desssus, le total des sommes portées dans la colonne intérieure du débit monte à 1,941,000 francs : Dubord doit donc l'intérêt de cette somme pendant un jour. Le total des sommes portées

COURANT PORTANT INTÉRÊT,

DIRECTE.)

comprenant les intérêts réciproquement dus, à 6 pour cent par an,
jusqu'à ce jour premier avril 1867.

AVOIR :

Fevrier.	15	Pour notre traite au 15 février fixe, sur Williams, de Londres ; ladite traite tirée pour compte de Dubord ; 45 jours d'intérêt....................	450000	10000	»
Mars.	1	Pour *idem* au 15 mars fixe, tirée sur James, banquier dudit à Amsterdam ; 30 jours *idem*.......	210000	7000	»
	16	Pour *idem* sur Williams, au 16 mars fixe ; ci 14 jours *idem*.	182000	13000	»
	17	Pour *idem* sur Thou, banquier dudit à Cadix, au premier avril fixe ; ci....................	»	3000	»
Avril.	1	Pour autant qu'il nous a compté ce jour..........	»	2000	»
			812000	35000	»
		Partant il doit, pour solde des intérêts réciproques, l'intérêt de 1099000 francs pendant un jour, à raison de 6 pour cent par an ; ci............	1099000	»	»
		Partant, le sieur Dubord nous doit pour solde......	»	1183	16
			1911000	36183	16

mille cent quatre-vingt-trois francs seize centimes.

dans la colonne intérieure du crédit monte à 842,000 francs : on lui doit l'intérêt de cette somme, pendant un jour ; mais, en la retranchant de la précédente, la différence est 1,099,000 francs. Il doit donc, soustraction faite des sommes dont nous lui devons l'intérêt, celui de 1,099,000 francs pendant un jour. C'est ainsi qu'on règle tous les intérêts par une seule opération de calcul.

Cette opération est elle-même d'une extrême facilité.

478. Pour prendre l'intérêt de 1,099,000 francs, à 6 pour 100 par an, il faudrait établir cette proportion $100 : 6 :: 1,099,000 : x$; et en opérant la règle de trois, on trouverait l'intérêt de 1,099,000 francs pour un an ; mais comme il ne s'agit pas d'avoir l'intérêt d'un an, qu'il ne s'agit que d'avoir celui d'un jour, l'intérêt trouvé par la règle de trois serait 365 fois trop grand, puisqu'il y a 365 jours dans l'année ; il faut donc diviser ensuite l'intérêt d'un an par 365, pour avoir l'intérêt d'un seul jour. Il en résulte que, pour avoir l'intérêt d'une somme quelconque, il faut multiplier cette somme par le taux de l'intérêt ; c'est-à-dire par 2, 3, 4, 5 ou 6, etc., si l'intérêt est à 2, 3, 4, 5, 6, etc., pour 100 ; puis diviser en premier lieu par 100, et ensuite par 365, ou multiplier ces deux diviseurs l'un par l'autre, pour n'en faire qu'un seul diviseur, qui sera 36,500, et diviser par 36,500 : le résultat sera l'intérêt du jour.

Observons ici que dans la pratique on compte l'année pour 360 jours, et non pour 365, ce qui est indifférent. Alors au lieu de diviser par 36,500, on divise toujours par 36,000, après avoir multiplié par le taux de l'intérêt. Or, pour diviser par 36,000, on supprime

485 *bis.*

(MÉTHOD[

ANDRÉ, de Marseille, son compte courant

DOIT :

Mai.					
3	5000	»	Ma remise sur Dubord, 25 mai.................	25	12500
	7200	»	— sur Jérôme, 28 mai.................	28	20160
	5000	»	— sur Martin, 31 mai.................	31	15500
4	1000	»	Son mandat sur moi, à vue.................	1	1000
					19760
	21200	»			

3 chiffres aux deux termes de la division, et on divise par 36. L'intérêt d'un jour, 1,099.000 serait donc 1183.16, à 6 pour 100 par an.

479. Pour avoir l'intérêt d'un jour de la somme de 120,000, par exemple, en proportion du taux de l'intérêt d'un mois, si l'intérêt était en raison d'un demi pour 100, il faudrait faire la règle de trois suivante : 100 : 1,2 : : 120,000 : x, et le résultat de l'opération donnerait l'intérêt d'un mois, mais il faudrait diviser ensuite par 30, parce qu'un mois est composé de 30 jours, et qu'en conséquence l'intérêt d'un jour doit être 30 fois plus petit que celui d'un mois.

Pour avoir l'intérêt d'un jour, d'un nombre quelconque, en proportion de l'intérêt d'un mois, il faut donc multiplier ce nombre par le taux de l'intérêt d'un mois, diviser ensuite le produit par 100, et après par 30, ou en multipliant ces deux diviseurs l'un par l'autre, pour n'en former qu'un seul, on aurait 3,000 pour diviseur, ce qui reviendrait même.

Conséquemment, le calcul des intérêts repose sur ces principes :

430. *Pour avoir l'intérêt d'un jour en proportion de celui d'un an, il faut multiplier par le taux de l'intérêt d'un an, et diviser par 36,000.*

481. *Pour avoir l'intérêt d'un jour, en proportion de celui d'un mois, il faut multiplier par le taux de l'intérêt d'un mois, et diviser par 3,000.*

482. Cela posé, on peut encore abréger les opérations, en divisant le diviseur 36,000, ou le diviseur 3,000, par le taux de l'intérêt. Supposons donc que l'intérêt fût à 6 pour 1 par an : pour prendre l'intérêt d'un jour d'une somme de 120,000 francs, par exemple, il faudrait faire cette règle de trois : 36,000 : 6 : : 120,000 : x; c'est-à-dire, il faudrait multiplier par le taux de l'intérêt, et diviser ensuite par 36,000.

Mais on sait qu'on peut diviser les deux premiers termes d'une proportion par un même nombre, sans en changer le rapport ni le résultat de la règle. On peut donc diviser les nombres 36,000, et 6, par le dernier de ses deux nombres, on aura cette nouvelle propo[

COURANT PORTANT INTÉRÈT,

d'intérêt à 6 pour cent l'an, arrêté le 31 mai 1867.

AVOIR :

1	9650	»	Solde à nouveau de son ancien compte (époque 30 avril)............................	»	»
2	6000	»	Sa remise sur Paris, 8 mai..................	8	18000
	3000	»	Sa fourniture de savon, 20 mai..............	20	60000
			2550 fr. pour balance des capitaux dont nous ne devons pas l'intérêt....................	31	79050
	51	75	Pour intérêts en faveur d'André et balance des nombres..........................		310550
	18701	75			197600
	2198	25	Pour solde par le compte ouvert d'André.		
	21200	»			

on : 6,000 : 1 : : 120,000 : x. On sait également qu'un nombre multiplié par 1 reste le même ; on voit donc clairement que l'opération se borne à diviser 120,000 par 6,000.

483. On en a conclu qu'on pouvait faire toutes les opérations de cette nature, par une simple division ; et que, pour trouver le diviseur de chacune, il ne s'agissait que de diviser 6,000 par le taux de l'intérêt d'un an, ou 3,000 par le taux de l'intérêt d'un mois. Cependant, dans le cas où on n'entendrait pas assez bien la manière de diviser 36,000 ou ,000 par le taux de l'intérêt d'un an ou d'un mois, il faut se borner à la règle précédemment établie (480) et (481).

483 bis. L'emploi de la méthode qui vient d'être expliquée présente des inconvénients pour les négociants ou les banquiers qui ont un grand nombre de comptes courants à arrêter à la fois ; c'est un surcroît de travail auquel les employés ordinaires ne peuvent suffire.

La méthode qu'on appelle indirecte, et dont nous offrons un modèle dans le compte courant d'André ci-dessus (2e modèle), lui est préférable en ce qu'elle permet de faire le calcul des nombres avant de connaître l'époque de l'arrêté du compte. D'après cette méthode, on calcule les intérêts qui ne sont pas dus sur les sommes inscrites tant au débit qu'au crédit du compte. On prend pour point de départ la date du jour où le compte a été commencé, ou la date du dernier arrêté ; et pour connaître les nombres d'intérêt de chaque valeur enregistrée, on en multiplie le montant par le nombre de jours qu'il y a entre la date de son échéance et celle du point de départ. Lorsqu'on veut arrêter le compte, on additionne le débit et le crédit des valeurs, puis on en prend la différence que l'on porte du côté où la somme est la plus faible, et on multiplie par le nombre de jours qu'il y a de la date du départ des intérêts à celle du jour où le compte est arrêté ; ensuite on additionne le débit et le crédit des nombres d'intérêt, et on en porte la différence du côté où les nombres sont les plus faibles. C'est sur cette différence que l'on prend l'intérêt (voir nos 478 à 483), dont le montant se porte du côté où se trouve la différence des nombres ; enfin on additionne le débit et le crédit des valeurs et on balance le compte en portant la différence du côté le plus faible.

TROISIÈME PARTIE

INSTRUCTION PRATIQUE

484. L'expérience a prouvé depuis longtemps que la connaissance des principes établis dans les deux premières parties de cet ouvrage, et que leur application aux divers cas de la pratique, qu'on y a proposés pour exemple, suffisent pour former de bons teneurs de livres.

Ce qui va suivre ne doit être considéré que comme des détails pratiques que l'usage ferait assez connaître au besoin, mais qu'il n'est pas inutile d'ajouter ici pour les personnes peu exercées à chercher la solution de tous les problèmes possibles dans l'application des principes généraux.

Par exemple, quelques routiniers, jetant les yeux sur a *Tenue des Livres rendue facile*, ont cherché dans les premières pages la manière d'établir les livres, et en tête du grand livre le compte de capital; ne trouvant ni l'un ni l'autre en ce lieu, ils en ont conclu que ce livre est de théorie, et non de pratique[1]. En effet, disent-ils, toutes

---

1. La théorie de la tenue des livres est l'objet de sept à huit pages d'impression, ou d'une seule leçon; tout le reste de l'enseignement est nécessairement *pratique*, puisqu'il consiste à faire passer écritures aux élèves d'une suite d'affaires simulées, de la même manière que si elles

les écritures commençant par celles relatives à la mise de
fonds, et aux divers objets que possède l'individu qui
entre dans les affaires, l'enseignement de la tenue des
livres doit commencer par cet objet important.

Cependant il est évident que, pour enseigner une
science quelconque, il faut d'abord en démontrer les
principes généraux et ensuite en faire graduellement
l'application à tous les usages de la pratique : c'est ce
que j'ai fait.

Démontrer en premier lieu les principes; proposer
une suite complète d'exemples sur la manière de les appliquer à tous les usages de la pratique; ne compliquer
ces exemples que graduellement; en faire passer écritures
aux élèves d'eux-mêmes, sans autre guide que les principes; leur faire former, selon cette méthode, un journal
d'affaires simulées, commencées sans capital, afin d'ad-
mettre d'abord les suppositions les plus simples : leur
faire transporter les articles du journal au grand livre;
enfin, leur faire faire la balance générale des livres :
n'est-ce pas former de vrais teneurs de livres par la pratique comme par la théorie? Et n'est-il pas évident que,
par cette méthode, ils acquièrent une connaissance in-
time des principes, en même temps qu'ils s'exercent à
remplir en tous points la tâche d'un teneur de livres,
puisqu'ils tiennent effectivement les livres dans tous les
détails dont ils sont susceptibles, qu'ils apprennent à les
clore par balance de sortie, et par suite à les rouvrir par

étaient réelles; mais ils ne doivent être guidés que par les principes généraux, et non par des explications propres à chaque cas en particulier. Tel est l'unique secret de former en très-peu de temps d'excel-
lents élèves : avant que je l'eusse divulgué, la longueur extrême de
l'enseignement routinier, ainsi que l'incertitude et l'embarras des teneurs de livres qui passaient d'une maison dans une autre, ne prou-
vaient que trop l'absurdité de la méthode d'enseignement à laquelle on
a généralement substitué la mienne.

balance d'entrée, ce qui comprend la manière de les établir? Commencer l'enseignement de la tenue des livres par l'établissement des livres, ce serait commencer l'apprentissage d'un sujet dont on voudrait former un architecte, en exigeant qu'il conçût et dressât le plan d'une maison avec toutes les distributions désirables, et qu'il en combinât la construction selon toutes les règles d'un art qui lui est encore inconnu.

De la manière de commencer des livres.

485. La manière de commencer de nouveaux livres, de les ouvrir, lorsqu'on a soldé tous les comptes ouverts sur les anciens, est déjà connue (304).

De la manière d'établir des livres en partie double, pour une personne qui n'en a jamais tenu.

486. Il faut faire faire à cette personne un inventaire général de tout ce qu'elle possède en immeubles, meubles, marchandises, effets en portefeuille, dettes actives, et de ce qu'elle doit par billets ou par compte. Supposons qu'elle possède :

En marchandises	10,000 fr.
En argent	20,000 „
En billets en portefeuille	25,000
En une maison en ville	35,000
Pierre lui doit	50,000
Jean	50,000

487. Elle créditera le compte de capital de tous ces objets dont elle débitera comme suit les débiteurs ordinaires :

DIVERS A CAPITAL, 190,000 fr. comme suit :
M^{ses} G^{les}, pour celles en magasin 10,000

A reporter . . . 10,000

Report . . . . .   10,000 fr.

CAISSE, pour les fonds en caisse. . . . .   20,000 fr.

EFFETS A RECEVOIR, pour ceux en
portefeuille.   35,000

MAISON EN VILLE, pour celle que je
possèdes.   35,000

PIERRE, pour ce qu'il me doit.   50,000

JEAN, *idem*   50,000

190,000 fr

Et si elle doit :

Par billets. . . . .   10,000 fr.

A Pierre Dupré.   10,000

A Mauvoisin.   10,000

30,000 fr.

Elle passera l'article suivant :

488. CAPITAL A DIVERS, fr. 30,000.

A EFFETS A PAYER . . . .   10,000 fr.

A PIERRE DUPRÉ.   10,000

A MAUVOISIN   10,000

30,000 fr.

Le compte de capital se trouvera ainsi débité de tout ce que ce négociant doit, et crédité de tout ce qu'il possède. L'excédant du crédit sur le débit est le montant du vrai capital du négociant [1].

---

1. Le compte de balance d'entrée suppose qu'il a été fait une balance de sortie : néanmoins on pourrait commencer les livres en débitant tous les comptes débiteurs par le crédit de balance d'entrée, et débitant celle-ci envers tous les comptes qui sont créanciers, y compris celui du capital; on pourrait encore commencer les livres par un Divers à divers : toutes les parties de l'actif fourniraient les débiteurs; toutes celles du passif, les créanciers, y compris le compte de capital.

De la manière de passer écritures en partie double des diffé-
rentes pièces d'une comptabilité non établie, et des notes
inscrites sur des livres auxiliaires.

489. S'il s'agit de passer les écritures arriérées d'un
comptable, ou même d'établir en entier celles qu'il a négligé de tenir, il faut :

1° Obtenir de lui l'inventaire estimatif de l'actif qu'il
possédait en commençant ses opérations, et de ses dettes
passives, afin d'en passer écritures par capital, comme
ci-dessus (486).

2° Mettre en liasse, par ordre de dates, tous les documents de sa comptabilité, afin d'en passer écritures dans
le même ordre, selon les principes généraux, ayant soin
à chaque date, avant de passer à une autre, de prendre
sur les livres auxiliaires les articles qu'ils fournissent de
plus que les documents, et d'en passer écritures.

Rien de plus facile, au premier coup d'œil et en principe, que cette opération ; rien de plus ennuyeux et de
plus pénible dans la pratique ; non qu'il y ait en ce travail aucune difficulté réelle, mais uniquement parce qu'il
arrive presque toujours que, les documents fournis étant
incomplets, la caisse, les effets en portefeuille, les effets
à payer en circulation, la situation du magasin et les
comptes courants des particuliers, en un mot, l'inventaire actuel du comptable, ne cadrent pas avec les résultats des écritures établies. On est donc assujetti à une
infinité de recherches, de dépouillements, et assez souvent après avoir surchargé les écritures du grand livre,
à le refaire à plusieurs reprises.

L'usage du registre appelé *journal grand livre*, ou
compte courant général [1], abrége cette opération d'une
manière étonnante. En effet, en passant les articles au

1. Voir le second supplément placé à la fin du présent volume.

journal grand livre, le montant des articles écrits, étant
porté dans les colonnes qui tiennent lieu de grand livre,
fait connaître si tout est d'accord avec l'état réel de situation du comptable.

Ce travail n'est pas le quart de celui qu'auraient coûté
un journal et un grand livre ordinaires. Si l'on a besoin
de fournir un journal et un grand livre séparés, on fait
mettre au net, mot à mot, sur un journal ordinaire, tous
les articles de la page à gauche du grand livre, puis on
les fait transporter sur un grand livre aux comptes respectifs qu'on y a ouverts; et, cette opération étant bien
exécutée, le résultat de ces écritures est nécessairement
exact comme étant le même que celui du journal grand
livre.

Mais ce qui prouve l'abréviation étonnante que celui-
ci assure, c'est qu'un copiste emploie quatre fois plus de
temps à mettre au net et à transporter au grand livre,
que n'en a employé celui qui a passé en premier lieu les
écritures au journal grand livre, et qui a produit le résultat dans toute sa perfection.

Le total de ces deux opérations réduit le travail au
tiers du travail ordinaire; assurer cette vérité, *c'est ré-
véler le secret de la simplification d'une opération si longue
et si fatigante, qu'elle est très-chèrement payée*, lorsqu'on
ne peut éviter de la faire faire.

Mais, outre l'établissement des livres conformes à des
documents produits et aux méthodes connues, il s'agit
souvent d'en créer, soit pour une comptabilité compli-
quée, ou d'un ordre extraordinaire, soit pour une branche
nouvelle de commerce ou d'industrie qui nécessite la création d'un grand nombre de comptes séparés, sans lesquels il serait impossible de connaître le résultat des
opérations.

En un mot, il s'agit souvent de créer les livres le plus
convenables à telle ou telle nature de comptabilité.

*De l'établissement des livres qui conviennent le mieux à
chaque nature particulière de comptabilité.*

490. Tout homme qui a le sens commun peut savoir
la tenue des livres dans tout ce qui la constitue essentiellement ; mais, pour établir les livres les plus convenables à une comptabilité quelconque, il faut d'abord savoir
s'en former une idée exacte dans son ensemble et dans
tous ses détails, comme dans tous les objets qu'elle se
propose ; ensuite il faut considérer quels sont les moyens
d'exécution qui sont à sa disposition, et les frais qu'elle
peut comporter ; enfin il faut avoir des connaissances assez
étendues pour être en état de créer les procédés nouveaux
qui lui conviennent le mieux. Or, on conçoit que, lorsqu'il s'agit de se former l'idée de tous les détails d'une
administration ou d'un commerce auquel on est étranger,
il n'y a que l'homme qui a l'esprit le plus exercé, les connaissances et les vues les plus étendues, et le travail le
plus facile, qui soit propre à saisir tous ces détails sans
s'y méprendre, et à les coordonner de la manière la plus
simple et la plus parfaite.

Tout routinier, tout homme à vues courtes, ou entêté
de ses procédés minutieux, ne pouvant réussir à bien
juger de ce qu'il doit emprunter des autres ou tirer de
son propre fonds, ni à se faire comprendre des agents
subalternes, ni à les comprendre, n'est nullement propre
à ce genre de travail.

491. Lorsque les opérations d'une manufacture, d'un
établissement ou d'une administration quelconques, sont
compliquées et comprennent une multitude de détails,
rien de plus important que le choix de celui qui doit en
établir les livres, *et en général rien de plus important que
le choix d'un homme chargé d'établir des livres ;* car, lorsqu'il a bien rempli cet objet, les écritures étant établies

sur des bases simples et solides, tout marche ensuite avec
une extrême facilité et avec un petit nombre d'agents d'un
mérite commun; tandis que ce travail, ayant été confié
originairement à un manœuvre de l'art, demeure toujours compliqué, toujours sujet à faire opérer d'une manière incertaine ceux qui doivent le continuer, toujours
imparfait, ou plutôt toujours à refaire; en même temps
qu'il est journellement double ou triple de celui qui,
étant fait sous de meilleures directions, aurait donné
sans effort tous les résultats désirables.

492. Comme il est presque impossible de donner des
règles certaines sur cette nature de travail, je me bornerai à donner ici quelques indications.

1° Il faut faire, ou faire faire, un inventaire de l'actif
et passif actuels.

2° Il faut prendre connaissance de l'usage et de la
forme de tous les livres auxiliaires, s'il y en a, et de
toutes les écritures existantes, quelle que soit leur im-
perfection.

3° Il faut s'informer avec une scrupuleuse attention de
tous les objets qui peuvent être la matière des comptes à
rendre séparément.

4° Des moyens déjà existants et de ceux dont on pourra
disposer pour tenir note des opérations, à mesure qu'elles
auront lieu.

5° Il faut ensuite, autant que cela est possible, comprendre dans une même classe toutes les recettes et dépenses d'une même nature, afin de ne former que le plus
petit nombre possible de classes distinctes des valeurs
que l'on reçoit et que l'on fournit, qui ont souvent des
dénominations différentes, quoiqu'elles soient de même
nature, et de former cependant une classe séparée de
chaque espèce de valeur, de recette ou de dépense, dont
il s'agit de rendre compte en particulier.

6° Lorsqu'un très-grand nombre de détails oblige à

ouvrir un nombre considérable de comptes particuliers sur des livres auxiliaires tenus par les agents des opérations, il faut laisser tous ces détails particuliers, ainsi que tous ces comptes, rélégués sur ces livres et ouvrir un seul compte général pour tous les individus que ces comptes particuliers concernent. Par ce moyen, on simplifie au dernier point la comptabilité qu'il s'agit d'établir en partie double, sans rien changer à l'ordre des détails nécessités par l'état des choses.

7° Conséquemment il faut conserver tous les livres auxiliaires dont l'usage est indispensable pour tenir note des détails, et ces livres seront le développement des comptes généraux par lesquels seulement on peut simplifier, centraliser et liquider la comptabilité à établir.

8° Enfin, pour tracer la marche à suivre, il faut faire la liste de tous les comptes généraux à établir, et indiquer clairement les cas où ils doivent être débités et crédités.

Il faut aussi faire la nomenclature des livres auxiliaires nécessaires, établis, autant que possible, sur des bases connues de ceux qui doivent les tenir, afin de ne pas les faire sortir du cercle de leurs habitudes.

9° Il faut commencer les livres par les articles relatifs aux différentes parties de l'inventaire actuel, dont on passe écritures conformément au plan qu'on a adopté.

Pour sortir du vague de ces indications, faisons-en l'application à l'établissement des livres d'une manufacture qui a un très-grand nombre de menus débiteurs, ayant nécessairement chacun un compte courant en particulier, et qui a un très-grand nombre d'objets de comptabilité.

Projet d'établissement de livres comprenant les comptes re-
latifs à la manufacture de poteries et de vaisselle de
terre, établie à C...., et ceux relatifs au dépôt général
de ces objets établi à Paris, ainsi que les directions des
écritures à tenir.

495. Il y a deux associés principaux, et des actionnaires propriétaires du terrain sur lequel la fabrique est
établie; ces actionnaires, outre les loyers, ont une part
dans les bénéfices.

On fait des ventes, des recettes et dépenses à C....,
comme dans le dépôt général établi à Paris.

Les ventes faites à des marchands qui viennent successivement pendant la durée du jour se pourvoir, qui dé-
battent les rabais avec les commis, qui payent des
à-compte, des livraisons anciennes, etc., et qui se suc-
cèdent presque sans interruption en très-grand nombre,
nécessitent indispensablement un livre de vente et de
recouvrements, tenu dans le magasin par les commis qui
font les livraisons, et un livre de comptes courants, sur
lequel chaque marchand ayant un compte établi voit inscrire ses achats aux prix et rabais convenus, ainsi que
ses payements. Il y a des livres auxiliaires semblables
tant à C.... qu'à Paris, et ils sont considérés comme
brouillards ou mains-courantes des ventes et de leurs
produits.

Il y a ou on peut avoir jusqu'à trois ou quatre mille
comptes courants semblables, comprenant chacun une
infinité de détails longs et minutieux.

Il y a également plusieurs comptes courants plus
importants, avec de gros fournisseurs ou commission-
naires.

Il y a en outre des livres auxiliaires indispensables,
tels que ceux de caisse, de frais, d'achats de matières

premières, de comptes courants tenus pour de petits créanciers, tels qu'ouvriers ou petits fournisseurs, etc.

On tient un livre de caisse et un livre de frais tant à C.... qu'à Paris.

Il s'agit d'établir au dépôt de Paris la comptabilité générale, et d'y comprendre celle de C...., qui doit cependant en être distinguée.

Les associés ont fourni un inventaire général de leur *actif* et de leur *passif*, où leur capital réel est liquidé, et où leurs dettes actives, litigieuses et mauvaises, sont distinguées, ainsi que quelques créances douteuses.

Cette comptabilité exige les comptes généraux suivants :

Comptes généraux.

D'abord les cinq comptes généraux ordinaires tenus sur les principes déjà connus (16), et de plus les comptes de meubles et frais généraux.

Compte de la fabrique de C....

Ce compte est ouvert :

494. 1° Pour être débité de la valeur de toutes les parties du mobilier qui constituent et garnissent cette fabrique; de toutes les matières premières, biscuits et poteries achevées qui existent tant à C.... qu'à Paris; le tout au prix de l'estimation porté sur l'inventaire. Il sera débité en outre, dans le courant de l'année, de tous les frais de fabrication, de construction, loyer, achats de bois, de matières premières, de confection d'ustensiles, etc.; en un mot, de toutes les dépenses qu'occasionnera la fabrique.

2° On le créditera chaque jour, en un seul article, du produit des ventes, déduction faite de toutes les remises ou rabais, par le débit de caisse pour les ventes au comp-

tant, et par le débit du compte de divers débiteurs (499)
pour celles faites à terme.

3° A la fin de l'année, on le créditera par balance
d'entrée de la valeur de.tout le mobilier et des marchandises qui existeront à cette époque ; et on le soldera par
profits et pertes.

Du mouvement des matières premières.

495. Si on voulait se rendre compte en particulier de
l'emploi de chaque nature des matières premières, on le
pourrait par des comptes qui leur seraient ouverts par
entrée et sortie sur des livres auxiliaires.

Des détails relatifs aux frais.

496. Il y aura à C.... un livre de frais, où ceux de
chaque nature pourraient avoir un compte courant séparé.

Le compte de frais généraux tenu à Paris ne comprendra que les frais de commerce, tels que loyers des
magasins et comptoirs du dépôt, frais de bureaux, appointements de commis, etc.

Du mouvement des objets fabriqués.

497. Toute comptabilité en partie double ne peut avoir
pour objet que les valeurs en numéraire.

Les mouvements des objets en nature ne peuvent être
établis et suivis que sur des livres auxiliaires tenus par
entrée et *sortie*, et sur lesquels on ouvre autant de comptes
que l'on veut établir de distinctions entre les diverses
natures d'objets.

Ainsi, si on voulait avoir le mouvement général des
objets fabriqués à C...., il faudrait porter sur le livre
auxiliaire préparé pour cet objet, à l'entrée, tous les bis-

cuits et toutes les poteries confectionnées ; à la sortie, toutes les poteries vendues et toutes celles expédiées au dépôt général établi à Paris ; observant de porter en *entrée* ou en *sortie* chaque objet au compte qui lui serait ouvert en particulier.

Ce qui ne serait pas en *sortie* devrait être en magasin. On tiendrait un semblable livre à Paris, sur lequel on porterait comme *entrés* tous les objets de l'envoi de C...; et comme *sortis*, tous ceux vendus ou cassés, soit en route ou en magasin.

Mais lorsqu'il s'agit d'objets aussi fragiles, les livres auxiliaires relatifs aux mouvements d'objets en nature ne sont pas indispensables.

Des emballages.

498. Il y a un commis chargé des détails des frais d'emballage : il tient note de ce qu'ils coûtent, et on lui donne une somme pour les payer, dont il rend compte en détail [1].

Du compte d'emballage.

1° Il faut le débiter des sommes confiées au commis, qui en rendra compte en détail ;

2° Il faut le créditer des emballages fournis et portés en compte aux acheteurs.

On le soldera par profits et pertes.

Du compte de divers débiteurs.

499. Ce compte est ouvert pour réunir les résultats des trois ou quatre mille comptes courants [2] tenus dans

---

1. Ce commis doit tenir un livre spécial pour les fonds qui lui sont remis : ce livre porte le nom de livre de *petite caisse*.

2. *Nota*. Pour bien comprendre l'importance et l'utilité de cette note, il faut se reporter à la page 107 et à l'article 228. — Prenons

les magasins par les commis chargés de la vente (500).

1° Ce compte doit être débité en un seul article du total des sommes dues par les bons débiteurs nommés au détail sur l'inventaire, et qui ont chacun un compte courant particulier sur le livre auxiliaire tenu au magasin; ensuite il doit être débité chaque jour, en un seul article, du total du produit net des ventes faites à terme dans la journée, et détaillées sur les livres auxiliaires des ventes et des comptes courants;

2° Il doit être crédité chaque jour, en un seul article, des payements faits par les divers débiteurs, et des rabais qu'ils ont exigés pour diminuer leur débit;

3° A la fin de l'année, ce compte doit être crédité par balance de la valeur des sommes dues par les bons débiteurs seulement, négligeant entièrement les sommes dues par les mauvais.

un autre exemple; supposons, en effet, qu'il y ait cinquante mille militaires décorés de la Légion d'honneur; leur nombre exige que le payement de leurs pensions soit fait par divers agents. Ces derniers tiennent note des payements au compte ouvert à chaque légionnaire sous le numéro qui lui est affecté, etc.; voilà cinquante mille comptes courants. Cependant la grande chancellerie de la Légion a une comptabilité générale relative aux diverses propriétés de la Légion, à la gestion de ses agents, aux affectations de fonds faites par le gouvernement pour le payement d'une partie des pensions, aux recouvrements et payements faits pour le compte de la Légion par les trésoriers généraux, aux affectations de fonds qu'elle fait à ses payements particuliers, et aux payements effectués des pensions, etc. On conçoit que cette comptabilité a un certain degré de complication : pour la simplifier en ce qui concerne les légionnaires en particulier, on leur ouvre un seul compte, que l'on peut créditer en masse des fonds affectés chaque semestre, par exemple, au payement de leurs pensions, et on peut débiter par contre les comptes ou les agents qui reçoivent la valeur de ces affectations de fonds. Les bordereaux des payements effectués étant fournis par ceux qui ont fait ces payements, on peut en débiter en masse chaque semestre le compte des légionnaires, et créditer par contre les comptes ou les agents qui ont fourni la valeur de ces payements.

Enfin il faut solder ce compte par profits et pertes, si tous les mauvais débiteurs sont insolvables.

Dans le cas où une partie des débiteurs serait douteuse, il faudrait créditer le compte de divers débiteurs par le débit du compte ouvert aux *débiteurs douteux*, et solder par profits et pertes.

Du livre auxiliaire des ventes.

509. Il pourra être tenu en deux registres, l'un pour les jours pairs, l'autre pour les jours impairs, afin que le teneur de livres puisse avoir un des registres, tandis qu'on inscrit les articles sur l'autre.

Pour faciliter les écritures en partie double, on pratiquera au livre des ventes et recettes, en outre de la colonne ordinaire où l'on place le montant de chaque vente et recette, 1° une colonne pour y sortir le produit net de chaque vente au comptant; 2° une autre pour y sortir celui des ventes à terme; 3° une troisième pour y sortir les recouvrements faits sur les ventes à terme, ainsi que les remises ou rabais exigés par les marchands, en déduction des sommes précédemment portées à leur débit.

Chaque soir les sommes seront sorties dans ces colonnes, au bas de chacune desquelles on en fera l'addition. Par ce moyen, le livre auxiliaire des ventes et recouvrements relatifs étant remis le lendemain au teneur de livres, il verra au bas de chaque colonne, 1° la somme totale des ventes au comptant de la veille, dont il passera écritures en un seul article; 2° des ventes à terme; 3° et des recouvrements ou rabais, dont il passera également écritures pour chaque objet en un seul article.

Ces colonnes ont pour objet d'épargner au teneur de livres la perte de temps qu'exigerait chaque jour le dépouillement du livre des ventes et recettes relatives.

Du compte des divers débiteurs de C....

Chaque mois le gérant de la fabrique établie à C....
envoie au dépôt général établi à Paris la note des opérations faites à C....

On tient à C...., pour les opérations qui s'y font, un
livre auxiliaire de la caisse, un livre de ventes et des recettes relatives à ces ventes, sur les mêmes principes
que ceux tenus à Paris pour les opérations faites au dépôt général établi.

501. Cela posé, les divers débiteurs de C.... ont un
compte ouvert sur les livres en partie double tenus au
dépôt établi à Paris.

1° Ce compte doit être débité en masse de toutes les
ventes à terme faites à C.... par le crédit de la fabrique;

2° Il doit être crédité du montant des payements effectués par ces débiteurs, par le débit de la caisse de
C.... (502). Il sera soldé par balance.

Du compte de caisse de C....

502. 1° Ce compte doit être débité de tous les fonds
que les agents du dépôt établi à Paris envoient à C....
pour les dépenses journalières, desquels fonds la caisse
de Paris sera créditée, ou celui qui les fournit; il sera
aussi débité du produit net de toutes les ventes opérées
au comptant à C...., dont la fabrique sera créditée (494):
de tous les payements faits en espèces par les divers débiteurs de C.... qui en seront crédités (501), et de tous
les fonds qui pourraient y être versés, appartenant à
l'un des associés qui en serait crédité;

2° Ce compte doit être crédité de tous les débours faits
à C.... par le gérant, desquels débours la fabrique ou les
comptes respectifs seront débités, à mesure qu'on en
aura connaissance, par le compte de recettes et dé-

penses fourni chaque premier du mois par le gérant de C...

Écritures relatives aux opérations faites à C....,
étrangères à la caisse.

303. Quant aux écritures à passer, relatives aux opérations étrangères à la caisse de C...., faites dans le courant du mois par le gérant, telles qu'achats à terme, ventes à terme, mandats fournis sur le dépôt général établi à Paris, il en sera passé écritures chaque mois à Paris, quand on recevra le compte du gérant, et on y débitera et créditera les comptes respectifs des articles dont il n'aura pas déjà été passé écritures dans le courant du mois : car on passera écritures à Paris de tous les débours faits pour acquitter les mandats du gérant de C.... et de ses achats payables à Paris, a mesure qu'on y fera ces débours, dont on créditera les comptes qui en fourniront la valeur, et dont on débitera les comptes à la décharge desquels on les fera.

Des débiteurs douteux.

504. 1° Ce compte sera débité, en commençant les livres, du montant des sommes dues par les débiteurs de ce genre, nommés au détail sur l'inventaire, et débité ensuite par le crédit de divers débiteurs du montant des sommes dues par ceux de ces derniers qui seront devenus douteux (499);

2° Ce compte sera crédité des recouvrements qu'on opérera, et lors de la balance il sera crédité, par le débit de celle-ci, des sommes qui se trouveront dues alors par les débiteurs qui peuvent encore être considérés comme étant douteux.

Le montant des sommes dues par les débiteurs devenus mauvais sera passé pour solde par profits et pertes.

20

Des divers créanciers litigieux.

1° On créditera ce compte des dettes passives litigieuses portées sur l'inventaire ; et dans la suite on le créditera de celles de même nature qui s'établiront ;

2° On débitera ce compte des valeurs fournies en payement aux créanciers litigieux ;

3° Lors de la balance générale, on le débitera envers
balance du montant des sommes qui resteront dues aux
créanciers litigieux ;

On soldera enfin par profits et pertes.

Des divers débiteurs litigieux.

505. 1° On débitera ce compte des sommes dues par
les débiteurs litigieux portés sur l'inventaire, et des
nouvelles créances litigieuses qu'on pourra acquérir dans
la suite ;

2° On le créditera des valeurs reçues en payement des
créances litigieuses ; et lors de la balance générale, on le
créditera par balance de la valeur de celles des créances
qui seront encore à recouvrer à cette époque.

On soldera ensuite par profits et pertes.

Des divers menus créanciers.

506. Divers ouvriers, ou fournisseurs de menus objets, ont chacun ou peuvent avoir chacun un compte
courant ouvert sur un livre auxiliaire, qui suffit pour
qu'on soit en règle avec eux.

507. On crédite leur compte courant des fournitures
qu'ils font, ou des journées qui leur sont dues ;

On débite leur compte courant des sommes qu'on leur
donne en payement.

Or, lorsqu'on les paye en argent, les sommes qu'on

leur donne font partie de celles portées au crédit du livre
de caisse.

Cela posé, en passant les écritures en partie double,
il ne s'agit que de débiter la fabrique et de créditer la
caisse.

508. Mais si l'inventaire fourni comprend les menus
créanciers, il faut leur ouvrir un compte :

1° Qui doit être crédité en masse de ce qui est dû à ces
créanciers d'après l'inventaire, et qui devra être crédité
dans la suite, chaque mois, de ce qui leur sera dû d'après
le livre où leurs comptes courants sont établis ;

2° Qui devra être débité de toutes les valeurs qu'on
leur donnera en payement, et soldé par balance.

Des comptes particuliers.

509. Chaque associé aura un compte ouvert en particulier.

1° Il sera crédité en commençant les livres de ce qui
lui sera dû pour solde de ses avances et apports, ainsi
que de sa part des bénéfices liquidés, antérieurs à l'établissement des livres nouveaux ; il sera également crédité dans la suite de ses nouvelles avances, des intérêts
qui lui seront dus, etc. ;

2° Il sera débité de ce qu'il prendra, ou de ce qu'on
payera pour son compte particulier ;

3° Lors de la balance, il sera préalablement crédité de
sa part des bénéfices liquidés, et soldé par balance.

510. Chaque commettant correspondant, gros fournis-
seur ou bailleur de fonds, aura un compte particulier,
qui sera crédité de ce qu'il aura fourni et fournira, et
débité de ce qu'il recevra.

511. *Du compte des actionnaires.*

1° Chaque actionnaire pourrait être crédité, en commençant les livres, de ce qui lui serait dû d'après l'inventaire, et, dans la suite, des nouveaux fonds qu'il fournirait ;

2° Il pourrait être débité des sommes qui lui seraient fournies, ou qu'on compterait pour lui ;

3° Lors de la balance il pourrait être crédité préalablement de sa part des bénéfices, et soldé par balance [1].

312. Des premiers articles du journal en partie double.

Le journal commencera par ces deux articles :

Divers à balance d'entrée, pour ce qui suit composant les différentes parties de l'actif de la fabrique de C...

Balance d'entrée à divers, pour ce qui suit composant les différentes parties du passif.

313. Du compte de capital.

Ayant commencé les livres en créditant chaque associé et chaque actionnaire de ce qui lui est dû pour solde, tant de sa mise de fonds que de ses avances, et de sa part des bénéfices, on détermine alors le capital de l'entreprise, d'après la mise de chaque associé et le montant de chaque action qui doit concourir à la formation de ce capital, et l'on ouvre le compte du capital.

314. Il faut créditer le compte de capital de la somme qui le compose, dont il faut débiter pour sa part chaque associé et chaque actionnaire.

315. On aurait pu de même ne créditer chaque associé et chaque actionnaire que de ce qui lui serait dû en outre de la part qu'il aurait fournie du capital, et créditer le

1. Ce compte ne peut être ouvert que dans les entreprises où le actions sont réparties entre un petit nombre de personnes ; il serai impossible à tenir aujourd'hui dans la plupart des affaires industrielle dont les actions sont maintenant presque toujours au porteur.

compte de ce dernier de la part fournie par chaque associé et chaque actionnaire [1].

Résumé et conclusion de ce qui concerne l'établissement des livres de la fabrique de C....

516. Les comptes généraux et particuliers font connaître la situation de la fabrique ; le compte des divers débiteurs donne le résultat des deux ou trois mille comptes courants particuliers tenus en détail sur les livres auxiliaires.

517. Les livres auxiliaires des ventes et recettes relatives à ces ventes, et des comptes courants des acheteurs, livres qui sont indispensables, et qui sont tenus sans difficulté par le commis du magasin, donnent avec celui de caisse, etc., tous les développements désirables.

De l'abréviation des écritures en double partie, relatives aux effets à recevoir.

518. Pour abréger, il ne faut passer écritures au journal, lorsqu'on prend ou négocie des effets à recevoir, que du prix qu'on en donne ou qu'on en reçoit, sans aucun égard pour le bénéfice ou la perte qu'on fait sur chacun, et il faut pratiquer, tant au débit qu'au crédit, du compte d'effets à recevoir au grand livre, une colonne en dedans de la colonne ordinaire.

Cela posé, 1° lorsqu'on transporte un article de débit au grand livre, il faut placer dans la colonne ordinaire le prix coûtant de chacun des billets qu'on a pris, et dans

---

1. Par ce moyen, la mise de fonds de chaque associé sera éliminée de son compte individuel ; ou, étant portée au débit de ce compte, en diminuera d'autant le crédit, pour composer celui du compte de capital. Mais il peut y avoir autant de méthodes que de cas différents, et même que d'intentions différentes.

la colonne intérieure, la valeur exprimée dans chacun de ces mêmes billets : 2° lorsqu'on transporte un article de crédit, il faut placer dans la colonne ordinaire le prix qu'on a obtenu de chacun des billets qu'on a négociés, et dans la colonne intérieure, la valeur exprimée dans chacun de ces mêmes billets.

Par ce moyen, chaque billet figure dans les colonnes ordinaires pour ce qu'il a coûté et produit, tandis qu'il ne figure dans les autres que pour la valeur qui s'y trouve exprimée, et par conséquent, nous trouvons une même somme, tant dans la colonne intérieure du débit que dans celle du crédit.

Lorsqu'on veut solder ce compte, il faut le créditer par balance de la valeur des effets restant en portefeuille, dont on porte le montant dans la colonne ordinaire; il faut solder les colonnes ordinaires par profits et pertes.

C'est ainsi que le bénéfice ou la perte résultant de toutes les négociations d'effets, passe en un seul article au compte de profits et pertes.

Nota. Les colonnes intérieures dans lesquelles chaque effet est porté pour une même somme, tant au débit qu'au crédit, n'ayant pour objet que de faire reconnaître l'identité de chacun des objets portés au débit, avec l'un de ceux portés au crédit, lorsque cette monnaie est exprimée en monnaie étrangère, on peut la porter en cette monnaie dans les colonnes intérieures, dont il est inutile d'additionner les articles, puisqu'ils sont les mêmes tant au débit qu'au crédit. Les valeurs exprimées dans chaque effet pris ou négocié, sont placées les unes au-dessous des autres, sans distinction, quoique étant en monnaies différentes.

518. Lorsqu'un banquier reçoit chaque jour un grand nombre d'effets à recevoir, et lorsqu'il en prend et négocie chaque jour un grand nombre, le teneur de livres

ne pourrait suffire à en passer écritures en détail au
journal et au grand livre.

Alors il fait inscrire ces billets en détail sur un livre
auxiliaire. Lorsqu'ils entrent en portefeuille, et lorsqu'ils
en sortent, chaque billet est inscrit sous son numéro d'entrée et de sortie[1]; on place la somme qui y est portée
dans une colonne intérieure, et le prix qu'on en donne
ou qu'on en obtient dans la colonne en dehors.

520. Enfin il passe écriture en partie double, en un
seul article et sans détails, de la somme totale qu'ont
coûtée les billets à leur entrée, et de celle qu'on en a obtenu à leur sortie.

521. A l'époque de la balance, il crédite les effets à
recevoir de la valeur de ceux qui sont encore en portefeuille, et solde le compte d'effets à recevoir par profits
et pertes.

*De la distribution en plusieurs brouillons de journaux des
écritures en partie double, qui ne peuvent être passées par
un seul teneur de livres.*

522. Lorsque la multiplicité des opérations est telle
qu'un seul teneur de livres ne peut suffire à en passer
écriture :

On distribue les matières en plusieurs parties, dont
différents commis passent écritures en détail sur des
brouillons de journaux, et dont le teneur de livres principal passe écritures en masse sur le journal général.

Par exemple, on peut charger un commis du brouillon
de journal relatif à la réception ou acquisition faite d'une

---

1. Quant à ces numéros d'entrée et de sortie, voyez les notes placées au bas du compte d'effets à payer et du compte d'effets à recevoir
au grand livre. On peut supprimer ces numéros lorsque le livre auxiliaire d'effets à recevoir est tenu à doubles colonnes, comme (18).

manière quelconque des effets à recevoir; il en passe écritures en détail.

525. Un autre commis peut être chargé des écritures relatives aux négociations ou remises des effets de cette nature.

Le teneur de livres en chef peut ensuite passer écritures en un seul article, sur le journal général, du prix coûtant de tous les effets à recevoir entrés en portefeuille dans la journée, sans rien détailler, et renvoyer, quant aux détails, au journal particulier des effets à recevoir.

Il peut passer écritures, sur les mêmes principes, des remises et des négociations faites dans la journée.

524. On peut de même avoir un brouillon de journal tenu en détail pour chaque objet particulier de comptabilité, et passer écritures en un seul article au journal général, et sans détails, de la valeur totale de tous les articles écrits dans la journée sur un brouillon particulier.

Enfin on pourrait encore distribuer le journal et le grand livre en autant de volumes séparés que le besoin de faciliter l'exécution pourrait l'exiger.

On ne finirait pas, si on voulait traiter en particulier de toutes les abréviations de la pratique; mais on doit être convaincu que, lorsqu'on sait tenir les livres en partie double dans tous les détails dont ils sont susceptibles, on n'éprouvera aucune difficulté à rejeter ces détails dans les livres auxiliaires, lorsque cela deviendra nécessaire.

Des Contre-Parties.

525. Quelle que soit l'attention du teneur de livres pour éviter les erreurs, il peut cependant en commettre; et comme la loi interdit les ratures sur le journal, aussi bien que les surcharges et les reports en marge, il sera nécessaire de passer de nouveaux articles pour rétablir la vérité des opérations.

Les erreurs se découvrent le plus souvent sur le grand livre, parce qu'il offre la succession de toutes les affaires qui concernent une même personne ou une même espèce de valeurs.

Lorsqu'une erreur ou une omission se révèle, il faut redresser les écritures.

Nous allons indiquer successivement la manière de redresser les différentes sortes d'erreurs ou omissions.

1° Un article peut avoir été entièrement omis.

Dans ce cas, il faut porter l'article au journal, en ayant soin d'indiquer dans le libellé la date de l'opération.

2° Un article a été inscrit au journal pour une somme trop forte ou trop faible.

Dans l'un ou l'autre cas, on passe un article en sens inverse du premier pour la différence, en indiquant dans le libellé le folio de l'article primitif, qui est ainsi ramené à la somme réelle.

3° Dans un article au journal, on a énoncé le créditeur à la place du débiteur, ou le débiteur à la place du créditeur.

Il faut passer un article en sens inverse de celui qui est erroné pour l'annuler ; ensuite on inscrit à nouveau l'article tel qu'il aurait dû figurer sur le journal.

4° On a crédité ou débité une valeur ou une personne au lieu d'une autre valeur ou d'une autre personne.

Si l'on a appliqué à tort un crédit ou un débit à la valeur ou à la personne qui figure au journal, on crédite ou on débite, dans un nouvel article, cette valeur ou cette personne pour annulation ; et par le même article, on crédite ou on débite la valeur ou la personne qui aurait dû l'être primitivement. On a soin d'indiquer la date ou le folio sous lequel l'opération a été inscrite d'une manière erronée, afin de pouvoir toujours s'y reporter à l'occasion.

Tous les articles passés au journal, pour redressement d'écritures, doivent être transportés au grand livre.

826. Si l'erreur n'existe qu'au grand livre, la sincérité des écritures étant justifiée par le journal, on se borne, soit à biffer l'erreur commise, soit à ajouter l'article omis.

Les articles passés pour redressements d'écritures étant presque toujours éloignés des pages où les erreurs ont été commises, il est utile de mentionner, en marge de l'article erroné, le folio où l'erreur a été rectifiée. On indique aussi en marge de l'article rectificatif le folio de l'inscription erronée.

Pour mieux attirer l'attention, et pour éviter un double redressement, lors de la vérification des écritures, on peut écrire à l'encre rouge les articles rectificatifs.

Il faut, autant que possible, éviter les erreurs; car les rectifications augmentent naturellement le chiffre des opérations au débit et au crédit, et détruisent par conséquent la vérité des totaux.

Nota. Il est indispensable de tenir note des erreurs et des rectifications, afin de redresser à l'inventaire les chiffres du journal qui se trouvent en désaccord avec le relevé des comptes du grand livre.

Des écritures que le Code de Commerce prescrit pour les endossements.

827. Le Code de Commerce prescrit aux négociants et aux banquiers de passer écritures de leurs endossements, livre Ier, titre II, article 8.

Cela ne peut s'entendre que des endossements faits sans nécessité et pour rendre service; car il était déjà en usage chez les négociants de passer écritures de toutes les négociations, ainsi que des acceptations des lettres de change, et par conséquent de chaque opération qui exige de leur part l'endossement ou l'acceptation qui les assujettit à la garantie du billet à ordre qu'ils négocient, ou au payement de la traite qu'ils acceptent. Il ne reste donc, pour obéir en tout à la loi, qu'à passer écritures maintenant des endossements faits pour rendre service [1], dont on ne passait pas écritures autrefois.

Cette mesure a pour objet d'empêcher les manœuvres frauduleuses des banqueroutiers. Ils pouvaient, de connivence, endosser mutuellement leurs effets après coup, ou à l'approche de la cessation de leurs payements; par ce moyen, ils augmentaient leur passif de la somme totale portée aux effets qu'ils avaient endossés; tandis que les tireurs faillis, ne donnant qu'un faible dividende, n'entraient dans la composition de l'actif que pour ce dividende, ce qui augmentait le déficit du failli et la perte de ses créanciers.

Pour passer écritures des endossements souscrits pour rendre service, deux comptes, non employés jusqu'à ce jour, sont devenus nécessaires : l'un pour être débité des sommes dont on garantit le payement par l'endossement fait à titre gratuit, l'autre pour en être crédité.

Le premier peut être intitulé : *Compte de divers débiteurs pour mes endossements;* le second : *Endossements.*

Du Compte de divers débiteurs pour mes endossements.

1° Ce compte doit être débité des sommes portées dans les effets que l'on endosse pour obliger des amis.

2° Il doit être crédité à mesure que l'échéance de ces effets arrive sans que les porteurs viennent au remboursement, parce qu'en ce cas, ces billets étant payés, le tireur ou l'ami pour lequel on a endossé cesse d'être dé-

---

1. Endossements de complaisance.

biteur, puisqu'il ne l'était au fond qu'autant que l'effet endossé pouvait n'être pas payé à l'échéance.

Il doit être soldé par balance de sortie à la fin de l'année.

Du Compte des Effets endossés.

1° Ce compte doit être crédité du montant de tous les effets qu'on endosse, à mesure que l'on débite le compte *de divers débiteurs pour endossements*.

2° Il doit être débité du montant de ces effets, à mesure que leur échéance arrive, et qu'ils sont acquittés par les tireurs; et par contre, le compte *de divers débiteurs pour endossements* doit être crédité.

Le compte d'effets endossés doit être soldé par balance.

Des écritures à passer en cas de non-payement des effets endossés.

Lorsqu'il arrive que l'on est forcé de payer l'un des effets qu'on a endossés, parce que le tireur a failli avant l'échéance, il faut :

1° Débiter *les effets endossés* et créditer la caisse du montant de l'effet que l'on rembourse.

2° Il faut débiter l'ami pour lequel on a endossé l'effet qu'on a été forcé d'acquitter, et créditer, par contre, le *compte de divers débiteurs pour endossements*, afin d'annuler l'article porté au débit de ce compte, lorsqu'on a endossé l'effet dont il s'agit; par ce moyen cet article se trouvera désormais au débit du compte particulier de l'ami pour lequel on a endossé cet effet, et ne fera plus partie du débit du compte *de divers débiteurs pour endossements;* or, il est évident qu'il convient qu'il soit porté au débit du compte particulier de l'ami pour lequel l'endossement a eu lieu, puisque cet ami est susceptible de

donner des à-compte, et qu'il est important que l'on voie
séparément la situation où l'on se trouve avec lui.

De l'Inventaire qui doit être fait tous les ans d'après le
Code de Commerce.

528. Rien de plus important que la rédaction de l'inventaire prescrit par le Code de Commerce.

Pour s'en former une idée exacte, il faut le considérer
sous un point de vue égal à celui sous lequel on considère le bilan d'un failli ; c'est-à-dire comme pouvant
exposer aux mêmes reproches, en cas d'inexactitude dans
l'état de situation qu'il présente.

Chaque marchand, négociant ou banquier, doit distinguer soigneusement dans son inventaire ses dettes actives et passives, en *bonnes, douteuses, litigieuses, mau-*
vaises.

Il n'y doit faire figurer ces dernières que pour mémoire,
sans en comprendre le montant dans celui de son actif.
Il ne doit estimer toutes les parties de son actif que ce
qu'elles valent ; il doit liquider son capital sur ces bases,
et faire établir ses livres conformément à l'inventaire fait
sur ces principes.

L'inventaire étant exact et bien exécuté, l'établissement des livres n'offrira pas la moindre difficulté.

De l'ordre dans lequel on passe les écritures.

On ne peut donner aucune indication positive sur
l'ordre dans lequel on tient note sur les livres auxiliaires,
pour passer écritures des opérations que l'on fait ; cet
ordre dépend de la nature des opérations, du nombre
et des fonctions des employés qu'elles occupent, ainsi
que d'une infinité de circonstances diverses.

Quelles que soient les innombrables suppositions qu¡

peuvent être faites sur ce point, l'ordre quelconque dans lequel on passe les écritures ne peut causer aucun embarras, et ne peut être l'objet d'aucun enseignement; nous pouvons voir quelques exemples pour rappeler le souvenir de certaines abréviations.

Si les opérations d'une certaine comptabilité sont faites par la personne même qui doit en passer écritures, ou sous ses yeux, et si le journal peut seul contenir toutes les écritures et tous les détails nécessaires, elle pourra y passer directement les articles, au fur et à mesure que les opérations ont lieu, puis transporter au grand livre.

Lorsque la majeure partie des opérations de la comptabilité proposée a lieu, au moyen de pièces de comptabilité remises au comptable, si l'on tient note de celles dont il ne lui restera pas de pièces justificatives, et que les écritures ne puissent pas être passées au fur et à mesure que les opérations ont lieu :

Toutes les pièces d'une même date étant réunies, on pourra passer au journal les écritures, d'après ces pièces, et d'après le livre de notes, et transporter ensuite au grand livre.

Lorsque les opérations sont de toutes natures, comme chez un négociant qui fait des affaires de tous genres, et chez lequel un seul commis pourrait suffire à faire ses recettes et payements, à prendre et à faire livraison de ses achats et ventes, et à faire ses négociations de billets, etc., il peut tenir note en premier lieu, sur un mémorial général, de toutes ses opérations, jour par jour, au fur et à mesure qu'elles ont lieu, et le teneur de livres passe ensuite les écritures au journal, etc., d'après ce mémorial. Suivez jusqu'à la page 288.

Du mémorial général, et des abréviations qui s'y rapportent.

Dans tous les cas où la nature et la multiplicité des

opérations ne s'y opposent pas, il est bon que l'on tienne
note, sur un mémorial général, ou main-courante de
toutes les opérations que l'on fait.

Le mémorial d'un négociant, qui fait lui-même ses
recettes et ses payements, pourrait lui tenir lieu en
même temps de livre de caisse, et contribuer à abréger
le travail du teneur de livres. Dans ces vues on pourrait
pratiquer à ce mémorial, en dedans de la colonne ordinaire, deux colonnes, l'une pour le débit, l'autre pour le
crédit de la caisse; en portant dans ces colonnes les
sommes données et reçues en espèces chaque jour, on y
trouverait toutes ces sommes qui, étant additionnées
chaque jour, donneraient la situation de la caisse, et fa-
ciliteraient le moyen d'abréger les écritures du journal,
en renvoyant pour les détails de caisse à l'article du mémorial qui les contient.

On peut abréger les écritures relatives aux achats et
ventes, par une simple note au mémorial, en attendant
l'époque du payement pour passer écritures des achats et
des ventes, et de leur règlement (80).

Il en est de même des remises que l'on fait et que l'on
reçoit : on peut simplement en tenir note au mémorial,
et attendre l'époque où on reçoit avis de leur négociation, etc., pour passer écritures des remises faites et reçues, et de leur négociation [1].

Dès lors on conçoit qu'à l'époque où il s'agit de passer
écritures des notes du mémorial relatives à des payements
faits ou reçus pour marchandises achetées et vendues, et
à la négociation des remises faites ou reçues antérieurement, il faut remonter aux notes du mémorial écrites
aux époques où on a fait ces achats et ces ventes, et où
on a fait ou reçu ces remises, afin de passer écritures de
ces achats, ventes et remises, et de leur règlement.

1. Voyez page 33.

Des subdivisions du mémorial général.

Tous les livres auxiliaires possibles ne sont que des subdivisions ou extraits, ou encore que des développements du mémorial général, qui peut seul en tenir lieu.

L'idée des notes qu'on peut tenir sur ce dernier registre de toutes les opérations que l'on fait, comprend celle de tous les livres auxiliaires dans lesquels on les distribue.

Cela posé, on conçoit que si, par exemple, la quantité des recettes et des payements suffit seule pour occuper un caissier, il en tiendra note sur son livre de caisse au fur et à mesure qu'il les fera, et qu'on pourra, pour abréger, ne pas répéter ces mêmes notes sur le mémorial.

Que, si les notes à tenir des achats et des ventes peuvent seules occuper un autre commis, celui-ci les tiendra sur un livre particulier, qui pourra être intitulé livre d'*achats et ventes*, et que, pour abréger, ces notes pourront encore n'être pas portées au mémorial général, sur lequel on pourrait écrire toutes les autres. De là trois mémoriaux au lieu d'un, savoir : le livre de *caisse,* le *mémorial,* et le livre d'*achats et ventes.*

Or, en ce cas, il est évident que les notes du livre de caisse, du livre d'achats et ventes, et du mémorial, ont des rapports entre elles, comme, par exemple, lorsque telle note du mémorial se rapporte au payement fait ou reçu en diverses natures de valeurs, de certaines marchandises dont la note d'achat et vente est sur le livre d'achats et ventes; dans cette supposition, et si, pour abréger, on ne passe écriture des achats et des ventes et remises faites ou reçues qu'à l'époque de leur payement ou de la négociation, il est évident que chaque jour les écritures pourront être passées dans l'ordre suivant :

1° On pourra d'abord passer écriture de tous les articles du livre de caisse, qui se trouvent portés sous la date d'un même jour, en observant, pour ceux de ces articles qui se rapportent à un achat ou à une vente faite antérieurement, de remonter au livre d'achats et ventes à la date où la vente ou l'achat dont il s'agit a eu lieu, afin de passer écritures de cet achat ou vente, et du payement (80).

Et lorsque les articles du livre de caisse se rapportent à des remises faites ou reçues antérieurement, de remonter au mémorial, à la date de l'époque où on a fait ou reçu ces remises, afin de passer écritures de leur réception ou envoi, et de leur négociation [1].

On fait un signe en marge de chacun des articles du livre d'achats et ventes, et du mémorial, dont on a passé écritures au journal, en même temps qu'on y a passé écritures des articles du livre de caisse, afin de reconnaître qu'on en a passé écriture.

2° On passe ensuite écritures de tous les autres articles du mémorial, en observant de remonter au livre d'achats et ventes pour ceux de ces articles qui se rapportent à des achats et à des ventes faits antérieurement, afin de passer écritures de ces achats et de ces ventes, et de leur payement, lorsqu'il est effectué en toutes autres valeurs qu'en espèces.

Lorsque les articles du mémorial se rapportent à des remises faites ou reçues antérieurement, etc., il faut remonter au mémorial à la date de l'époque où on a fait ou reçu ces remises, afin de passer écritures de leur négociation ou emploi, et de leur réception ou envoi en même temps.

Par ce moyen les écritures relatives aux achats et ventes passent en même temps que celles des articles du livre de caisse et du mémorial ; les payements de marchandises, en même temps que l'achat ou la vente ; et l'envoi ou

---

1. Voyez page 64.

réception des remises, etc., à l'époque de leur négociation.

Mais, encore une fois, on ne peut rien dire de général
ni de positif sur l'ordre dans lequel on passe les écritures dans la pratique, parce qu'il est évident qu'il est
assujetti à un nombre infini de modifications aussi va-
riées que les intérêts et les opérations des individus.

Un seul coup d'œil jeté sur les livres auxiliaires, d'après
lesquels on doit passer les écritures au journal, sur les
comptes généraux ouverts au grand livre, et sur la manière dont les écritures qui s'y rapportent sont passées au
journal, suffit pour qu'on soit capable de suivre aussitôt
la marche établie.

Des Livres que le Code de Commerce prescrit de tenir.

« Tout commerçant est tenu d'avoir un livre journal,
« etc. [1].

« Il est tenu de mettre en liasse les lettres qu'il reçoit,
« et de copier sur un registre celles qu'il envoie.

« Il est tenu de faire tous les ans, sous seing privé, un
« inventaire de ses effets mobiliers et immobiliers, et de
« ses dettes actives et passives, et de le copier année par
« année sur un registre spécial à ce destiné.

« Le livre journal et le livre des inventaires seront
« paraphés et visés une fois par année.

« Le livre de copie des lettres ne sera pas soumis à
« cette formalité. »

529. La loi ne prescrit pas le mode de tenue des livres;
mais elle exige impérieusement la tenue d'un journal où
toutes les personnes qui font le commerce doivent établir toutes leurs négociations, leurs dépenses, leurs endossements, en un mot, toutes leurs opérations sans

1. Voyez le Code de commerce, titre II, art. 8.

exception ; rien ne peut dispenser de tenir ce registre.

Conséquemment le marchand qui ne connaît aucune méthode, et qui n'a pas les moyens d'avoir un teneur de livres, doit y écrire au moins, s'il ne peut faire mieux, une note détaillée et clairement expliquée de chacune de ses opérations, de chacune de ses dépenses, etc., jour par jour, par ordre de dates, sans blancs ni rature ; par ce moyen simple et naturel, il obéira à la loi.

Si un journal, ainsi tenu sans méthode, n'établit pas l'ordre nécessaire, ni les comptes des débiteurs et des créanciers, non plus que ceux des différentes natures de valeurs dont ce marchand trafique ; au moins, en donnant la suite historique de ses opérations, il le mettrait à l'abri de l'accusation de fraude.

Rien ne peut donc justifier celui qui n'aura pas tenu le journal selon un mode quelconque, puisqu'il est maître du choix.

Néanmoins la méthode à partie double est la seule que l'on doive adopter, la seule bonne ; on peut même ajouter qu'elle est prescrite par le nouveau Code de commerce ; car les obligations qu'il impose relativement à l'extension nouvelle donnée aux écritures, rend l'application de cette excellente méthode indispensable, pour toutes les personnes qui veulent établir dans la comptabilité relative à leurs affaires l'ordre indiqué par le Code.

Les parties doubles obvient à tout, simplifient tout, rendent tout facile, peuvent seules tout généraliser, et conviennent aux plus petits marchands comme aux plus riches banquiers, puisqu'on peut les apprendre en peu de jours, et puisqu'en formant des comptes généraux, elles n'assujettissent pas à entrer dans les détails minutieux du commerce d'un petit marchand, quoiqu'elles en rendent un compte satisfaisant.

CONCLUSION.

Il y a dans la tenue des livres deux objets distincts.

Dans l'un, il s'agit de tenir note sur des livres auxiliaires des mouvements de valeurs d'espèce quelconque, des mutations de matières, de certaines recettes et dépenses séparées, et d'une infinité de détails d'ordre, dont ceux de chaque sorte particulière exigent un registre ou des moyens particuliers, parce que les agents qui en sont chargés doivent, chacun en ce qui le concerne, en rendre un compte séparé, réduit à ses éléments les plus simples.

Dans l'autre, il s'agit de passer écritures en partie double de l'universalité des opérations d'une comptabilité quelconque.

Les différents livres auxiliaires ou moyens d'ordre partiels, établis pour chaque nature de comptabilité, de commerce ou d'industrie, ne présentant rien de fixe, rien qui ne se réduise à de simples notes, tenues dans un ordre arbitraire ou commandé par les choses mêmes, ne peuvent donner lieu à aucune théorie, à aucun enseignement, et par conséquent à aucune étude. Il suffit d'être employé aux opérations qui les rendent nécessaires pour être capable de les tenir aussitôt.

Les écritures sont d'abord passées au journal, dont le grand livre n'est qu'un extrait.

Le journal est donc le livre essentiel, et offre seul des difficultés.

Ces difficultés consistent à trouver les débiteurs et les créanciers des articles qu'il faut y passer.

Tout le secret de l'art du teneur de livres consiste donc à savoir reconnaître quel est l'individu ou quel est le compte qui reçoit l'objet dont on veut passer écritures, et quel est celui qui le fournit, afin de débiter le compte ou l'individu qui reçoit, et de créditer celui qui fournit.

Il faut néanmoins faire succéder la pratique à la théorie, pour former de bons teneurs de livres.

Ainsi, lorsque les principes que j'ai établis sont bien conçus par les élèves, et qu'ils sont capables de les démontrer, il faut les leur faire mettre en pratique, en leur faisant passer écritures d'une suite complète d'affaires simulées.

En passant écritures d'eux-mêmes de ces affaires supposées d'après les factures, ordres, missives, récépissés, lettres de change, billets à ordre, et généralement d'après les divers livres auxiliaires et tous les autres documents qui se rencontrent chez un négociant, comme pour des affaires réelles, et sans autre guide que les principes, les élèves rempliront exactement la tâche d'un teneur de livres ; ils se rendront en même temps ces documents assez familiers pour que rien ne leur paraisse nouveau dans une maison de commerce, et ne feront en quelque sorte que changer de comptoir, lorsqu'ils entreront chez un négociant, en sortant de chez un professeur qui aura su leur faire suivre cette méthode.

EXPLICATION

MÉTHODE DU JOURNAL GRAND LIVRE

POUR TENIR LES LIVRES EN PARTIE DOUBLE
PAR LE MOYEN D'UN SEUL REGISTRE.

---

550. Pour se former une idée exacte de la manière de tenir les livres en partie double par le moyen d'un seul registre, il faut considérer la page à gauche du modèle placé à la suite de ce supplément comme le journal d'un négociant, et la page à droite comme son grand livre : Nous appelons ce registre le journal grand livre.

Manière de tenir le journal grand livre.

1° Du Journal.

Le journal est tenu comme tout les autres journaux, en partie double, et selon les mêmes principes. La seule différence qu'on y puisse remarquer consiste en ce que les montants de tous les articles y sont additionnés à la fin de chaque mois 552).

Conséquemment, tout ce qui est dit et démontré de l'ancien journal, doit être entendu dans le même sens du nouveau.

Voyez les exemples proposés page 23 et suivantes; voyez ensuite la manière dont on a passé écriture sur l'ancien journal, page 170 de ce même ouvrage; et voyez enfin comment on en passe écriture sur le nouveau registre, dont le modèle est placé à la suite de ce Supplé-

ment. Les articles relatifs à chaque exemple proposé
sont passés sur le nouveau registre exactement comme
sur l'ancien journal.

En un mot, le nouveau journal est exactement tenu
selon les mêmes principes que l'ancien.

2° Du Grand livre.

La page à doite du nouveau registre sert de grand
livre par le moyen des six colonnes, tenues par débit et
par crédit, qui y sont pratiquées. La première colonne
est intitulée : *Marchandises générales*, et tient lieu du
compte de marchandises générales au grand livre ; la seconde tient lieu du compte de caisse ; la troisième, de celui
des effets à recevoir ; la quatrième, de celui des effets
à payer ; la cinquième, de tous les comptes particuliers
que l'on veut y renfermer, qui ne tiennent pas de la
nature des précédents, sous le nom de comptes divers ;
la sixième enfin tient lieu du compte des profits et
pertes.

*Manière de transporter les montants des articles du journal
dans les six premières colonnes, qui tiennent lieu de grand
livre.*

551. La somme due pour le compte qui est débité
dans un article du journal, doit être portée dans le débit
de la colonne qui tient lieu de ce même compte, et la
somme due au compte qui est crédité au journal, doit
être portée dans le crédit de la colonne qui tient également lieu de ce dernier compte. Par exemple, si l'article est ainsi passé : *Caisse doit à marchandises générales*
3,000 francs, etc., il faut porter ces 3,000 francs dans le
débit de la colonne de caisse, et il faut les porter également dans le crédit de celle des marchandises générales.

sur la même ligne que l'article du journal, en observant
de conduire l'œil à chaque somme par des points qui
doivent partir de l'article dont elle dépend.

Telle est toute la difficulté de l'opération.

Manière de contrôler les colonnes du journal grand livre.

352. Lorsqu'on est arrivé à la fin de chaque folio du
registre, ou de chaque époque à laquelle on veut arrêter
les écritures, on réunit sur une feuille volante les montants du débit de chacune des colonnes antérieures, et
on s'assure, par ce moyen, que la totalité des débits est
égale à celle des crédits; ces deux totaux égaux entre
eux, le sont encore au total des affaires écrites au journal pendant la durée de la même époque. D'où il suit
qu'on a la certitude que tout est exactement transporté
du journal au grand livre.

Par cette méthode, on peut voir d'un coup d'œil l'état
de situation de chacun des cinq comptes généraux dans
son ensemble, ses détails et ses résultats, celui de tous
les comptes particuliers, et l'état de situation générale.

En cas d'erreur, une revue rapide des sommes distribuées dans les colonnes d'un folio, et de leurs additions,
fait trouver les erreurs avec la plus grande facilité.

Cette courte explication suffit aux personnes qui connaissent déjà la tenue des livres en partie double et la
seule inspection du modèle du nouveau registre leur
tiendra lieu de toute explication : mais, comme je publie
particulièrement cette nouvelle méthode en faveur des
personnes de toutes professions, qui ne font pas assez
d'affaires pour avoir un teneur de livres, et qui ne tiennent pas de livres elles-mêmes, faute des connaissances
nécessaires, je vais entrer dans tous les détails qu'elles
peuvent désirer; je suis persuadé qu'ils leur suffiront,
après qu'elles seront bien pénétrées des principes de la

tenue des livres; car *il faut nécessairement, avant tout, les bien entendre pour tenir les livres d'une manière quelconque.*

Ces détails en renfermeront d'ailleurs plusieurs qui peuvent intéresser les personnes qui connaissent la tenue des livres, en même temps qu'ils offriront le développement de toutes les abréviations et tous les avantages de la nouvelle méthode, et qu'ils indiqueront la manière d'en appliquer l'usage à la gestion d'une cargaison, à une comptabilité quelconque, et à tous les genres d'administration.

De la colonne intitulée : *Marchandises générales*, portant le n° 1.

535. Cette colonne doit être considérée comme le compte de marchandises générales au grand livre (17), ou comme tenant lieu du premier des cinq comptes généraux.

Il faut porter à son débit toutes les sommes dont les marchandises générales sont débitées au journal; et à son crédit, toutes celles dont elles y sont créditées. Par exemple, dans plusieurs articles passés au journal à la page gauche du nouveau registre, le compte de marchandises générales est débité des marchandises que l'on a reçues, et crédité de celles que l'on a fournies, conformément au principe (17). Cela fait on a porté, sur la même ligne, dans le débit de la colonne des marchandises générales, la somme dont elles sont débitées dans chaque article, et dans la colonne du crédit celle dont elles sont créditées. Mais si marchandises générales sont débitées ou créditées par divers, les divers comptes sont débités ou crédités sur la ligne ou ils figurent au journal, et le total des articles est seul porté au débit ou au crédit des marchandises générales sur la ligne du total.

Il en est de même des articles relatifs aux autres colonnes ; il est aussi facile de transporter les sommes, dans le débit et le crédit de chacune d'elles, que dans le débit et le crédit de celle de marchandises générales.

Il faut seulement faire attention de ne pas porter dans les unes ce qui ne doit être porté que dans les autres.

Du numéro distinctif de chaque colonne.

554. La colonne de marchandises générales porte n° 1. C'est le numéro distinctif du premier des cinq comptes généraux, c'est-à-dire, du compte de marchandises générales, ou de la colonne qui en tient lieu. Ce numéro 1, placé en tête, sert donc à indiquer que toutes les sommes portées au débit et crédit de cette colonne, n'appartiennent qu'au compte de marchandises générales, et non à aucun des autres. La colonne de caisse porte le n° 2 ; les effets à recevoir le n° 3 ; les effets à payer le n° 4 ; les comptes divers le n° 5 ; et les profits et pertes le n° 6.

555. On place ces mêmes numéros (534) au journal, au devant du montant de chaque article, savoir : le numéro du débiteur au dessus du petit trait de plume, et celui du créancier au dessous (131). La conformité de ce numéro avec celui placé en tête de la colonne du débiteur et du créancier, indique que l'article est bien rapporté en son lieu.

556. Ces numéros, en indiquant le rang des colonnes, font encore éviter les méprises, lorsqu'on y transporte les sommes, parce qu'ils empêchent qu'on ne puisse passer la colonne à laquelle on doit s'arrêter.

De la colonne de caisse, portant le n° 2.

557. Tout ce qui est dit de la précédente (536), doit être entendu de celle-ci, qui tient lieu du compte de

caisse au grand livre; ainsi les sommes dont la caisse
est débitée ou créditée sur la page gauche, qui sert de
journal, doivent être portées sur la même ligne, au débit
et au crédit de la colonne dé caisse.

De la colonne des effets à recevoir, portant le n° 3.

538. Il faut porter au débit et au crédit de cette colonne toutes les sommes dont les effets à recevoir sont
débités ou crédités au journal (533).

Des numéros d'entrée des effets à recevoir.

539. La petite colonne qui précède le débit des effets
à recevoir, renferme le numéro de l'entrée en portefeuille de chaque billet de cette nature. Par exemple, le
premier billet que *l'on reçoit*, et dont le montant est
porté *au débit* de la colonne des effets à recevoir, est inscrit avec le n° 1, que l'on place sur la même ligne dans
la petite colonne du débit; le second billet que l'on reçoit, avec le n° 2; le troisième avec le n° 3, que l'on place
toujours dans la petite colonne du débit; et ainsi de
suite. Voyez le modèle du nouveau registre.

540. Avant de transporter le montant de chaque billet
dans la colonne qui tient lieu du compte des effets à recevoir, le numéro d'entrée de chaque billet doit être placé au
journal, après le numéro de la colonne des effets à recevoir.
Par exemple, en supposant qu'un billet qui entre en portefeuille fût le dix-neuvième entrant, on placerait le n° 19
après celui de la colonne des effets à recevoir; ainsi, 3.19.

Conséquemment 3.1, 3.2, 3.3, 3.4, etc., écrits au
journal au-devant du montant d'un billet, désignent en
premier lieu le numéro de la colonne des effets à recevoir, et en second lieu le numéro particulier de l'entrée
de chaque billet.

*De la manière d'indiquer la sortie des effets à recevoir et
d'en distinguer ceux qui restent en portefeuille.*

541. Lorsqu'un de ces effets à recevoir sort du portefeuille pour quelque raison que ce soit, on porte le numéro de sortie de ce billet dans la petite colonne à droite
du crédit, et l'on met un point à côté du numéro d'entrée
de ce même billet.

Ce point sert à indiquer la sortie des effets à recevoir;
ceux qui ne sont pas ainsi pointés doivent se trouver dans
le portefeuille.

De la colonne des effets à payer, portant le n° 4.

542. Il faut porter au débit et au crédit de cette colonne toutes les sommes dont les effets à payer sont débités ou crédités au journal.

Des numéros de sortie des effets à payer.

543. La petite colonne du crédit des effets à payer contient les numéros de sortie des billets de cette nature.
Par exemple, les numéros 1, 2, 3, 4, etc., placés dans cette
petite colonne, sont ceux du premier, du second, du troisième et du quatrième billets, etc., sortis quand on les a
donnés en payement. (*Voyez* la colonne des effets à payer
sur le modèle du registre.)

544. On place au journal ces numéros de sortie à côté
du n° 4 de la colonne des effets à payer; ainsi : 4.1, 4.2,
4.3, 4.4, etc. Conséquemment le premier de ces numéros, à gauche, désigne celui de la colonne des effets
à payer, et l'autre désigne celui de la sortie de chaque
billet.

De la manière de distinguer les billets acquittés de ceux qui restent en circulation.

545. Lorsqu'on porte le montant d'un billet au débit de la colonne des effets à payer, après l'avoir acquitté, il faut pointer son numéro de sortie. *Les billets dont les numéros de sortie ne sont pas pointés sont encore en circulation, c'est-à-dire sont encore à payer.*

De la colonne de divers, portant le n° 5.

546. La colonne de divers comprend tous les comptes courants des particuliers, et tous ceux qui ne tiennent pas de la nature des cinq comptes généraux.

Manière de distinguer les uns des autres tous les comptes renfermés dans la colonne de divers ou dans chacune des autres.

Les comptes sont distingués les uns des autres dans la colonne de divers, par un numéro affecté à chacun en particulier, que l'on place dans la petite colonne du débit de cette même colonne de divers. Par exemple, tous les articles du débit et du crédit du compte de Pierre, que l'on porte dans cette colonne, y sont précédés du n° 1, placé dans la petite colonne du débit; tous les articles du compte de Dupré sont précédés du n° 2; tous ceux du compte de Dupuy, du n° 3; et ainsi de suite.

547. Il faut donc débiter ou créditer chaque personne 'o chaque objet particulier au journal, sous le nom particulier de chaque personne ou de chaque objet, comme selon l'ancienne méthode et sans aucune différence; et il faut ensuite porter au débit ou au crédit de la colonne de divers, la somme dont l'individu ou l'objet dont il s'agit est débité ou crédité au journal, en observant *de* *mettre le numéro affecté à chaque compte particulier dans la petite colonne du débit de cette même colonne de divers.*

Préparatifs à faire au journal avant d'en transporter les montants dans la colonne de divers.

548. Avant de porter le montant de chaque article au débit et au crédit de la colonne de divers, il faut placer au journal, devant le montant de chaque article, à la droite du n° 5 de la colonne de divers, le numéro affecté à chaque compte particulier renfermé dans cette colonne. Par exemple, le compte de Pierre ayant en particulier le n° 1, on placera le n° 1 après celui de la colonne de divers; ainsi, 6.1 au-devant de tous les articles où Pierre est débité ou crédité.

Conséquemment toutes les sommes des débits et des crédits de Pierre, au journal, seront précédées de ces deux n° 6.1, dont le premier à gauche indique la colonne de divers, et le second le numéro particulier qui distingue le compte de Pierre renfermé dans cette colonne : tous les articles concernant Dupré seront précédés de ces deux n° 6.2; ceux concernant Dupui, des n° 6.3, et ainsi de suite.

Toutes les sommes du débit ou du crédit du compte particulier de Pierre, étant transportées ensuite dans la colonne de divers, seront suivies du n° 1, distinctif du compte de Pierre en particulier; celles relatives à Dupré, du n° 2, celles relatives à Dupui, du n° 3; et ainsi de suite, comme on l'a déjà prescrit (548).

Par ce moyen, tous les articles d'un compte sont bien distingués de ceux d'un autre, quoiqu'ils soient tous également renfermés dans la colonne de divers.

549. On peut également renfermer dans la colonne de marchandises générales, le compte de marchandises en commission, celui de marchandises en société, etc., etc., en les distinguant les uns des autres par un numéro affecté à chacun en particulier (547).

550. On peut encore renfermer le compte de frais généraux, celui de dépenses, celui de commissions, celui d'escompte, etc. etc., dans la colonne des profits et pertes (n° 6), en les distinguant les uns des autres par un numéro affecté à chacun en particulier; et ainsi de suite pour chaque colonne (547).

Nota. Lorsqu'un commerçant a un grand nombre de débiteurs et créanciers divers, il lui faudra tenir un registre particulier pour reporter au compte de chacun d'eux les articles de débit ou de crédit, inscrits jour par jour au journal grand livre.

Sans cette précaution, le journal grand livre donnerait trop de travail chaque fois qu'il faudrait relever le compte de chaque correspondant.

Dans ces mêmes conditions, il est également indispensable de tenir un carnet des effets à payer et un carnet des effets à recevoir.

De la colonne des profits et pertes, n° 6.

551. Il faut porter au débit et au crédit de cette colonne toutes les sommes dont. le compte des profits et pertes est débité ou crédité au journal.

La petite colonne du débit porte en tête le n° 5, qui est celui de la colonne des profits et pertes (534). Le reste contient les numéros distinctifs de chaque compte particulier renfermé dans la colonne des profits et pertes (550).

On place ces numéros devant le montant de chaque article du journal, comme on l'a indiqué (549).

Contrôle du journal grand livre.

552. On contrôle les écritures du journal grand livre

en réunissant le total du débit et du crédit des colonnes
précédentes au bas de chaque folio du registre, ou à certaines époques déterminées, afin d'en former un seul
total en débit et un seul total en crédit, qui doivent être
égaux l'un à l'autre; car n'ayant pas porté un franc au
débit d'un compte, qu'on ne l'ait porté au crédit d'un
autre, le total des débits doit nécessairement être égal à
celui des crédits : ces totaux doivent encore être égaux
chacun à la totalité des affaires inscrites au journal sur
chaque folio, ou pendant la durée de chaque époque déterminée [1]; ce qui opère la balance totale des débits et
des crédits, et celle du journal avec le grand livre, ou, à
défaut, ce qui décèle des erreurs que l'on doit relever sur-
le-champ.

*Manière d'arrêter la totalité des débits et des crédits des six
colonnes et des articles du journal, ce qui opère la balance
de ce dernier avec le grand livre.*

353. A la fin de chaque folio du registre, il faut additionner le débit et le crédit de chacune des six colonnes,
et placer le total du débit et du crédit de chacune sous
chacune d'elles, sur une même ligne. Voyez le modèle du
nouveau registre. Ces totaux étant connus, il faut les
transporter ensuite les uns au-dessous des autres, en observant de mettre devant le total du débit de chaque colonne le numéro distinctif de cette colonne; par exemple,

---

1. Tout le monde sait que chaque article du journal en partie
double en contient deux de la partie simple; savoir : le débit du débiteur et le crédit du créancier. Il est inutile de mettre à la fin de chaque
article le montant du débit en dedans et celui du crédit en dehors,
puisque, ces montants étant constamment égaux entre eux, l'un fait
nécessairement connaître l'autre. On n'a donc porté en dehors qu'une
seule fois au journal le montant de chaque article : ainsi la dernière
colonne du journal indique également le total des débits ou le total
des crédits de tous les articles qui y sont inscrits.

n° 1, devant le total des marchandises générales ; le n° 2, devant le total de caisse ; le n° 3, devant celui des effets à recevoir, et ainsi de suite ; et même de placer après le crédit de chaque colonne le nom distinctif de cette colonne. Enfin, il faut additionner ces totaux eux-mêmes, et le total du débit qu'ils composent doit être égal à celui du crédit, ainsi qu'à celui des affaires écrites au journal jusqu'à la même époque, dont on fait également l'addition sur la même ligne : par ce moyen, la balance des débits et des crédits du journal avec le grand livre est opérée. (Voyez le modèle du registre.)

Par ce moyen, il ne s'agira jamais que de parcourir d'un coup d'œil une seule page du nouveau registre, s'il s'y est glissé quelque erreur.

554. Pour éviter de barbouiller le registre, il faut écrire sur un morceau de papier le montant des affaires du journal, et celui du débit et du crédit de chacune des six colonnes lorsqu'on les additionne ; et il ne faut transporter ces montants à la place qu'ils doivent occuper qu'après s'être assuré que le total des débits réunis de ces colonnes est égal à celui de leurs crédits, ainsi qu'à celui des débits ou des crédits des divers articles écrits au journal. Le total des débits réunis des colonnes étant égal à celui de leurs crédits aussi réunis, il faut les placer alors seulement chacun en son lieu, sur une même ligne, et les renfermer entre deux doubles traits. (Voyez le modèle.)

555. En cas d'erreur, il suffirait de vérifier rapidement si le montant du débit et du crédit de chaque article est exactement porté dans la colonne dont il dépend, et de vérifier de nouveau les additions de chaque colonne et les sommes inscrites au journal ; ce qui ne peut être que l'affaire d'un instant pour chaque folio.

556. Telle est la manière d'arrêter les débits et les crédits des colonnes, et de les faire balancer entre eux

22

et avec le montant des divers articles du journal, soit à la fin de chaque folio, soit, si on le voulait, à la fin de chaque mois, ou à toute autre époque.

Manière de continuer les écritures, après avoir arrêté et déterminé la totalité des débits et des crédits de la période précédente ou du folio précédent.

537. On commence le second folio par le transport du montant des articles du journal, et du montant du débit et du crédit de chacune des six premières colonnes du folio précédent; ensuite on y écrit les opérations selon les principes déjà posés (530). A la fin de ce second folio, on additionne, comme on vient de l'indiquer précédemment (553), le débit et le crédit de chaque colonne et les divers articles du journal; on écrit chaque montant en son lieu, quand on s'est assuré qu'il est exact (557), on le transporte au commencement du folio suivant, et ainsi de suite.

Par ce moyen, on voit le montant des affaires d'un, de deux, trois, quatre, cinq ou six folios, etc., avec leur balance générale, jusqu'à celui où l'on veut enfin arrêter tous les comptes et faire la balance générale de tous les livres.

Du registre des divers créanciers et débiteurs.

538. Pour arrêter les comptes des divers individus compris dans la cinquième colonne au débit et au crédit, il faut se reporter au registre des divers créanciers débiteurs, et agir avec eux comme avec les comptes du grand livre, en les soldant par balance. (Voir la *Tenue des livres en partie double*.)

Manière de solder les colonnes du Journal Grand livre
et tous les comptes qu'elles renferment.

559. On solde ces différentes colonnes par balance, comme on solderait d'autres comptes, selon la méthode ordinaire (264).

Manière de solder la colonne des marchandises générales,
celle de caisse, celle des effets à recevoir, des effets à payer,
et des profits et pertes.

560. On solde la colonne de marchandises générales exactement comme le compte de marchandises générales : il faut passer les mêmes articles au journal (272).

Observez seulement que les sommes dont la balance est débitée ou créditée sur la page gauche du nouveau registre, doivent être portées au débit et au crédit de la cinquième colonne, précédées du numéro distinctif qu'on aura affecté au compte de la balance.

561. La colonne de caisse, celle des effets à recevoir, celle des effets à payer, et celle des profits et pertes, doivent être soldées exactement par les mêmes moyens, et en passant les mêmes articles au journal que ceux que l'on passe pour solder, selon la méthode ordinaire, les comptes de caisse, d'effets à recevoir, d'effets à payer, et celle de profits et pertes. (Voyez 280, 281, 282, etc.)

De la manière de solder la colonne de divers.

562. Pour solder la colonne de divers, il faut débiter le compte de balance et créditer la colonne de divers du montant de ce qui est au débit de cette colonne, et il faut débiter la colonne de divers et créditer le compte de balance de ce qui est au crédit de cette même colonne. Par

ce moyen, la colonne de divers sera soldée et sera réta-
blie dans le même état par la balance d'entrée.

565. Quant à chacun des comptes particuliers renfermés dans la colonne de divers, il faut en faire le relevé,
sans en excepter un, et porter les soldes débiteurs ou
créditeurs sur une feuille volante, où ces différences feront connaître le résultat de chaque compte, tant pour
la balance de sortie que pour celle d'entrée, sans qu'il
soit nécessaire d'y rien changer lorsqu'on fera cette
dernière.

564. Au lieu de solder en bloc le montant du débit et
celui du crédit de la colonne de divers, on peut solder
séparément par balance chaque compte compris dans la
cinquième colonne, par les principes déjà connus (283
et 284). Ce qui, étant fait avec exactitude, opérera la balance de cette colonne.

Nota. Le registre des divers débiteurs et créanciers
est encore le meilleur moyen de régulariser tous les
comptes divers et d'éviter toute erreur dans le solde général à reporter à la balance de sortie et d'entrée.

Manière de solder, par profits et pertes, le compte d'un particulier.

565. Dans le cas où un débiteur serait failli, ou exigerait un rabais, on le créditerait par profits et pertes du
solde ou du montant de ce rabais, avant de solder la colonne de divers.

De la balance d'entrée.

566. La balance d'entrée est l'inverse de celle de
sortie (304).

Il faut, pour recommencer les écritures, débiter la balance d'entrée des articles dont la balance de sortie est

créditée, et la créditer de ceux dont la balance de sortie est débitée. En un mot, il faut faire l'inverse de ce qu'on a fait pour solder les colonnes du journal grand livre.

Il faut ensuite continuer à passer les écritures pour les affaires suivantes, selon les principes et les détails précédents (529).

Application de la méthode du Journal Grand livre à la gestion d'une cargaison.

567. Rien n'exige une méthode abrégée pour tenir les écritures, comme la gestion d'une cargaison. La rigueur du climat dans les colonnies, la multiplicité des détails et des occupations, tout exige que les capitaines de navire ne soient assujettis qu'à tenir une comptabilité facile.

En faisant rayer un registre selon les principes de la nouvelle méthode, la gestion de leur armement, de leur cargaison, les comptes de leurs débours, de leurs retours, ceux de leurs affaires particulières, des pacotilles qui leur sont confiées, ceux de leurs recouvrements, etc., tout sera inscrit sur un registre dont les écritures sont extrêmement abrégées, et qui composera leur état de situation avec l'armateur et avec les particuliers, comme pour leurs retours, pour leurs affaires individuelles, etc., et pour toutes les parties de leur administration, vues dans leur ensemble et dans tous leurs détails.

568. Les capitaines peuvent se dispenser de tenir une colonne particulière pour les effets à recevoir et pour les effets à payer, parce qu'ils reçoivent peu de billets, et qu'ils en font encore moins, et que, par cette raison, le petit nombre d'articles qu'ils auront à passer par effets à recevoir ou à payer, peuvent être portés dans la colonne de divers, avec un numéro particulier qui distinguera ces deux comptes.

A la place des deux colonnes supprimées, ils peuvent substituer une colonne par débit et par crédit pour l'armement, et une autre pour l'armateur même, sous son nom particulier. Par ce moyen, ce dernier aura, ainsi que l'armement, un compte courant particulier, qui se trouvera tout dressé au retour du navire.

568. Un capitaine peut renfermer dans la colonne de marchandises générales : 1° le compte de cargaison, qui doit être débité de tous les frais faits pour le déchargement des marchandises qui la composent, l'acquit des droits, loyers de magasin, etc., et qui doit être crédité du produit de ces marchandises, à mesure qu'on les vend, et qui doit être débité pour solde du produit de la cargaison dont l'armateur doit être crédité.

570. 2° Le compte particulier de chaque pacotille qui a été confiée au capitaine, et même de celle qui lui appartient personnellement; lesquels comptes doivent être débités des débours qu'ils occasionnent, crédités des ventes à mesure qu'on les fait, et débités pour solde envers chaque propriétaire du produit net de chaque pacotille.

571. 3° Le compte de denrées coloniales, qui doit être débité de tous les achats de denrées coloniales dont le capitaine compose ses retours, des frais qu'elles occasionnent, etc., et qui doit être crédité pour solde, à la veille du départ, de tout ce que ces denrées ont coûté pour le compte de l'armateur, pour celui de chaque pacotilleur, ou pour celui du capitaine même, lesquels doivent être débités personnellement.

4° Enfin, la colonne de marchandises générales pourra renfermer tous les comptes particuliers que le capitaine voudra.

572. Le compte d'armement doit être débité de tous les frais que l'armement occasionnera dans les colonies, de l'achat des vivres, des débours imprévus, etc.; et il

doit être crédité du fret, du prix de voyage payé par les passagers, etc. : on solde ce compte en le débitant, ou en le créditant du bénéfice ou de la perte que l'armement a produits, dont on crédite ou on débite l'armateur.

575. Le compte de l'armateur doit être débité de tous les payements faits pour son compte particulier, et crédité des recouvrements étrangers à la gestion de l'armement et de la cargaison, ainsi que du produit net de la cargaison et de l'armement ; il doit être débité, en outre du montant de tous les achats faits pour son compte, de denrées coloniales, et du montant de toutes les sommes dues par les colons auxquels il a été fait des ventes à crédit pour compte de l'armateur, et dont ces colons doivent être crédités pour solde, attendu qu'ils doivent lui en tenir compte.

Enfin, si le montant des marchandises apportées en retour pour l'armateur n'opère pas la balance de son compte, le capitaine doit nécessairement lui tenir compte du solde en argent, ou il la lui doit personnellement. Lorsqu'il payera à l'armateur le solde de la gestion, il débitera donc l'armateur pour solde, et créditera la caisse.

Dans le cas où on n'aurait pas acheté pour chaque pacotilleur une quantité de marchandises qui balançât son compte, on le solderait par caisse, comme celui de l'armateur, pour la valeur des espèces apportées en retour.

Le compte de profits et pertes sera crédité des commissions retenues à chaque pacotilleur, ainsi qu'à l'armateur, dont ceux-ci seront débités : le compte de profits et pertes sera encore débité de diverses dépenses particulières du capitaine, et sera débité pour solde du bénéfice net du capitaine, dont il créditera son compte particulier.

Quant aux pacotilles appartenant en particulier au capitaine, il en passera écriture comme de celles appartenant à tout autre (371). Pour les denrées coloniales achetées pour son compte, il pourra débiter les denrées coloniales des débours, etc., qu'elles occasionnent, et créditer les créanciers naturels, comme caisse, ou tel ou tel auquel il aurait pris des denrées en payement ou même à terme. Enfin le capitaine soldera : 1° son compte de denrées coloniales, en le créditant du total des débours qu'elles ont occasionnés, dont il se débitera en son nom particulier; 2° son compte particulier, et ceux de ses débiteurs ou créanciers particuliers, il les soldera par balance : par ce moyen tout sera soldé.

Du livre de récapitulation des marins.

574. C'est le livre qui contient les ventes détaillées et journalières de la cargaison : ce livre est tenu comme un répertoire ou alphabet. On le prépare ordinairement à bord. Pendant la traversée, on fait un cahier d'une ou de deux mains de papier; on écrit la lettre A au haut et sur le bord de la première page, et on coupe une bande d'un demi-pouce de largeur, jusque sous la lettre qui occupe le haut de cette bande retranchée à la première, deuxième et troisième feuilles, etc., que l'on destine à la lettre A : on en fait de même pour les lettres B, C, D, afin que toutes les lettres de l'alphabet soient visibles. On ouvre ensuite, sur la page A, les comptes de marchandises qui commencent par cette lettre, et l'on forme trois colonnes à la droite de chaque compte : l'une pour y écrire la quantité des marchandises apportées et vendues pendant le voyage; la seconde pour y inscrire le montant de chaque vente; et l'autre pour y faire sortir le total des articles de chaque compte, lorque l'on a achevé la vente. On ouvre à bord, pendant la traversée,

les comptes particuliers des marchandises qui composent la cargaison, et qui sont détaillées sur l'état qui en est fourni au capitaine par l'armateur, et l'on met en tête de chaque colonne destinée à écrire les qualités des marchandises vendues, la quantité de celles qui sont à vendre, sous laquelle quantité on tire un trait de plume afin de ne pas confondre les marchandises à vendre avec celles vendues ; enfin on pratique, après une marge suffisante, une petite colonne à gauche, comme au grand livre pour y écrire la date des ventes de chaque jour, et tous les préparatifs sont finis. Quand on a vendu dans les colonies, et qu'on a passé les articles sur le journal ou le brouillon des ventes, on en extrait les ventes des quantités de chaque compte particulier déjà ouvert sur le livre de récapitulation. Par ce moyen, ce livre offre un compte de vente au détail très-circonstancié, et prouve s'il a été soustrait quelques marchandises, par la différence des quantités vendues avec celles qui étaient à vendre. Si les articles manquants sont de peu de valeur, et n'ont pas été pris, on solde la colonne des marchandises pour ces articles manquants, en y ajoutant ces articles comme ayant été pris pour la consommation de l'équipage, ou comme coulage ou vide que les marins appellent *tambour*.

Ce livre de récapitulation pourrait être infiniment utile à un marchand au détail ; mais il faudrait alors pratiquer deux colonnes à chaque compte tenu pour les marchandises, l'une pour celles achetées, et l'autre pour celles vendues. En retranchant chaque semaine les quantités vendues de celles achetées, le marchand verrait ce qui devrait lui rester. Il ne faudrait, pour cela, qu'avoir le soin d'écrire chaque article à l'instant même de sa réception, et à celui de la vente, comme on le pratique aux ventes publiques.

*Application du Journal Grand livre à la comptabilité
particulière des intendants et des gens d'affaires.*

575. La nouvelle méthode peut être appliquée à une
comptabilité relative aux revenus, aux charges, aux dépenses et à toutes les affaires d'un grand propriétaire.

A la place de la colonne des marchandises générales,
on peut substituer celle des propriétés, et renfermer dans
cette colonne les comptes de chaque terre, chaque maison
ou chaque propriété d'une nature quelconque.

On peut également renfermer dans la colonne des effets à recevoir et à payer, tous les contrats rembour-
sables à époques fixes.

Dans celle des profits et pertes, toutes les dépenses,
tous les héritages, tous les cadeaux, toutes les rentes actives ou passives, tous les intérêts payés ou reçus, les
gages des gens attachés à la maison, etc.

Enfin les gens d'affaires de toutes les classes pourraient substituer à la colonne des marchandises générales, une colonne portant la dénomination particulière
de leur comptabilité principale, et renfermer dans les
autres tous les comptes des dénominations particulières
qui leur seraient nécessaires.

Application aux administrations publiques.

576. On pourrait former cinq ou six grandes divi-
sions principales de la comptabilité générale ou particulière des administrations publiques, et renfermer dans
les colonnes attribuées à ces cinq ou six grandes divi-
sions, toutes les subdivisions nécessaires. Par ce moyen,
on pourrait appliquer la méthode en partie double à la
comptabilité générale, et avoir la balance générale courante des recettes et des dépenses, des non-valeurs, des

objets casuels et des objets d'un produit fixe, et voir
exactement le vide à remplir, ou les excédants qui pourraient être employés en améliorations. La grande utilité
d'un registre semblable, tenu pour rendre compte des
résultats actifs et passifs de l'administration générale,
serait de faire voir chaque jour, en un seul tableau, l'état
général de situation de toutes les parties de l'administration.

*Registre portatif tenu en partie double, à l'usage des voya-
geurs, ou Livre de poche des négociants.*

On pourrait faire des petits registres d'un format in-8,
à l'usage des voyageurs et des négociants, qui pourraient y
passer écriture des affaires qu'ils font au dehors de chez
eux. Chaque page de gauche servirait de journal, et
chaque page de droite servirait de grand livre. A cause
de la petitesse du format, on ne pratiquerait sur chaque
page à droite que deux colonnes tenues chacune par
débit et par crédit. On renfermerait dans la première de
ces deux colonnes tous les comptes généraux et particuliers sans exception, qu'on y distinguerait par un numéro affecté à chacun en particulier. Lorsqu'on voudrait
ensuite connaître le résultat de chaque compte particulier, on en ferait le relevé, et on le transporterait dans
la seconde colonne. En un mot, on opérerait comme on
l'a déjà prescrit (530); mais au lieu de distribuer les
comptes dans six colonnes différentes, on les renfermerait tous dans une seule, et on porterait les résultats
dans la dernière. Par ce moyen, un voyageur pourrait
porter dans sa poche son registre tenu en partie double,
et connaître l'état de situation de ses affaires dans leur
ensemble et tous leurs détails, les résultats de chaque
compte particulier et leur balance générale.

Avantage du Journal Grand livre pour le commerce.

577. Un négociant verra chaque année, chaque mois,
chaque jour, en un tableau contenu dans chacun des folios de son registre : 1° tous les achats, toutes les ventes
de ses marchandises en général, et chaque partie des
marchandises en particulier, soit pour les marchandises
en participation, pour celles appartenant à divers, ou
qui sont à la consignation de divers, ou dont on veut
voir le produit en particulier ; 2° l'entrée et la sortie des
fonds ou tous les mouvements journaliers de la caisse
et sa situation positive ; 3° l'entrée et la sortie des effets
en portefeuille, et l'inventaire de ceux qui restent ; 4° la
sortie et la rentrée des effets à payer, et l'inventaire de
ceux en circulation ; 5° le résultat des comptes de tous
ses débiteurs ou créanciers, et par là l'inventaire général
de ses dettes actives ou passives, et l'excédant des unes
sur les autres ; 6° tous ses bénéfices et toutes ses pertes
et dépenses dans toutes les subdivisions et leur résultat
commun, et par là son augmentation ou diminution jour-
nalière de fortune.

Enfin, cette nouvelle méthode lui donnera toute facilité pour faire en un temps très-court, la balance générale
de tous ses comptes, et son état de situation positif, qui
n'exigera pour être connu avec la dernière exactitude,
que de faire l'estimation approximative des marchandises en magasin, et formant une sorte de compte courant général d'une extrême simplicité.

Le négociant voyant ainsi chaque jour, au bas du dernier folio de son registre, où en sont ses affaires, ne
pourra plus s'excuser de son imprudence sur l'ignorance
où il était de leur véritable situation. Un abus condam-
nable de son crédit, lorsqu'il est dans une position cri-
tique, ne pourra plus être caché : les soustractions d'ef-

fets, de fonds de marchandises, pourront être facilement
découvertes ; les suppositions de débiteurs et de créanciers aisément reconnues, en suivant l'emploi des fonds
qui leur sont attribués ; et toutes les manœuvres ré-
centes à l'approche d'une faillite, seront presque rendues
impossibles par la difficulté de les masquer.

On pourrait, outre les comptes des particuliers compris
dans le registre à colonnes, tenir, si l'on voulait, un
livre de comptes courants en particulier, comme on le
fait dans beaucoup de comptoirs [1]. La nouvelle méthode
conserverait toujours l'avantage d'abréger les écritures
et d'opérer la balance générale et l'état de situation de
chaque jour sur le registre à colonnes.

*Application que l'on peut faire à la méthode ordinaire de
certaines abréviations de celle-ci.*

578. Au lieu d'avoir un compte particulier au grand
livre pour les marchandises générales : par exemple,
pour celles en commission, pour celles chez divers, ou
pour chaque sorte particulière de marchandises, etc.,
pratiquez une double colonne pour les sommes au
compte des marchandises générales ; et après les deux
autres petites colonnes qui renferment le n° du folio du
journal et celui du folio du grand livre, pratiquez-en
une troisième semblable, pour y placer le numéro distinctif de chaque compte particulier que vous voulez
renfermer dans celui des marchandises générales. Cela
fait, passez vos articles au journal, comme de cou-
tume sans y rien changer, c'est-à-dire, débitez ou cré-

---

1. Indépendamment des comptes ouverts au grand livre, on tient,
chez beaucoup de négociants, des comptes courants sur un autre registre
pour chaque particulier. En tenant ainsi un compte courant pour chaque
particulier, ce que j'ai conseillé par la tenue du registre des Divers
Débiteurs et Créanciers, la nouvelle méthode ne laisse rien à désirer.

disez les marchandises en commission, celles de Pierre
ou de Jean, ou chez Jacques, ou chez Guillaume. etc.,
sous les noms qui doivent les distinguer. et transportez
tous les montants de ces articles au compte de marchandises générales au grand livre, en observant seulement
*de placer le numéro de chaque compte particulier dans la
troisième petite colonne destinée à le recevoir,* et la somme
dans la première des deux colonnes pratiquées pour les
sommes.

À la fin de chaque folio du compte des marchandises
générales, relevez tous les débits et tous les crédits de
chaque compte particulier qu'il renferme, et transportez-
le en total dans la seconde colonne, avec le numéro distinctif de chacun de ces comptes particuliers 556'.

Par ce moyen, vous conserverez toutes les subdivisions
utiles des comptes sans les multiplier. et vous verrez au
grand livre tous ceux d'une même classe distingués les
uns des autres, et cependant réunis en un seul.

Il en est de même des subdivisions de tous les autres
comptes généraux ou individuels.

379. *Manière de réunir le débit et le crédit de chaque compte sur une seule page.*

Au lieu d'employer deux pages de regard pour le débit
et le crédit de chaque compte, on pourrait n'en employer qu'une au grand livre, en pratiquant, à la fin de
chaque page, deux colonnes, dont l'une serait pour le
débit et l'autre pour le crédit des comptes qu'on y aurait
ouverts.

De l'addition des articles du journal tenu selon l'ancienne méthode.

En additionnant les articles du journal tenu en partie
double, selon l'ancienne méthode. comme j'ai indiqué

qu'il fallait le faire pour le journal tenu selon la nouvelle (351), on évitera la peine de pointer les livres, dans
le cas où on n'aura pas fait d'omissions ; et par conséquent un teneur de livres exact, comme il y en a beaucoup, en adoptant cette méthode, s'assure de grands
avantages.

Mais quand je dis que l'on est dispensé de pointer les
livres, selon celle que je propose, je me fonde sur un
avantage évident et réel qui lui est absolument particulier. En effet, en réunissant toutes les parties d'une
comptabilité quelconque dans un registre, qui ne forme
qu'un seul tableau du journal et de tous les comptes
courants qui en sont les développements journaliers, il
est incontestable que les omissions s'aperçoivent au premier coup d'œil, lorsqu'on additionne les sommes portées dans les différentes colonnes de chacun des folios
dont ce registre est composé.

J'offre ces moyens de comptabilité parce que je les
crois utiles ; chacun peut les modifier à son gré.

Nota. Voyez le modèle du journal grand livre en
l'autre part et le répertoire (page 356).

NUMÉROS des comptes	JOURNAL GRAND LIVRE	SOMMES		MARCHANDISES GÉNÉRALES Nᵒ 1.	
		Partielles	Totales	Débit	Crédit
		fr.	fr.	fr.	fr.
1,5. 1	*Du 1ᵉʳ Janvier 1867.* **Marchandises générales à Pierre,** pour 10 tonneaux de vin rouge...............	3000	3000	3000	.....
1/5. 2	*Du 2 Janvier.* **Marchandises générales à Dupré,** pour 20 tonneaux de vin blanc..............	4000	4000	4000	.....
1/5. 3	*Du 3 Janvier.* **Marchandises générales à Dupui,** pour 2 barriques sucre, pesant 125 myriagrammes, à 12 francs le myriagramme...............	1500	1500	1500	.....
5,1. 3	*Du 4 Janvier.* **Dupui à Marchandises générales,** pour 10 tonneaux de vin rouge à lui vendus à 400 fr. le tonneau...............	4000	4000	.....	4000
5/1. 2	*Du 5 Janvier.* **Dupré à Marchandises générales,** pour 2 barriques sucre, pesant 75 myriagrammes, à lui vendues à 20 francs le myriagramme........	1500	1500	.....	1500
2,6	*Du 6 Janvier.* **Caisse à Profits et Pertes,** pour 20 tonneaux de vin dont mon père m'a fait présent, et que j'ai vendus comptant, 1000 fr. pièce.......	20000	20000	.....	.....
1/2	*Du 7 Janvier.* **Marchandises générales à Caisse,** pour 12 tonneaux de vin blanc, achetés au comptant..	2400	2400	2400	.....
2,1	*Du 8 Janvier.* **Caisse à Marchandises générales,** pour 12 tonneaux de vin blanc, vendus au comptant..	3000	3000	.....	3000
1,4. 1	*Du 9 Janvier.* **Marchandises générales à Effets à payer,** pour 1000 myriag., de savon achetés à Dupui, et payés en mon billet à 6 mois.......	9000	9000	9000	.....
3/1. 1	*Du 10 Janvier.* **Effets à recevoir à Marchandises générales,** pour 200 myriag. de savon vendus à Pierre, et payés en son billet à mon ordre à 3 mois.	2000	2000	.....	2000
	A reporter.....	.....	50400	19900	10500

CAISSE N° 2.		N°	EFFETS A RECEVOIR N° 3.		N°	N°	EFFETS A PAYER N° 4.		N°	N°	COMPTES DIVERS N° 5.		N°	PROFITS ET PERTES N° 6.	
Débit	Crédit	N°	Debit	Crédit	N°	N°	Deb.	Crédit	N°	N°	Debit	Crédit	N°	Debit	Crédit
fr.	fr.		fr.	fr.			fr.	fr.			fr.	fr.		fr.	fr.
.....	.....	..	....	..	..	..	..	.....	..	1	.....	3000	..		
.....	.....	..	....	....	..	..	..	.....	..	2	.....	4000	..		
.....	.....	..	....	....	..	..	..	.....	..	3	.....	1500	..		
.....	.....	..	....	....	..	..	..	.....	..	3	4000	.....	..	.....	
.....	.....	..	....	....	..	..	..	.....	..	2	1500	.....	..		
20000	.....	..	....	....	..	..	..	.....	..	..	.....	.....	..		20000
.....	2400	..	....	....											
3000	.....														
.....	.....		....	....		1	..	9000	..	..	.....	.....	..		
.....	.....	1	2000												
23000	2400	.	2000	....	..	..	..	9000	..	..	5500	8500	..	.....	20000

NUMEROS des comptes	JOURNAL / GRAND LIVRE	SOMMES		MARCHANDISES GÉNÉRALES Nº 1.	
		Partielles	Totales	Débit	Crédit
		fr.	fr.	fr.	fr.
	Reports.....	......	50400	10000	10500
	Du 11 Janvier.				
1/5. 4	**Marchandises générales à Lecouteulx,** pour 10 tonneaux de vin rouge achetés à Dupré, en payement desquels je lui ai ouvert un crédit chez Lecouteulx.........................	2000	2000	2000	.....
	Du 12 Janvier.				
1 1	**Marchandises générales à Marchandises générales,** pour 12 tonneaux de vin blanc, en payement desquels j'ai donné 10 tonneaux de vin rouge à 240 francs le tonneau.....	2400	2400	2400	2400
	Du 13 Janvier.				
1, 2	**Marchandises générales aux suivants :** à **Caisse,** pour prix de 29 tonneaux de vin rouge, à 400 fr. le tonneau.............	11252	......	......	......
6	à **Profits et Pertes,** pour l'escompte retenu à 3 pour % sur cet achat.................	348	11600	11600	.....
	Du 14 Janvier.				
2	**Les suivants à Marchandises génér. :** **Caisse,** pour vente de 30 tonneaux de vin rouge, à 440 francs le tonneau..........	12804	......	......	......
6/1	**Profits et Pertes,** pour escompte à 3 pour % perdu sur cette vente....................	396	13200	.....	13200
	Du 15 Janvier.				
	Marchandises générales aux suivants : fr. 10000, pour 10 tonneaux de vin achetés de Dupui..				
1/4. 2	à **Effets à payer,** pour mon billet à 1 mois fourni à Dupui, à valoir...............	2000	.....	.....	.....
3	à **Effets à recevoir,** pour le billet de Pierre à 3 mois, à valoir...............	2000	.....	.....	.....
1	à **Marchandises générales,** pour 200 myriagrammes de savon, fournis à Dupuis, *idem.*	2000	.....	.....	2000
2	à **Caisse,** pour la portion des 10000 fr. payés comptant, *idem*......................	3880	.....	.....	.....
6	à **Profits et Pertes,** pour escompte gagné sur la somme ci-dessus................	120	10000	10000	.....
	Du 16 Janvier.				
5/1	**Divers à Marchandises générales,** fr. 12000, pour 10 tonneaux de vin vendus à Jean à 1200 francs le tonneau.................	12000	12000	.....	12000
	Total (552)	......	101600	45900	40100

CAISSE N° 2.		EFFETS À RECEVOIR N° 3.				EFFETS À PAYER N° 4.					COMPTES DIVERS N° 5.			PROFITS ET PERTES N° 6.	
Débit	Crédit	N°	Débit	Crédit	N°	N°	Déb.	Crédit	N°	N°	Débit	Crédit	N°	Débit	Crédit
fr.	fr.		fr.	fr.			fr.	fr.			fr.	fr.		fr.	fr.
23000	2400	..	2000	....	..	..	....	9000	...	..	5500	8500	..	.....	20000
.....	.....	..	....	....	..	..	....	.....	4	.....	2000	..			
.....	11252														
.....	.....	..	...	....	..	..	....	.....	...	.....	.....	..	.....	348	
12801															
.....	.....	..	....	....	..	..	....	.....	..	.....	.....	..	396	.....	
.....	.....	..	....	....	..	2	....	2000	..						
.....	.....	..	....	2000											
.....	3880														
.....	.....	..	....	....	..	..	....	.....	..	.....	.....	..	.....	120	
..	.....	..	....	....	..	..	....	.....	5	12000					
35804	17532		2000	2000			...	11000	..	..	17500	10500	..	396	20468

Répertoire des comptes renfermés dans chacune des six colonnes du modèle du nouveau registre.

Marchandises générales. N° 1.   Divers comptes.. N° 5.

                         Pierre 1

                         Dupré. 2

Caisse. . . . . N° 2.   Dupui. 3

                         Lecouteulx. . . . 4

                         Jauge. 5

Effets à recevoir. . . . N° 3.   James. 6

                         Jean. 7

                         Capital. 8

Effets à payer. . . . . . N° 4.   Profits et pertes.. N° 6.

Nota. Si chacune des six colonnes renfermait plusieurs comptes particuliers, comme celle de *divers*, on porterait dans la division que forme chaque colonne au répertoire tous les comptes qui y sont renfermés, suivis de leur numéro particulier, comme on l'a fait pour les comptes renfermés dans la colonne de *divers*, ou de divers comptes.

Moyen de reconnoître l'exactitude des chiffres portés au Journal Grand livre, par le relevé des Débits et Crédits des colonnes.

DÉSIGNATION DES COMPTES	DÉBIT	CRÉDIT
N° 1. Marchandises générales.	45900	40100
N° 2. Caisse.	35804	17532
N° 3. Effets à recevoir.	2000	2000
N° 4. Effets à payer.	»	11000
N° 5. Comptes divers.	17500	10500
N° 6. Effets à payer.	396	20468
	101600	101600
Total à comparer.	101600	

PROJET

D'ÉTABLISSEMENT DE LIVRES

POUR SIMPLIFIER ET ABRÉGER, AUTANT QUE POSSIBLE, LES
ÉCRITURES EN PARTIE DOUBLE D'UNE MAISON DE COMMERCE
DONT LES OPÉRATIONS CONSIDÉRABLES COMPRENNENT EN
MÊME TEMPS UNE INFINITÉ D'OBJETS DE DÉTAIL.

CETTE maison fait des opérations en gros et en détail.
Ses menues ventes, ses menus frais journaliers, et divers
petits objets particuliers très-multipliés, donneraient lieu
à une infinité d'écritures, si on ne formait pas sur des
livres auxiliaires des classes générales de tous les articles
d'une même nature, afin de les réunir, et de pouvoir
passer écritures en partie double, en un seul article, de
toutes les ventes, etc., d'une journée, d'une semaine ou
d'un mois ; ce qui simplifie au dernier point les écritures,
et donne sur les livres auxiliaires, dans de simples notes
et par comptes séparés, tous les détails désirables.

Les principaux de ces livres auxiliaires sont au nombre
de trois : le livre des recettes et dépenses, celui d'entrée
et sortie des marchandises, et celui des comptes courants
ouverts aux particuliers qui n'ont pas de comptes sur le
grand livre.

La forme dans laquelle il faut tenir le livre des recettes et dépenses donne l'un des moyens de faire ces
abréviations. L'exactitude des notes tenues au livre
d'entrée et de sortie des marchandises et aux comptes
courants, complète les détails donnés par le livre des recettes et dépenses et les abréviations.

Le journal et le grand livre donnent l'ensemble et le

' résultat de toutes les natures de recettes et payements, ainsi que des bénéfices et pertes ou dépenses, et par conséquent fait connaître l'augmentation ou la diminution du capital.

Du livre des recettes et dépenses.

580. Les recouvrements ou recettes tant en argent qu'en effets à recevoir ou à payer, seront écrits sur la page à gauche ; les dépenses ou payements faits tant en argent qu'en effets à recevoir ou à payer, seront inscrits sur la page à droite de ce registre ; c'est-à-dire, les recettes sur le côté du débit, et les dépenses sur celui du crédit. Il y aura une marge et une colonne après la marge tant au débit qu'au crédit, pour y placer les dates comme on les place au grand livre : le côté gauche, qui est celui de la recette, tient lieu du débit du livre de caisse, et en même temps du débit du compte d'effets à recevoir et d'effets à payer ; le côté droit, qui est celui de la dépense, tient lieu du crédit du livre de caisse et de celui du compte d'effets à recevoir et d'effets à payer.

A l'extrémité de la page gauche, au débit, il y aura une colonne de francs et de centimes, où l'on portera indistinctement toutes les sommes que l'on recevra tant en argent qu'en effets à recevoir et à payer, etc.

A l'extrémité de la page à droite, au crédit, il y aura une colonne de francs et de centimes, où l'on portera toutes les sommes que l'on payera tant en argent qu'en effets à recevoir ou à payer, etc.

En dedans de ces colonnes, on en pratiquera une autre tant au débit qu'au crédit, pour porter dans celle du débit les sommes reçues en argent, et dans celle du crédit les sommes données en argent, quoiqu'elles soient déjà écrites dans les colonnes qui sont à l'extrémité des pages de gauche et de droite pêle-mêle avec les sommes reçues en valeur d'autre nature. Par ce moyen, les deux nouvelles colonnes dont il s'agit, et qui seront intitulées *Caisse*, tiendront lieu en particulier du débit et du crédit d'un livre de caisse.

Ainsi les deux colonnes du débit contiendront les recettes : savoir, celle de l'extrémité de la page, les recettes de toute nature; et celle en dedans, les recettes en argent seulement. Les deux colonnes du crédit contiendront tous les payements : savoir, celle de l'extrémité de la page, les payements de toute nature; et celle en dedans, les payements en argent seulement.

Cela fait, tout est disposé pour inscrire les payements recettes.

Pour préparer sur ce livre l'abréviation des écritures, on pratiquera en dedans des deux colonnes de recette trois autres colonnes; et, de même, on en pratiquera trois en dedans de celles des payements. En voici l'usage :

Des colonnes en dedans de celles des recettes.

581. Chez les personnes qui font un commerce en gros et en détail, on intitule : *Marchandises générales*, la première colonne en dedans de celles des recettes, pour y inscrire le montant des ventes du comptant et des ventes à terme, au fur et à mesure qu'on inscrit dans les colonnes des recettes le produit de ces mêmes ventes. Par ce moyen, en additionnant à la fin de la journée ou de la semaine, etc., les sommes portées dans la colonne de *marchandises générales*, le teneur de livres créditera en un seul article le compte des marchandises générales, en débitant la caisse, les effets à recevoir, etc., du montant des valeurs reçues en payement des marchandises vendues.

On intitule : *Frais de commerce*, la deuxième colonne, en dedans de celles des recettes, et on porte dans cette colonne les petites sommes reçues en remboursement de frais, à mesure qu'on les inscrit dans les colonnes des recettes. Par ce moyen, en additionnant à la fin de la journée ou de la semaine, etc., les sommes portées dans la colonne de *frais de commerce*, le teneur de livres pourra en passer écritures en un seul article, en créditant le compte de frais de commerce, et débitant la caisse ou les effets à recevoir, etc., et renverra pour les détails au livre des recettes.

On pourrait attribuer de même à la troisième colonne la propriété de réunir toute autre nature d'articles, pour en passer écritures en un seul ; mais, dans le cas où les deux colonnes précédentes suffiraient aux personnes qui n'auraient intérêt de réunir en un seul article que les ventes ou les frais d'un jour ou d'une semaine, etc., cette troisième colonne pourra servir à placer les noms des comptes qui doivent être crédités des sommes placées dans les colonnes des recettes. Cette colonne pourrait être intitulée : *Créanciers divers*.

Il faut donc observer ceci :

1° Les deux colonnes destinées à comprendre le montant des recettes faites sur ventes de marchandises et sur frais de commerce dont on est remboursé par autrui, peuvent comprendre des détails de comptabilité de toute autre nature.

2° Les sommes portées dans la colonne des marchandises sont les mêmes que celles inscrites dans les colonnes des recettes, comme le produit de ventes, et les sommes portées dans la colonne des frais de commerce sont celles qui figurent dans la colonne des recettes, comme produit des recouvrements opérés sur des frais de cette nature.

3° Ainsi les deux colonnes des recettes indiquent les comptes débités des valeurs reçues, et les colonnes en dedans indiquent les comptes à créditer du montant de ces mêmes valeurs.

Des colonnes en dedans de celles des dépenses.

582. On porte dans la première colonne, en dedans de celles des payements, et intitulée *Marchandises générales*, le prix des marchandises achetées, au fur et à mesure qu'on inscrit les payements faits sur ces mêmes achats. Par ce moyen, en additionnant à la fin de la journée ou de la semaine, etc., les sommes portées dans cette colonne, on pourra débiter les marchandises générales en un seul article, et créditer les comptes qui fournissent les valeurs données en payement.

583. On porte dans la colonne intitulée *Frais de commerce*, placée en dedans de celles des payements, les petites sommes données en payement de frais de commerce, à mesure qu'on les fait et qu'on les inscrit dans les colonnes de payements. Par ce moyen, en additionnant à la fin de la journée ou de la semaine, etc., les sommes portées dans cette colonne, on pourra en passer écriture, en un seul article, en débitant les frais de commerce, et créditant les comptes des valeurs données en payement.

On pourrait de même attribuer à la troisième colonne placée en dedans de celles des recettes, la propriété de réunir toute autre nature de détail pour passer écriture, en un seul article, de tous ceux d'un jour, d'une semaine ou d'un mois ; mais, dans le cas où les deux colonnes précédentes suffiraient, cette troisième pourra servir à indiquer les noms des comptes qui doivent être débités des valeurs portées dans la colonne des payements, autres que celles qui sont portées dans les colonnes de marchandises générales et de frais de commerce.

Les trois observations que nous avons faites plus haut pour les recettes sont applicables aux payements.

Du livre d'entrée et de sortie des marchandises.

584. On ouvrira sur ce livre autant de comptes séparés que l'on voudra désigner de natures diverses de marchandises. L'entrée des marchandises sera sur la page à gauche, la sortie sur celle à droite [1].

À mesure que l'on achètera des marchandises d'une certaine sorte, on les inscrira à leur compte spécial comme entrées sur la page à gauche de ce compte.

À mesure qu'on les vendra on les inscrira sur la page à droite, comme sorties.

Lorsqu'il s'agit de marchandises susceptibles d'être mélangées, on inscrira en sortie les marchandises prises pour composer le mélange, et on les portera du côté de l'entrée dans le compte ouvert aux marchandises de même sorte, ou de même prix, que ce mélange compose, ou à un compte qu'on lui ouvrira en particulier, si ce mélange compose une sorte particulière de marchandises.

Si la marchandise est susceptible de diminution quelconque, chaque semaine, chaque mois ou chaque trimestre, etc, on portera comme sorties ou comme perdues, etc., les différences constatées dans l'existant en magasin.

La forme de ce livre est tout à fait arbitraire.

Par exemple, pour les marchands on peut en établir un sur les directions suivantes. Établissez :

1° Une colonne après la marge, tant à l'entrée qu'à la sortie, pour y placer les dates comme au grand livre.

2° Une colonne à l'extrémité de chaque page, tant de l'entrée que de la sortie, pour placer, dans celle de l'en-

---

1. Sur ces livres, les mots *Doit* et *Avoir*, ou *Débit* et *Crédit*, sont remplacés fréquemment et avec raison par les mots *Entrée* et *Sortie*, qui expriment mieux la nature des opérations.

trée, le prix d'achat et tous les frais, et dans celle de
sortie le prix net des ventes.

3° En dedans de la colonne où l'on place le montant
des achats avec les frais, établissez une colonne pour y
placer les quantités entrées ; et en dedans de la colonne
des ventes, établissez une colonne pour y mettre les quantités sorties.

4° S'il y avait des distinctions à faire entre des marchandises de même espèce, on pourrait avoir sur la page,
à gauche, plusieurs colonnes pour inscrire les entrées ;
et sur la page, à droite, plusieurs colonnes pour y inscrire les sorties ; chaque tête de colonne aurait un intitulé qui indiquerait son usage.

Par exemple : ayant des vins de Bordeaux, on peut en
avoir de 1864, 1865, etc., en pièces et en bouteilles, etc.;
alors il y aurait, à l'entrée, une colonne pour le vin en
pièces, une autre pour celui en bouteilles de l'année 1864,
et deux autres colonnes pour l'année 1865. Il y aurait ces
mêmes quatre colonnes à la sortie.

On pourrait encore ranger plusieurs espèces différentes
dans une même colonne, précédée d'une autre plus petite,
dans laquelle on placerait le numéro attribué à chaque
sorte particulière de marchandises , pour ne pas la
confondre avec celles d'autre sorte. (547, 548, etc.)

Du livre des comptes courants.

585. On ouvrira, sur ce livre auxiliaire, un compte à
chaque personne à laquelle on fait des achats, ou des
ventes journalières.

1° On écrira au débit du compte courant ouvert à
Pierre, par exemple, la note de tout ce qu'on lui vendra
au fur et à mesure des ventes, dont on ne passera aucune
écriture au journal. Il suffira de porter ensuite ces marchandises au livre de marchandises comme sorties , en

marquant sur ce registre le folio du livre des comptes courants où se trouve cet article, et sur le compte courant lui-même, en y passant cet article, le folio du livre d'entrée et sortie sur lequel on trouvera la note des marchandises dont s'agit.

586. 2° On écrira au crédit du compte courant ouvert à Jean, par exemple, les marchandises qu'on lui achètera journellement, et cela au fur et à mesure des achats, dont on ne passera aucune écriture au journal. Il suffira d'inscrire ensuite l'entrée de ces marchandises au livre des marchandises, sur le côté de l'entrée, en indiquant le folio du compte courant au crédit duquel se trouve cet article; et dans l'article du crédit de ce compte, d'indiquer le folio du livre d'entrée où sont inscrites les marchandises achetées.

Toutes les écritures relatives à l'entrée et à la sortie des marchandises, ou à leur achat et à leur vente, suffisent jusque-là, parce qu'on ne veut passer écriture des achats qu'à l'époque des payements qu'on en fait, et des ventes, qu'à mesure qu'on en est payé; c'est-à-dire, parce qu'on veut passer écriture du payement des marchandises et de l'achat en même temps, et qu'on veut passer écriture des payements que l'on reçoit pour marchandises vendues, et des ventes en même temps pour simplifier. Cela posé:

587. 1° Lorsqu'on donne des valeurs à Jean en àcompte ou en payement des marchandises qu'on lui a achetées, après avoir inscrit cet à-compte ou payement sur le livre de recettes et payements sur le côté des payements, on le portera au débit du compte courant de Jean, en marquant sur ce compte le folio du livre des recettes et payements sur lequel cette recette est inscrite, et au livre des recettes et payements, le folio du livre des comptes courants sur lequel le compte de Jean est débité.

588. Lorsqu'on reçoit de Pierre quelque à-compte ou payement, après l'avoir inscrit au livre des recettes et payements, du côté des recettes, on le portera au crédit du compte courant de Pierre, en marquant à son compte courant le folio du livre des recettes et payements sur lequel cette recette est inscrite, et au livre de recettes et payements, le folio du livre des comptes courants où le compte de Pierre en est crédité.

Enfin, ce n'est que d'après le livre des recettes et dépenses que l'on passe ensuite toutes les écritures en partie double.

Des écritures en partie double.

On ouvrira les cinq comptes généraux au grand livre, ou tous autres comptes de leur nature, selon le besoin des affaires que l'on fait ; on ouvrira de même un compte à capital ou à chacun des associés, si les livres sont ceux d'une société ; enfin, on ouvrira également un compte à chaque commettant étranger, et à chaque personne avec laquelle on fait des affaires étrangères aux détails que l'on veut simplifier. Mais quant aux personnes avec lesquelles on fait des affaires qui comprennent de menus détails, aucune d'elle n'aura de compte au grand livre ; elles n'en auront que sur le livre des comptes courants, comme il vient d'en être traité, et il n'y aura que les recettes faites des payements effectués par ces personnes, et que les payements faits à d'autres, et portés au livre des recettes et payements, qui donneront lieu à des écritures en partie double.

En un mot, toutes les écritures en partie double se passeront, nous le répétons, d'après les notes inscrites sur le livre des recettes et payements. Ainsi, après avoir observé toutes les règles prescrites relativement aux écritures à passer sur le livre d'entrée et sortie, sur celui des comptes courants, et enfin sur celui des recettes et payements, toutes les écritures, qui ont lieu d'après les notes de ce dernier registre, se passent sur les principes connus, sans nulle différence.

Pour lever toutes difficultés, nous allons traiter de l'ordre dans lequel on passera les écritures. Nous traiterons : 1° des notes pures et simples ; et 2° des écritures en partie double, qui devront être passées d'après les notes du livre de recettes et payements, où toutes les affaires viennent se terminer.

DE L'ORDRE DANS LEQUEL ON PASSE LES ÉCRITURES

SIMPLES NOTES

Achats à terme et au comptant.

589. 1° Inscrivez sur le livre d'entrée et sortie, sur le côté de l'entrée, les marchandises achetées, et portez-les au crédit du compte courant du vendeur (585).

2° Lorsque vous payez ces marchandises, portez-en le montant au débit du compte courant de celui que vous payez et au crédit du livre des recettes et payements (587).

590. 3° Inscrivez sur le livre d'entrée et de sortie, sur le côté de l'entrée, les quantités de marchandises achetées au comptant, et portez-en le prix au livre des recettes et payements sur la page des payements, en renvoyant de ce registre au folio du livre d'entrée et de sortie sur lequel cette entrée de marchandises se trouve inscrite, et de ce dernier registre au folio du livre des recettes et payements sur lequel ce payement est inscrit.

Ventes à terme et au comptant.

591. 1° Inscrivez sur le livre d'entrée et sortie, sur le côté de la sortie, les quantités de marchandises ven-

dues, et portez-en le prix au débit du compte courant
ouvert à l'acheteur (585).

2° Lorsqu'il vous paye ces marchandises, portez-en le
montant au crédit de son compte courant, et au débit
du livre des recettes et payements.

592. 3° Inscrivez sur le livre d'entrée et sortie, sur le
côté de la sortie, les quantités de marchandises vendues
au comptant, et portez-en le prix au livre des recettes et
payements, sur la page des recettes, en renvoyant de ce
registre au folio du livre d'entrée et sortie sur lequel
cette sortie de marchandises se trouve inscrite, et de ce
dernier registre au folio du livre des recettes et payements sur lequel cette recette est inscrite.

Des débours pour frais de commerce.

593. Les frais de commerce font faire journellement
de menus débours, qui multiplieraient les écritures à
l'infini si on ne les abrégeait pas.

Inscrivez sur le livre des recettes et payements, du
côté du crédit ou des payements, ceux que vous faites
pour frais de commerce, et, après en avoir porté le montant dans la dernière colonne et dans celle intitulée *Caisse*,
portez-le encore dans la colonne intitulée *Frais de commerce* (583).

594. Des recettes ou recouvrements opérés sur frais de commerce.

Inscrivez sur le livre des recettes et payements, du
côté et dans les colonnes des recettes, le montant des
frais dont vous êtes remboursé, et après cela, portez ce
même montant dans la colonne intitulée *Frais de commerce* (583).

595. *Des recettes et dépenses de diverses natures de valeurs, autres que les espèces.*

1° Inscrivez les recettes dans la dernière colonne des recettes, et après cela indiquez, dans la colonne intitulée *Divers,* les noms des comptes qui doivent être crédités.

2° Inscrivez les payements dans la dernière colonne des payements, et après cela indiquez, dans la colonne *Divers,* les noms des comptes qui doivent être débités.

Toutes les notes dont il vient d'être traité étant inscrites sur des livres spéciaux, celles relatives aux écritures à passer en partie double se trouvent toutes inscrites au livre des recettes et payements.

Des écritures en partie double, considérées dans les abréviations que les livres précédents ont préparées.

A la fin de chaque journée, de chaque semaine ou de chaque mois, selon le besoin de vos affaires, ou selon votre volonté :

596. 1° Additionnez toutes les sommes portées dans la colonne des marchandises, du côté des dépenses, et passez-en écriture, en un seul article, en débitant les marchandises générales et créditant les comptes qui ont fourni les valeurs données en payement, en observant d'indiquer au journal le folio du livre des recettes et payements sur lequel se trouvent les détails relatifs à tous les achats du jour, de la semaine ou du mois, etc., et d'indiquer sur le livre des recettes et payements le folio du journal sur lequel le montant de tous ces achats est passé en un seul article. Par ce moyen, le journal renverra au livre des recettes et payements pour les détails, et ce livre-ci au journal où ces détails sont passés en un seul article.

597. 2° Additionnez toutes les sommes portées dans la colonne des marchandises générales, du côté des re-

cettes, et passez-en écriture, en un seul article, en créditant les marchandises générales du total, et débitant
les comptes des valeurs que vous avez reçues en payement,
et renvoyez, comme ci-dessus, du journal au livre des
recettes et de celui-ci au journal, en indiquant sur l'un
de ces registres le folio sur lequel les articles passés sur
l'un se trouvent sur l'autre.

598. 3° Additionnez de même toute les sommes portées dans la colonne intitulée *frais de commerce*, du côté
des dépenses ou payements, et passez-en écriture, en un
seul article, en débitant les frais de commerce, ou profits et pertes, ou marchandises générales, si ces frais
sont faits sur marchandises, et en créditant la caisse
ou les valeurs données en payement de ces frais. Enfin, observez toujours qu'il faut indiquer sur le journal
le folio du livre des recettes où se trouvent les détails
de l'article que l'on passe, et sur le livre des recettes le
folio du journal sur lequel se trouve l'article passé pour
les frais de commerce, du jour, de la semaine ou du
mois, etc.

599. 4° De même, après avoir additionné toutes les
sommes portées dans la colonne intitulée frais de commerce, du côté des recettes, passez-en écriture, en un
seul article, en créditant les frais de commerce, et en
débitant les comptes ouverts aux valeurs que l'on a reçues en remboursement de ces frais, et pour le renvoi
du livre des recettes au journal; et réciproquement,
opérez comme (598).

600. 5° A mesure que vous passez ces écritures au
journal, marquez d'un point, d'une petite croix ou de
tout autre signe, tous les articles qui se trouvent compris
dans ces écritures, et qui sont pêle-mêle avec d'autres,
dans les colonnes des recettes et dépenses, en valeurs de
toutes natures. Par ce moyen, il n'y aura dans ces colonnes, sans être marqués de ce signe, que les articles

n'ayant pas pour cause des achats et ventes, ainsi que des frais et recouvrements sur ces frais.

C'est alors que vous inscrivez tous les articles qui sont dans les colonnes des marchandises, et qui comprennent tous les achats et toutes les ventes, ainsi que les recettes faites sur ces ventes; et tous les articles qui sont dans les colonnes de frais de commerce, qui comprennent tous les débours et toutes les recettes faits sur ces frais.

Il ne reste plus qu'à passer écriture des articles étrangers à ceux compris dans la colonne de marchandises et de frais de commerce.

Ces articles sont parfaitement les mêmes que ceux que l'on aurait à passer dans tout autre système d'écritures. Ainsi :

CCI. 1° Pour toutes les recettes étrangères aux ventes et à des recouvrements de frais, on débitera les comptes généraux ouverts aux valeurs que l'on reçoit, et l'on créditera les personnes ou les comptes qui fournissent ces mêmes valeurs.

2° Pour des rabais ou des escomptes accordés à des personnes, sur des sommes dont elles sont débités au grand livre, il faut débiter le compte de profits et pertes et créditer celui des personnes.

3° Pour tous les payements étrangers aux achats de marchandises et aux frais de commerce, on créditera les comptes ouverts de ce que l'on donne en payement, et on débitera les personnes qui les reçoivent, ou les comptes qui en reçoivent la valeur.

4° Pour des rabais ou des escomptes obtenus sur des sommes portées au crédit du compte d'une personne qui en a un ouvert sur le grand livre, il faut débiter le compte de cette personne, et créditer le compte de profits et pertes

Tel est ce système d'écritures : elles sont passées sur les principes ordinaires, sans nulle différence.

602. Leurs abréviations consistent en ce qu'on peut passer écritures, en un seul article, de tous les achats comme de tous les frais d'une semaine ou d'un mois, etc., de toutes les ventes et recouvrements de frais d'une semaine ou d'un mois, etc., en un seul article; enfin, en ce que l'on passe écritures de l'achat des marchandises et de leur payement en même temps, et de la vente des marchandises et de leur règlement aussi en même temps ; ce qui supprime dans les écritures tout les détails relatifs aux achats, aux ventes et aux frais; et toutes les écritures relatives aux comptes qu'il faudrait ouvrir aux vendeurs et aux acheteurs, sans le secours de ces abréviations.

C'est ainsi que les parties doubles peuvent être appliquées à la tenue des écritures des marchands ou des comptables quelconques, qui ont à tenir note des détails les plus minutieux.

Ces détails étant établis sur le livre des recettes et payements, des colonnes qui comprennent toutes les opérations d'une même nature préparent les abréviations des écritures; et l'entrée et la sortie des marchandisse ou autres objets étant clairement établies sur le livre spécial, les débits et les crédits des vendeurs et des acheteurs exactement établis sur le compte courant de chacun d'eux, à mesure que les achats et les ventes ont lieu, ainsi que les payements et les recettes, il en résulte que toutes les parties de la comptabilité à établir sont parfaitement en ordre, avec un matériel de travail aussi petit que possible.

De la balance générale.

605. La balance générale des comptes ouverts au grand livre se fait sur les principes déjà connus (225), sans nulle différence.

Mais ce qui reste dû sur les ventes à terme, et dont il n'a été passé aucunes écritures, doit être porté à l'inventaire général, sur les principes suivants :

Manière de porter à l'inventaire général ce qui reste dû sur les ventes à terme, et dont il n'a été passé aucune écriture en partie double.

604. Le montant des marchandises vendues à terme, et portées seulement aux comptes courants des acheteurs et au livre d'entrée et de sortie, n'étant porté au crédit du compte des marchandises générales qu'à l'époque du payement; il est évident qu'à la date de l'inventaire général, il manque au crédit du compte de marchandises générales le solde dû sur les ventes à terme. Il en résulte que si on créditait le compte de marchandises générales par le débit de celui de balance, du montant seulement de toutes les marchandises en magasin; et que si on soldait ensuite le compte de marchandises générales par celui de profits et pertes, pour le bénéfice de l'année, s'il y en avait, ce bénéfice se trouverait diminué du solde dû sur les ventes à terme, dont il n'a été passé aucune écriture en partie double.

Pour que le solde du compte de marchandises générales donne le chiffre exact du bénéfice fait sur les marchandises, il faut donc observer la règle suivante en dressant l'inventaire :

605. A la suite de la note estimative des marchandises qui restent en magasin, détaillée dans une colonne intérieure de l'inventaire général, et dont le total est sorti dans l'avant-dernière colonne, faites la note de vos débiteurs pour solder des comptes courants qui leur sont ouverts pour des ventes à terme, en observant de placer les sommes qu'ils doivent pour solde dans la colonne intérieure et d'en sortir le total dans l'avant-dernière colonne. Additionnez ensuite les deux sommes portées dans l'avant-dernière colonne, et portez-en le total dans cette dernière.

Par ce moyen, ce dernier total représentera le mon-

tant des marchandises qui sont en magasin, plus le chiffre
de ce qui reste à recevoir sur les ventes à terme que
l'on considère comme étant la valeur de marchandises
qui seraient encore en magasin.

*Écritures en partie double, pour solder le compte de
marchandises générales.*

606. On créditera d'abord le compte des marchandises
générales par le débit de balance du montant des marchandises en magasin et de ce qui reste dû sur les ventes à
terme, le tout en un seul article, comme si ce qui reste
dû des marchandises vendues à terme était encore en
magasin.

On soldera ensuite le compte des marchandises générales par celui des profits et pertes.

*Écritures en partie double, pour rouvrir le compte des
marchandises générales.*

607. Lorsqu'on rouvrira les comptes par celui de *balance d'entrée*, ce dernier sera crédité, et les marchandises générales seront débitées, tant du montant des
marchandises en magasin que de celui de ce qui reste
du montant des marchandises à terme ; le tout en un seul
total.

Par ce moyen, le compte de marchandises générales
sera débité sur les nouveaux livres, tant du montant
des marchandises en magasin que de celui qui reste dû
sur les ventes à terme, comme si les articles non payés
étaient encore en magasin.

608. *Écritures à passer sur les livres des comptes courants
de ce qui reste dû sur les ventes à terme.*

Mais il faudra ensuite, **en ouvrant à nouveau le compte**

de chaque débiteur pour vente à terme, y porter le solde débiteur compris dans la balance; après cela, tout est en état pour qu'on puisse passer les écritures sur les nouveaux livres d'après les principes déjà donnés.

En effet, si le montant de ce qui reste dû par les débiteurs, par compte courant, est porté au débit du compte de marchandises générales, en recommençant les livres, de la même manière que si c'était le montant des marchandises en magasin, il n'y a nul inconvénient à cela, puisqu'on créditera ensuite les marchandises de ce qu'on recevra pour solde de ces ventes à terme, de la même manière qu'on le fait pour des ventes dont on reçoit le prix au moment même où on fait la livraison.

Manière de porter sur l'inventaire ce qu'on doit soi-même pour solde des achats à terme, dont le montant n'a été porté qu'à des comptes courants.

À cet égard, une simple observation suffira.

On possède toutes les marchandises en magasin, dont le montant est augmenté par celui de ce qui reste dû des marchandises vendues à terme.

Mais il faut en déduire ce que l'on doit soi-même sur les achats faits à terme, et portés seulement aux comptes courants des vendeurs. Cela posé :

Après avoir fait, comme ci-dessus, sur votre inventaire, la note estimative des marchandises en magasin, et de ce qui vous reste dû de celles vendues à terme, faites au-dessous la note détaillée de vos créanciers, pour solde des achats à terme inscrits à leurs comptes courants, etc., et déduisez le montant de ces créances de celui de vos marchandises et ventes à terme.

Par ce moyen, la différence exprimera la valeur réelle des marchandises qui vous restent, et de ce qui vous reste dû des ventes à termes, déduction faite de ce que vous devez vous-même sur ces marchandises.

C'est donc le montant de cette différence qui sera porté au crédit de marchandises générales par le débit de balance, avant de solder par profits et pertes.

Ensuite, c'est le montant de cette même différence dont les marchandises générales seront débitées par le crédit de balance d'entrée.

Après quoi, il ne restera plus qu'à ouvrir les comptes courants de vos créanciers pour solde de vos achats à terme, comme cela est déjà prescrit (608) pour vos débiteurs pour solde de ventes à terme; et tout est préparé pour qu'on continue les nouvelles écritures sur les principes déjà établis.

En effet, si on a déduit le montant du solde que l'on doit sur les achats à terme, comme si on n'avait pas en son pouvoir les marchandises qui représentent la valeur de ce solde, il n'en résulte aucun inconvénient, puisqu'on débitera le compte de marchandises générales à mesure qu'on payera le solde de celles qu'on a achetées à terme; en un mot puisqu'à l'époque où on payera ce solde, on agira comme si on recevait les marchandises qui se représentent.

FIN.

TABLE DES MATIÈRES.

		Pages.
INTRODUCTION. De la manière d'étudier la tenue des livres.		1
Abréviations..		8
Explication des mots Débiteur, Créancier, Débit, etc....		9

PREMIÈRE PARTIE.

THÉORIE.

De la tenue des livres, sa définition, son objet, etc......	11
De la tenue des livres en partie simple..................	12
De la tenue des livres en partie double..................	16
Des cinq comptes généraux	17

DU JOURNAL.

Pratique...	23
De la manière de passer les écritures au Journal.........	27

DU GRAND LIVRE. | 70 |

De la manière d'ouvrir les comptes au Grand livre......	70
Journal ou Grand livre...	74

DEUXIÈME PARTIE.

DES DIVERS SORTES DE COMPTES ET DE LEURS
SUBDIVISIONS.

DES COMPTES GÉNÉRAUX.

Subdivision du compte de Marchandises générales.......	81
Des comptes de fabrique et frais de fabrication..........	82

Pages.

Du compte de cargaison de tel navire.................... 82
Des comptes relatifs à la vente d'une cargaison.......... 82
—   de marchandises en société.............. 83
—   de marchandises en commission ou chez tels
           et tels............................... 83
Du compte de pacotille............................... 86
—   de telle foire........................... 87
Subdivision du compte de Caisse....................... 87
—   —   d'Effets à recevoir.............. 88
Du compte des traites et remises...................... 88
—   des remises ès mains de divers............. 89
—   des remises de divers, — du compte de change,
           — des contrats de rentes constituées à rece-
           voir............................... 90
—   des contrats de grosse aventure à recevoir.... 91
Subdivision du compte d'Effets à payer, — du compte de
       traites............................... 92
Contrats des rentes constituées à payer, — contrats de
       grosse................................ 93
Subdivisions du compte de Profits et Pertes............. 94
Du compte de frais généraux, — de dépenses, — d'assu-
           rances................................ 95
—   de commission, — d'intérêts........ 96
—   de succession, — de rentes.......... 97
—   de rentes viagères ou à fonds perdu.. 98
—   des immeubles, — d'intérêts ou action
           sur un objet quelconque, — de tel
           ou tel vaisseau.................... 99
—   d'armement...................... 100
—   de banques...................... 101
De l'usage des colonnes pratiquées en dedans des colonnes
       ordinaires de certains comptes.................... 101
Simples notes...................................... 107
Du compte de capital............................... 113
—   de balance, — balance de sortie............ 116
—   de balance d'entrée...................... 118
—   de liquidation.......................... 119

DES COMPTES PERSONNELS.

                                                                    Pages

De la manière de les subdiviser chacun en plusieurs autres
    et d'en comprendre plusieurs en un seul............   121
De la manière de passer les écritures au Journal, deuxième
    section...   131
De la balance générale des livres et de la manière de solder
    les comptes...   147
De la manière de passer les écritures au Journal, troisième
    section...   170
Balance simplifiée...   185
  —   du Journal..   192
  —   du Grand livre....................................   193
Du compte courant de la balance générale des Débits et
    des Crédits..   194
Comptes courants et d'intérêts............................   281

TROISIÈME PARTIE.

INSTRUCTION PRATIQUE.   2..

De la manière de commencer les livres.................   291
De l'établissement des livres qui conviennent le mieux à
    chaque nature particulière de comptabilité..........   295
Projets d'établissement de livres   298
Comptes généraux, — de la fabrique de C***...........   299
Du mouvement des matières premières, — des objets fa-
    briqués, — des détails relatifs aux frais.............   300
Des emballages. — Du compte de divers débiteurs.......   301
Du livre auxilliaire des ventes........................   303
Divers débiteurs de C***. — Du compte de caisse de C***.   304
Écritures relatives aux opérations faites à C***, étrangères
    à la caisse. — Des débiteurs douteux...............   305
Des divers créanciers et débiteurs légitimes. — Des divers
    menus créanciers....................................   306
Des comptes particuliers. — Du compte des actionnaires.   307
Du compte de capital...................................   397

Pages.

Abréviation des écritures relatives aux Effets à recevoir.. 309

Manière de distribuer le Journal en plusieurs brouillons.. 311

Des contre-parties.................................... 312

Écritures relatives aux endossements.................. 314

De l'inventaire 317

Du mémorial général.................................. 318

Des subdivisions du mémorial général................. 320

Des livres que le Code de commerce prescrit de tenir.... 322

Conclusion... 324

DU JOURNAL GRAND LIVRE.

Méthode du Journal Grand livre...................... 326

Modèle du Journal Grand livre...................... 332

PROJET d'établissement de livres pour simplifier et abréger les écritures d'une maison de commerce.......... 357

FIN.

Paris. — Imprimerie VIÉVILLE et CAPIOMONT, 6, rue des Poitevins.

Paris. — Imp. Viéville et Capiomont, rue des Poitevins, 6.

www.ingramcontent.com/pod-product-compliance
Lightning Source LLC
Chambersburg PA
CBHW061008220326
41599CB00023B/3873